计算机应用技术基础

陈国龙　主编

合肥工业大学出版社

图书在版编目(CIP)数据

计算机应用技术基础/陈国龙主编．—合肥:合肥工业大学出版社,2013.8
ISBN 978 - 7 - 5650 - 1494 - 9

Ⅰ.①计…　Ⅱ.①陈…　Ⅲ.①电子计算机—高等学校—教材　Ⅳ.①TP3

中国版本图书馆 CIP 数据核字(2013)第 206148 号

计算机应用技术基础

陈国龙　主编　　　　　　　责任编辑　郭娟娟　王路生

出　版	合肥工业大学出版社	版　次	2013 年 8 月第 1 版
地　址	合肥市屯溪路 193 号	印　次	2013 年 8 月第 1 次印刷
邮　编	230009	开　本	787 毫米×1092 毫米　1/16
电　话	总 编 室:0551 - 62903038	印　张	18.5
	市场营销部:0551 - 62903198	字　数	427 千字
网　址	www.hfutpress.com.cn	印　刷	合肥星光印务有限责任公司
E-mail	hfutpress@163.com	发　行	全国新华书店

ISBN 978 - 7 - 5650 - 1494 - 9　　　　　定价: 38.80 元

如果有影响阅读的印装质量问题,请与出版社市场营销部联系调换。

前　言

　　计算机技术是当前发展最为迅速的科学技术之一,在我国现代化建设中所发挥的作用非常显著。微型计算机在社会生活各个领域的广泛应用,不仅大大提高了社会生产力,而且引起了人们生活方式的深刻变化。计算机已成为提高工作质量和效率的必不可少的工具。了解计算机,学会运用计算机处理日常事务是凸显人们工作水平和管理水平的重要标志。

　　随着科教兴国战略的实施以及社会信息化进程的加快,我国高等教育正面临着新的发展机遇,同时也面临着新的挑战。这些都对高等院校的计算机教学提出了更高的要求。宿州学院十分重视计算机课程的教学与研究工作,为了适应教育改革的需要,推动计算机基础教育事业的发展,提高计算机课程的教学与科研水平,我校专门成立了计算机课程教学与改革指导委员会,在制订教学计划,规范教学内容,确定科研课题等方面做了大量的工作,使我校计算机课程的教学与改革处在全省同类高校的前列。1995 年,我校被安徽省教育厅确定为计算机基础课程教学改革试点单位,《计算机基础课程教学改革的研究与实践》获 1998 年度安徽省优秀教学成果二等奖。1999 年 12 月,《计算机应用技术基础》课程被遴选为安徽省高校重点建设课程。《计算机应用技术基础》教材获 2005 年度安徽省省级优秀教学成果二等奖,2006 年《计算机应用技术基础》获安徽省高校精品课程。

　　《计算机应用技术基础》由六部分构成:计算机基础知识、Windows XP、Word 2003、Excel 2003、PowerPoint 2003 和 Internet。涵盖了安徽省高校计算机文化基础考试的全部内容。

　　本书具有以下特点:①以安徽省高校计算机文化基础考试和专升本考试教学大纲、考试大纲为指导,由长期处于教学一线的教师组稿,把易讲易学放在首位,遵循理论与实践相结合的方针,选材注意系统性、完整性和实用性;②本书"计算机基础知识"部分内容翔实、图文并茂,信息量大,阐述中力求避免专业的生硬定义和抽象描述,尽可能以形象、简洁、直观的语言,逐步引进计算机的基本概念、基础知识;③本书操作步骤具体,配图清晰准确,操作性强,容易上手;④本书既可作为计算机等级(一级)考试指导用书,也可作为各类计算机培训的基础教程,更是计算机初学者的最佳选择。

　　本书由陈国龙主编,房爱东、李雪竹、董全德任副主编。第一章和第二章由房爱东、陈国龙编写,第三章和第四章由李雪竹、宋启祥编写,第五章和第六章由董全德、吴孝银编写。宿州学院计算机基础教研室的老师对全书的编写提出了许多宝贵的意见和建议,本书的编写也得到了学院领导的关心和广大同学的支持,在此一并表示感谢!

　　由于本书涉及内容广泛,编写时间比较仓促,加之编著者水平有限,书中难免有疏漏和错误之处,恳请读者提出宝贵意见,使之日臻完善。

编著者

2013 年 6 月

目　录

第 1 章　计算机基础知识

第 2 章 Windows XP 操作系统

第3章　中文字处理软件 Word 2003

第 4 章　电子表格处理软件 Excel 2003

第 5 章　演示文稿软件 PowerPoint 2003

第 6 章　计算机网络和 Internet 基础与应用

第1章 计算机基础知识

电子计算机是 20 世纪人类最伟大、最卓越的技术发明之一,是科学技术和生产力的结晶。有人说,现代科学技术以原子能、电子计算机和空间技术为标志;也有人说,电子计算机是第四次产业革命的核心,比蒸汽机对于第一次产业革命更为重要。当今许多专家一致认为:人类历史上以往所创造的任何工具或机器都是人类四肢的延伸,弥补了人类体能的不足;而计算机则是大脑的延伸,极大地提高和扩充了人类脑力劳动的效能,开辟了人类智力解放的新纪元。

计算机的发展,使人类的创造力得到了充分的发挥,科学技术的发展以不可逆转的气势,改变着社会的面貌。掌握计算机基础知识和应用技术已成为高等技术人才必须具备的基本素质,计算机基础知识和应用能力应当成为当代人才知识结构的重要组成部分。

1.1 计算机的产生和发展

计算机是一种能快速而高效地自动完成信息处理的电子设备,它运行程序对信息进行加工、存储。世界上第一台数字电子计算机由美国宾夕法尼亚大学穆尔工学院和美国陆军火炮公司联合研制而成,于 1946 年 2 月 15 日正式投入运行,它的名称叫 ENIAC,是 Electronic Numerical Integrator and Calculator(电子数值积分计算机)的缩写。它使用了 17468 个真空电子管,耗电 174kW,占地 $170m^2$,重达 30t,每秒钟可进行 5000 次加法运算。虽然它的功能还比不上今天最普通的一台微型计算机,但它的运算速度、精确度和准确度是以前的计算工具无法比拟的。以圆周率(π)的计算为例,中国古代科学家祖冲之耗费 15 年心血才把圆周率计算到小数点后 7 位数。1000 多年后,英国人香克斯以毕生精力计算圆周率,才计算到小数点后 707 位。而使用 ENIAC 进行计算,仅用了 40s,就达到了这个纪录,还发现香克斯的计算中第 528 位是错误的。ENIAC 奠定了电子计算机的发展基础,开辟了计算机科学技术的新纪元,有人将其称为人类第四次产业革命开始的标志。

ENIAC 诞生后短短的几十年间,计算机技术的发展突飞猛进。主要电子器件相继使用了真空电子管、晶体管、中小规模集成电路、大规模和超大规模集成电路,引起计算机的几次更新换代。每一次更新换代都使计算机的体积和耗电量大大减小,功能大大增强,应用领域进一步拓宽。特别是体积小、价格低、功能强的微型计算机的出现,使得计算机迅速普及,进入了办公室和家庭,在办公自动化和多媒体应用方面发挥了很大的作用。目前计算机的应用已扩展到社会的各个领域。

1. 第一阶段:电子管计算机(1946～1958)

主要特点是:

(1)采用电子管作为基本逻辑部件,体积大、耗电量大、寿命短、可靠性低、成本高。

(2)采用电子射线管作为存储部件,容量很小。后来外存储器使用了磁鼓存储信息,扩充了容量。

(3)输入/输出装置落后,主要使用穿孔卡片,速度慢、容易出错、使用十分不便。

(4)没有系统软件,只能用机器语言和汇编语言编程。

2. 第二阶段:晶体管计算机(1959~1964)

随着半导体技术的发展,20 世纪 50 年代中期晶体管取代了电子管。晶体管计算机的体积大为缩小,只有电子管计算机的 1/100 左右,耗电也只有电子管计算机的 1/100 左右,但它的运算速度提高到每秒几万次。主要特点是:

(1)采用晶体管制作基本逻辑部件,体积减小、重量减轻;能耗降低、成本下降,计算机的可靠性和运算速度均得到提高。

(2)普遍采用磁芯作为存储器,采用磁盘、磁鼓作为外存储器。

(3)开始有了系统软件(监控程序),提出了操作系统的概念,出现了高级语言。

3. 第三阶段:集成电路计算机(1965~1971)

1962 年,世界上第一块集成电路在美国诞生,在一个只有 2.5 平方英寸的硅片上集成了几十个至几百个晶体管。计算机的体积进一步缩小,运算速度可达每秒几百万次。主要特点是:

(1)采用中小规模集成电路制作各种逻辑部件,从而使计算机体积更小、重量更轻、耗电更省、寿命更长、成本更低,运算速度有了更大的提高。

(2)采用半导体存储器作为主存,取代了原来的磁芯存储器,使存储器容量和存取速度有了大幅度的提高,增加了系统的处理能力。

(3)系统软件有了很大发展,出现了分时操作系统,多个用户可以共享计算机软、硬件资源。

(4)在程序设计方面,采用了结构化程序设计,为研制更加复杂的软件提供了技术上的保证。

4. 第四阶段:大规模、超大规模集成电路计算机(1971 年至今)

1971 年,Intel 公司的工程师们把计算机的算术与逻辑运算电路合在一片长 1/6 英寸、宽 1/8 英寸的硅片上,做成了世界上第一片微处理器 Intel 4004,在这片硅片上集成了 2250 只晶体管,从此掀起信息革命浪潮的微型电子计算机(简称微机)诞生了。它的体积更小,运算速度达每秒上亿次,这是我们目前正在普遍使用的一代计算机。主要特点是:

(1)基本逻辑部件采用大规模、超大规模集成电路,使计算机体积、重量、成本均大幅度降低,出现了微型机。

(2)作为主存的半导体存储器,其集成度越来越高、容量越来越大。外存储器除广泛使用软、硬磁盘外,还引进了光盘。

(3)各种使用方便的输入/输出设备相继出现。

(4)软件产业高度发达,各种实用软件层出不穷,极大地方便了用户。

(5)计算机技术与通信技术相结合,产生了计算机网络技术。

(6)集图像、图形、声音和文字处理于一体的多媒体技术迅速发展。

　　从 20 世纪 80 年代开始,日本、美国和欧洲等发达国家都宣布开始新一代计算机的研究。普遍认为新一代计算机应该是智能型的,它能模拟人的智能行为,理解人类自然语言,并继续向着微型化、网络化发展。

1.2　计算机的特点和分类

1.2.1　计算机的主要特点

　　计算机作为一种通用的智能工具,具有以下几个特点:

　　1.运算速度快

　　现代巨型计算机系统的运算速度已达每秒几十亿次乃至上千亿次。大量复杂的科学计算,人工需要几年、几十年,而现在用计算机只要几天或几个小时甚至几分钟就可完成。

　　2.运算精度高

　　由于计算机内采用二进制数字进行运算,因此可以用增加表示数字的位数和运用计算技巧,使数值计算的精度越来越高。例如,对圆周率 π 的计算,数学家们经过长期艰苦的努力只算到了小数点后数百位,而使用计算机很快就算到了小数点后 200 万位。

　　3.通用性强

　　计算机可以将任何复杂的信息处理任务分解成一系列指令,按照各种指令执行的先后次序把它们组织成各种不同的程序,存入存储器中。在计算机的工作过程中,利用这种存储程序指挥和控制计算机进行自动快速信息处理,并且十分灵活、方便、易于变更,这就使计算机具有极大的通用性。

　　4.具有记忆功能和逻辑判断功能

　　计算机有存储器,可以存储大量的数据,随着存储容量的不断增大,可存储记忆的信息量也越来越大。计算机程序加工的对象不只是数值量,还可以包括形式和内容十分丰富多样的各种信息,如语言、文字、图形、图像、音乐等。编码技术使计算机既可以进行算术运算又可以进行逻辑运算,还可以对语言、文字、符号、大小、异同等进行比较、判断、推理和证明,从而极大地扩展了计算机的应用范围。

　　5.具有自动控制能力

　　计算机内部操作、控制是根据人们事先编制的程序自动控制进行的,不需要人工干预,具有自动控制能力。

1.2.2　计算机的分类

　　现代人们使用的计算机五花八门,但可以从不同的角度对计算机进行分类。按计算机处理的信号不同可分为数字计算机、模拟计算机和数字模拟混合计算机。数字计算机处理数字信号,模拟计算机处理模拟信号,数字模拟混合计算机既可以处理数字信号,也可以处理模拟信号。

　　计算机按其功能可分为专用计算机和通用计算机。专用计算机功能单一、适应性差,但是在特定用途下有效、经济、快速。通用计算机功能齐全、适应性强,目前所说的计算机都是指通用计算机。

在通用计算机中又可根据运算速度、输入/输出能力、数据存储能力、指令系统的规模和机器价格等因素将其划分为巨型机、大型机、小型机、微型机、服务器及工作站等。

1.3 计算机的应用及发展趋势

计算机的应用非常广泛,从科研、生产、国防、文化、卫生,直到家庭生活,都离不开计算机的服务。

1.3.1 计算机的应用

1.科学计算

科学计算也称为数值计算,用于完成科学研究和工程技术中的数学计算,它是电子计算机的重要应用领域之一。计算机高速度、高精度的运算是人工计算所望尘莫及的。随着科学技术的发展,使得各种领域中的计算模型日趋复杂,人工计算已无法解决这些复杂的计算问题,需要依靠计算机运算。科学计算的特点是计算数据数量大和数值变化范围大。

2.数据处理

数据处理也称为非数值计算,指对大量的数据进行加工处理,例如分析、合并、分类、统计等,形成有用的信息。与科学计算不同,数据处理涉及的数据量大,但计算方法较简单。人类在很长一段时间内,只能用自身的感官去收集信息,用大脑存储和加工信息,用语言交流信息。当今社会正从工业社会进入信息社会,面对积聚起来的浩如烟海的各种信息,为了全面、深入、精确地认识掌握这些信息所反映的事物本质,必须用计算机进行处理。目前数据处理广泛应用于办公自动化、企业管理、事务管理、情报检索等,数据处理已成为计算机应用的一个重要方面。

3.过程控制

过程控制又称实时控制,指用计算机及时采集数据,将数据处理后,按最佳值迅速地对控制对象进行控制。现代工业,由于生产规模不断扩大,技术工艺日趋复杂,从而对实现生产过程自动化控制系统的要求也日益提高。利用计算机进行过程控制,不仅可以大大提高控制的自动化水平,而且可以提高控制的及时性和准确性,从而改善劳动条件、提高质量、节约能源、降低成本。计算机过程控制已在冶金、石油、化工、纺织、水电、机械、航天等部门得到广泛的应用。

4.计算机辅助设计

计算机辅助设计(Computer Aided Design,简称 CAD),就是用计算机帮助各类设计人员进行设计。由于计算机有快速的数值计算、较强的数据处理以及模拟能力,使 CAD 技术得到广泛应用,例如飞机设计、船舶设计、建筑设计、机械设计、大规模集成电路设计等。采用计算机辅助设计后,不但降低了设计人员的工作量,提高了设计的速度,更重要的是提高了设计的质量。

5. 人工智能

人工智能(Artificial Intelligence,简称 AI),一般是指模拟人脑进行演绎推理和采取决策的思维过程。在计算机中存储一些定理和推理规则,然后设计程序让计算机自动探索解题的方法。人工智能是计算机应用研究的前沿学科。

6. 信息高速公路

1991 年,美国当时的参议员戈尔提出建立"信息高速公路"的建议,即将美国所有的信息库及信息网络连成一个全国性的大网络,把大网络连接到所有的机构和家庭中去,让各种形态的信息(如文字、数据、声音、图像等)都能在大网络里交互传输。1993 年 9 月美国正式宣布实施"国家信息基础设施"(NII)计划,俗称"信息高速公路"计划。该计划引起了世界各发达国家、新兴工业国家和地区的极大震动,纷纷提出了自己的发展信息高速公路计划的设想,积极加入到这场世纪之交的大竞争中去。

7. 电子商务(E-Business)

所谓"电子商务",是指通过计算机和网络进行商务活动。电子商务是在 Internet 的广泛链接与信息技术系统的丰富资源相结合的背景下应运而生的一种网上相互关联的动态商务活动,在 Internet 上展开。电子商务发展前景广阔,可为商家提供众多的机遇,世界各地的许多公司已经开始通过 Internet 进行商业交易。

1.3.2　计算机的发展趋势

1. 巨型化

天文、军事、仿真等领域需要进行大量的计算,要求计算机有更高的运算速度、更大的存储量,这就需要研制功能更强的巨型计算机。

2. 微型化

专用微型机已经大量应用于仪器、仪表和家用电器中,通用微型机已经大量进入办公室和家庭。人们需要体积更小、更轻便、易于携带的微型机,以便出门在外,或在旅途中均可使用计算机,应运而生的便携式微型机(笔记本型)和掌上型微型机正在不断涌现,迅速普及。它标志着一个国家的计算机普及应用程度。

3. 多媒体

多媒体技术是运用计算机技术,将文字、图像、声音、动画和视频等信息,以数字化的方式进行综合处理,从而使计算机具有表现、存储、处理各种媒体信息的能力。多媒体技术的关键是数据压缩技术。

4. 网络化

将地理位置分散的计算机通过专用的电缆或通信线路互相连接,就组成了计算机网络。网络可以使分散的各种资源得到共享,互联的计算机间可以进行通信。人们常说的因特网(Internet,国际互联网)就是一个通过通信线路连接、覆盖全球的计算机网络。通过因特网,人们足不出户就可获取大量的信息,与世界各地的亲友快捷通信,进行网上贸易等。

5. 智能化

目前的计算机已能够部分地代替人的脑力劳动,因此也常称为"电脑"。但是人们希望计算机具有更多的类似人的智能,比如能听懂人类的语言,能识别图形,会自行学习等。

　　近年来通过进一步的深入研究发现,由于电子电路的局限性,理论上电子计算机的发展也有一定的局限。因此,人们正在研制不使用集成电路的计算机,例如生物计算机、量子计算机、超导计算机等。

1.4　微型计算机系统组成

　　计算机系统由硬件系统和软件系统组成,其具体结构如图 1-1 所示。

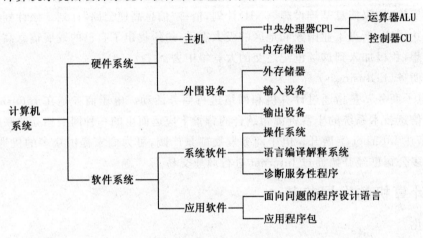

图 1-1　计算机系统的组成

1.4.1　计算机的硬件系统

　　1. CPU

　　(1)CPU 的基本组成及功能

　　CPU 是计算机系统的核心,计算机发生的所有动作都是受 CPU 控制的。CPU 主要由运算器和控制器组成,其中运算器主要完成各种算术运算(如加、减、乘、除)和逻辑运算(如与、或、非);而控制器则是整个计算机系统的指挥中心,不具有运算功能,它只负责对指令进行分析,并根据指令的要求,有序地向各部件发出控制信号,协调和指挥整个计算机系统的操作。

　　由此可见,控制器是发布命令的决策机构,而运算器是数据加工处理部件。相对控制器而言,运算器受控制器的命令而动作,即由控制器发出信号来使运算器完成处理任务。通常,在 CPU 中还有若干个寄存器或寄存器组,它们是 CPU 内部的临时存储单元,可直接参与运算并存放运算的中间结果。

　　有些系统有多个 CPU,这样的系统称为多处理机系统。采用多处理器结构,可以在一定程度上提高系统性能和可靠性。

　　(2)微处理器

　　在 PC 机中,人们通常用特殊的工艺把 CPU 做在一块硅片上,称之为微处理器。微处理器决定了计算机的性能和速度,谁制造出性能卓越的高速 CPU,谁便能领导计算机的新潮流。下面以 Intel 公司的 Pentium 系列加以说明。

1971 年,Intel 公司成功地将运算器和控制器集成到一起,推出了第一个微处理器——4004 芯片。实际上它只集成了 2250 个晶体管,但这在当时是非常了不起的,它拉开了微处理器发展的序幕。这项突破性的发明当时被用于 Busicom 计算器中,引发了人类将智能内嵌于电和无生命设备的历程。1978 年,Intel 公司推出了 16 位微处理器 8086,同时生产出与之配合的数字协处理器 8087,这两种芯片使用相同的指令集,以后 Intel 生产的 CPU,均对其兼容。1982 年,Intel 推出了 80286 芯片,虽然它仍然是 16 位结构,但在体系结构上有了很大的变化,CPU 的工作方式也演变出两种:实模式和保护模式。此后的 9 年中,Intel 公司又在全世界率先推出 80286、80386、80486、Pentium 系列处理器,一代强似一代,极大地推进了 PC 机的迅猛发展。1985 年问世的 80386 微处理器是 32 位结构,包含 27.5 万个晶体管,是第一个 4004 芯片的 100 多倍。而 1999 年春季 Intel 推出的 Pentium Ⅲ 处理器中,内核只有邮票般大小,却容纳了 800 多万个晶体管。

Pentium4 处理器是目前全球性能比较高的微处理器。2002 年,Intel 在北京正式发布了全面支持超线程(Hyper-Threading)技术的 P4 3.06GHz 处理器。该处理器的频率达到了又一里程碑——3.06GHz,成为第一款采用业界最先进的 $0.13\mu m$ 制造工艺、每秒计算速度超过 30 亿次的微处理器。

在计算机系统中,微处理器的发展无疑是最快的。通过采用更先进的结构和制造工艺,新型处理器(例如,各种构架的 64 位微处理器)不断涌现。目前,微处理器的市场仍然是 Intel 占据了主要份额。IBM、AMD、摩托罗拉等业界巨头在处理器市场的发展中也表现出一定的影响力。

2.存储器

计算机系统的一个重要特征是具有极强的"记忆"能力。存储器是计算机的记忆部件,是存放计算机的指令序列(程序)和数据的场所。显然,存储器容量越大,能存储的信息越多。除存放数据外,存储器需要和 CPU 进行数据的交互,其存取速度应该跟得上 CPU 的处理速度,因此,存储器的设计,需要兼顾容量和访问速度这两个需求,当然还要考虑成本。

(1)计算机的存储体系

高速度、大容量、低价格始终是存储体系的设计目标,但容量、价格、速度三者之间总是存在矛盾的。尽管存储器的各种技术不断涌现,采用单一工艺的存储器还是很难兼顾三方面的要求。因此,在设计中,往往采用多种存储器构成层次结构。

图 1-2 所示是一个典型的存储器层次结构,存储体系的各部分符合以下规律:

①层次越高,访问速度越快(例如,Cache 比主存储器快);

②层次越低,容量越大(例如,磁盘的容量

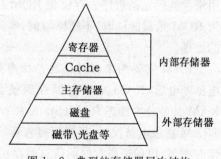

图 1-2 典型的存储器层次结构

比主存储器大）；

③层次越低，每个存储位的开销越小。

在层次结构的存储体系中，Cache、主存储器位于主机内部，CPU 可以直接访问，所以称为内部存储器（内存）。磁盘、磁带、光盘等属于外部存储器（外存），是用来长期或永久保存程序和数据的场所。数据往往组织成文件的形式存放在外存，外存的信息只有调入内存才能被 CPU 处理。

寄存器位于 CPU 中，习惯上不归入存储器的范畴。在 CPU 处理过程中，需要寄存器临时存放数据和信息，因此从这个角度，寄存器可以看作 CPU 的本地存储器。寄存器的容量一般很小。

主存储器是内存储器最主要的部分，程序只有装入主存储器才能运行，当前运行的代码和相关数据存放在主存储器中。那么，为什么在 CPU 和主存储器之间还要有 Cache 呢？

假设没有 Cache 的情况。CPU 在执行程序时，取指令、取操作数、保存结果都要访问主存储器，因此，CPU 的执行速度会受到主存储器速度的限制。理想情况下，主存储器可以采用和寄存器相同的技术，但是这样的话，容量很难达到要求，成本也非常昂贵。于是，在处理器和主存储器之间提供一个小而快的存储器，称为高速缓冲存储器（Cache）。根据一定的规则，把一些指令和数据放在 Cache 中。这样一来，CPU 大多时候可以从 Cache 中取指令、存取数据。只有在 Cache 中找不到时，才访问主存储器，从而加快了数据的访问速度。

图 1-3 所示是存储体系更直观的一种表现方式。

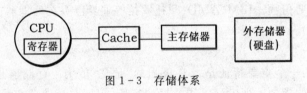

图 1-3　存储体系

（2）内存储器

内存储器（简称内存）位于主机内部，是主机的一部分，它能够被 CPU 直接访问，是相对访问速度较快的一种存储器。内存储器主要由 RAM（Randam-Access Memory，随机存取存储器）和 ROM（Read-only Memory，只读存储器）构成。

ROM 的信息一般由出产厂家写入，使用时通常不能改变，只能读取，不能写入，所以用来存放固定的程序。存放在 ROM 中的信息是永久性的，不会在断电后消失。一般认为 ROM 是只能读取、不能擦写的，实际上也有一些 ROM 是可擦写的，但需要经过特殊的处理。

RAM 主要用来临时存放各种需要处理的数据或信息等，不是永久性存储信息。在电脑断电后，RAM 中没有保存到硬盘或其他存储设备的数据或信息将会全部丢失。RAM 又可分为静态 RAM（Static RAM，SRAM）和动态 RAM（Dynamic RAM，DRAM）。SRAM 在通电情况下，只要不写入新的信息，存储就始终保持不变。而 DRAM 必须不断定时刷新，以保证所存储的信息的存在。SRAM 的速度较快，但价格较高，只适宜特殊场合的使用，例如前面介绍过的 Cache 一般用 SRAM 实现。DRAM 的速度相对较慢，但价格低,因此在 PC 机中普遍采用它做成内存条。

　　(3)外存储器

　　外存储器(简称外存)存放着计算机系统几乎所有的主要信息,其中的信息要被送入内存后才能被使用,即计算机通过内外存之间不断的信息交换来使用外存中的信息。它是访问速度相对较慢的存储器,容量很大但 CPU 不能直接访问。外存主要有磁带、光盘、磁盘(软盘和硬盘)、可移动硬盘以及 U 盘等。

　　①硬盘

　　硬盘是最土要的外存储设备,具有比软盘人得多的容量和快得多的存取速度。硬盘通常由硬盘驱动器、硬盘控制器以及连接电缆组成,如图 1 - 4 所示。它以 3000～10000 转/s 的恒定高速旋转,所以,从硬盘读取数据速度较快。目前,硬盘的存储容量已在 100GB 以上。但由于硬盘转速和容量不断增大而体积不断减小,产生了一系列的负面影响,例如,磨损加剧,噪声增大,温度升高等。为了数据的安全性,最好备份硬盘的数据。

　　②光盘

　　光盘堪称计算机的超级笔记本,通常一片光盘最多可以储存 650MB 左右的资料,容量很大,而且读取速度快,没有磨损,存储的信息也不会丢失。光盘由光驱读取,普通光驱只能读取光盘的资料,而不能将资料存储到光盘中,所以普通光驱又称为 CD-ROM (Compact Disk-Read Only Memory)。现在一般软件程序都是利用光盘来储存,因此光驱也成为计算机必要的配备之一。

　　③移动硬盘

　　移动硬盘主要指采用计算机外设标准接口(USB/IEEE 1394)的硬盘,如图 1 - 5 所示。作为一种便携式的大容量存储系统,它有许多出色的特性:容量大,单位储存成本低,速度快,兼容性好;除了 Windows 98 操作系统,在 Windows Me、Windows 2000 和 Windows XP 下完全不用安装任何驱动程序,即插即用,十分方便。USB 硬盘还具有极高的安全性,一般采用玻璃盘片和巨阻磁头,并且在盘体上精密设计了专有的防震、防静电保护膜,提高了抗震能力、防尘能力和传输速度,不用担心锐物、灰尘、高温或磁场等对 USB 硬盘造成伤害。

图 1-4　硬盘

图 1-5　移动硬盘

④U 盘

U 盘是一种基于 USB 接口的无需驱动器的微型高容量活动盘,可以简单方便地实现数据交换,U 盘体积非常小,容量比软盘大很多;它不需要驱动器,无外接电源,使用简便,即插即用,带电插拔;存取速度快,约为软盘速度的 15 倍;可靠性好,可擦写达百万次,数据可保存 10 年以上;采用 USB 接口,并可带密码保护功能。

3.总线

(1)总线的基本概念

所谓总线,就是 CPU、内存储器和 I/O 接口之间相互交换信息的公共通路,各部件通过总线连成一个整体。所有的外围设备也通过总线与计算机相连。按传送信息的类别,总线可以分为三种:地址总线、数据总线和控制总线。地址总线传送存储器和外围设备的地址,数据总线传送数据,控制总线则是管理协调各部分的工作,如图 1-6 所示。

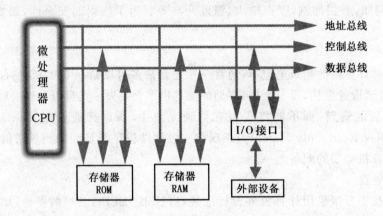

图 1-6　总线的结构示意图

总线的主要作用是:

①各部件之间的信息交换通过总线进行,避免了直接连线,提高了系统性能。

②总线设有标准接口,便于功能扩充,容易实现积木化。微型计算机系统一开始就采用了总线这种技术构造,用它和模块来组装系统,使得各种不同的模块之间可以相互组合,实现不同性能,还便于实现系统的扩展和维护。

计算机中总线按层次结构可分为内部总线、系统总线和外部总线。内部总线是计算机内部各外围芯片与处理器之间的总线,用于芯片一级的互联,与计算机具体的硬件设计相关。系统总线是计算机中各插件板与系统板之间的总线,用于插件板一级的互联。系统总线需要遵循统一的标准,常见的系统总线标准有 PCI、AGP。外部总线则是计算机和外部设备之间的总线,计算机通过该总线和其他设备进行信息与数据交换。外部总线也遵循统一标准,常见的外部总线标准有 USB、SCSI、IEEE 1394 等。

在计算机的发展中,CPU 的处理能力迅速提升,总线屡屡成为系统性能的瓶颈,使得人们不得不改造总线。总线技术不断更新,从 PC/XT 到 ISA、MCA、EISA、VESA 总线,发展到了 PCI、AGP、IEEE 1394、USB 总线,目前还出现了 EV6 总线、PCI-X 局部总线、NGIO 总线、Future I/O 等新型总线。

（2）微型计算机常见总线标准

①PCI 总线

PCI(Peripheral Component Intenonnect)总线是当前最流行的总线之一,该总线是由 Intel、IBM、DEC 公司所定制的一种局部总线。PCI 总线与 CPU 之间没有直接相连,而是经过桥接(Bfidge)芯片组电路连接。该总线稳定性和匹配性出色,提升了 CPU 的工作效率,扩展槽可达 3 个以上。它定义了 32 位数据总线,且可扩展为 64 位。PCI 总线主板插槽的体积比原 ISA 总线插槽还小,其功能比 VESA、ISA 有极大的改善,支持突发读/写操作,最大传输速率可达 132MB/s,可同时支持多组外围设备。PCI 局部总线不受制于处理器,是基于 Pentium 等新一代微处理器而发展的总线。现有 32 位和 64 位两种,是目前个人计算机、服务器主板广泛采用的总线。

②AGP 总线

AGP 插槽(Accelerated-Graphics-Pon,加速图形接口),它是为提高视频带宽而设计的总线结构。AGP 总线实质上是对 PCI 技术标准的扩充,它提高了系统实际数据传输速率和随机访问主内存时的性能。AGP 总线的首要目的是将纹理数据置于主内存,开通主内存到图形卡的高速传输通道,以减少图形存储器的容量。为此,它将显示卡与主板的芯片组直接相连进行点对点传输,让影像和图形数据直接传送到显卡而不需要经过 PCI 总线。但是它并不是正规总线,因为它只能和 AGP 显卡相连,故不具有通用性和扩展性。AGP 总线工作的频率为 66MHz,是 PCI 总线的一倍,并且可为视频设备提供 528MB/s 的数据传输速率,所以实际上就是 PCI 的超集。AGP1X 的总线传输速率为 266MB/s,工作频率为 66MHz;AGP2X 的总线传输速率为 532MB/s,工作频率为 133MHz,电压为 3.3V;AGP4X 的总线传输速率为 1.06GB/s,工作频率为 266MHz,电压为 1.5V。

③SCSI 接口

SCSI(Small Computer System Interface)接口,即小型计算机系统接口,是由美国国家标准协会制定的。SCSI 也是系统级接口,可与各种采用 SCSI 接口标准的外部设备相连,如硬盘驱动器、扫描仪和打印机等。采用 SCSI 标准的这些外设本身必须配有相应的外设控制器。总线上的主机适配器和 SCSI 外设控制器最大为 8 个。SCSI 可以按同步方式和异步方式传输数据。SCSI-1 在同步方式下的数据传输速率为 4MB/s,在异步方式下为 1.5MB/s,最多可支持 32 个硬盘。SCSI-1 接口的全部信号通过一根 50 线的扁平电缆传送,其中包含 9 条数据线及 9 条控制和状态信号线。其特点是操作时序简单,并具有仲裁功能。随后推出的 SCSI-2 标准增加了一条 68 线的电缆,把数据的宽度扩充为 16/32 位,其同步数据传送速率达到了 20MB/s。

SCSI 总线上的设备没有主从之分,相互平等。启动设备和目标设备之间采用高级命令通信,不涉及外设特有的物理特性,因此使用十分方便,适应性强,便于系统集成。

④IEEE 1394 总线

IEEE 1394 是一种串行接口标准,这种接口标准允许把电脑、电脑外设、家电非常简单地连接起来,是一种连接外部设备的外部总线。IEEE 1394 总线的原型是运行在 APPLE Mac 电脑上的 FireWire(火线),由 IEEE(电气和电子工程师协会)采用并重新进行了规范。它定义了数据的传输协议及连接系统,可用较低的成本达到较高的性能,以增强电脑与外设(如硬盘、打印机、扫描仪)以及消费性电子产品(如数码相机、DVD 播放机、视频电话)等的连接能力。

IEEE 1394 总线是一种目前为止最快的高速串行总线,最高的传输速度达 400MB/s。它的支持性较好,对于各种需要大量带宽的设备提供了专门的优化。IEEE 1394 接口可以同时连接 63 个不同设备,支持带电插拔设备。IEEE 1394 也支持即插即用,现在的 Windows 98、Windows 2000、Windows Me、Windows XP 都对 IEEE 1394 支持得很好,在这些操作系统中用户不用再安装驱动程序也能使用 IEEE 1394 设备。

⑤USB 总线

通用串行总线(universal serial bus, USB)是由 Intel、Compaq、Digital、IBM、Microsoft、NEC、Northern Telecom 七家世界著名的计算机和通信公司共同推出的一种新型接口标准。它和 IEEE 1394 同样是一种连接外围设备的机外总线。从性能上看,USB 总线在很多方面不如 IEEE 1394,但是却拥有 IEEE 1394 无法比拟的价格优势,在一段时期内,它将和 IEEE 1394 总线并存,分别管理低速和高速外设。它基于通用连接技术,实现外设的简单快速连接,达到方便用户、降低成本、扩展 PC 连接外设范围的目的。它可以为外设提供电源,而不像普通使用串、并口的设备需要单独的供电系统。USB 的最高传输速率可达 12MB/s,比普通串口快 100 倍,比普通并口快近 10 倍,而且 USB 还能支持多媒体。USB 和 IEEE 1394 一样,目前都广泛地应用于电脑、摄像机、数码相机等各种信息设备上,目前的普通 PC 都带有 2~6 个 USB 接口。

图 1-7　主板

4. 主板

主板(Mainboard)是电脑系统中的核心部件,它的上面布满了各种插槽(可连接声卡、显卡和 Modem 等)、接口(可连接鼠标和键盘等)、电子元件,并把各种周边设备紧紧连接在一起,如图 1-7 所示。它不但是整个现代计算机系统平台的载体,而且还承担着 CPU 与内存、存储设备和其他 I/O 设备的信息交换以及任务进程的控制等。主板的性能好坏对电脑的总体指标将产生举足轻重的影响。

主板的设计是基于总线技术的,其平面是一块 PCB 印刷电路板,分为四层板和六层板。四层板分为主信号层、接地层、电源层和次信号层;而六层板则增加了辅助电源层和中信号层。六层 PCB 的主板抗电磁干扰能力更强,主板也更加稳定。主板上集成了 CPU 插座、南北桥芯片、BIOS、内存插槽、AGP 插槽、PCI 插槽、IDE 接口、其他芯片、电阻、电容、线圈、BIOS 电池以及主板边缘的串口、并口、PS/2、USB 接口等元器件和部件。当主机加电时,电流会在瞬间通过主板上导电优良的印刷电路流遍 CPU 及所有元器件,其中 BIOS(基本输入/输出系统)将对系统进行自检(而今的 BIOS 对大多数新硬件还能自动识别配置),在导入自身的基本输入/输出系统后,再进入主机安装的操作系统发挥出支撑系统平台工作的功能。

5. 输入/输出设备

输入/输出(I/O)设备是计算机系统与外界进行信息交流的工具。输入设备将信息用各种方法传入计算机,并将原始信息转化为计算机能接受的二进制数,以使计算机能够处理。输入设备有很多,主要有键盘、鼠标和扫描仪,还有数码相机等。输出设备是将信息从计算机中送出来,同时把计算机内部的数据转换成便于人们利用的形式。常用的有显示器、打印机、绘图仪和音箱等。

　　I/O设备一般通过接口电路与总线相连,系统主板往往提供一些最基本的I/O接口,例如PC机的系统主板带有键盘、鼠标端口、打印机端口、USB端口等,利用这些端口可以直接连接键盘、鼠标、打印机、U盘、移动硬盘等设备,而对于显示器、音箱等设备,大多数主板没有提供直接的连接端口(整合主板已经尝试提供连接端口),这时,往往需要增加接口卡(适配器)提供相应的技术支持,并实现总线连接,这些接口卡(如显示卡、声卡)可以看作是计算机中非常重要的部件。端口分为串行端口和并行端口,鼠标接在串行端口上,打印机接在并行端口上。

　　(1)键盘和鼠标

　　键盘和鼠标是计算机最基本的输入设备,如图1-8和图1-9所示。键盘通过将按键的位置信息转换为对应的数字编码送入计算机主机。用户通过键盘键入指令才能实现对计算机的控制。鼠标则是一种控制屏幕上光标的输入设备,只要通过操作鼠标的左键或右键就能告诉计算机要做什么,十分方便。但是,鼠标不能输入字符和数据。通常,左按键用做确定操作,右按键用做特殊功能。

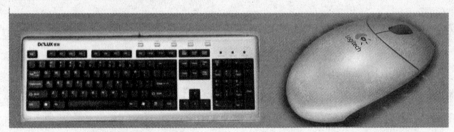

图1-8　键盘　　　　　　　　图1-9　鼠标

　　(2)显示器和显示适配器

　　计算机显示系统有两个部分:显示器和显示适配器,如图1-10和图1-11所示。显示器是计算机最重要的输出设备之一,可用于显示交互信息、查看文本和图形图像、显示数据命令与接受反馈信息。显示器上面有一些旋钮,可以按照用户的喜好来调节显示器的亮度和对比度,以及屏幕的大小、位置。在PC机里显示器有单色和彩色的两种,单色显示器只有黑白两种颜色;彩色显示器显示的信息有多种颜色。

 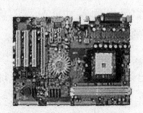

图1-10　显示器　　　　　　图1-11　显示适配器

目前,大多数计算机带有 15 英寸和 17 英寸的彩色显示器。比较常见的主要有纯平显示器和液晶显示器。与传统的显示器相比,液晶显示器价格略高,但拥有诸多优势:无辐射、体积小巧、耗电量低、外观漂亮等,虽然存在视角有限、响应速度慢和表现力相对较弱等问题,但作为一般办公、家庭使用,其影响并不大。

显示适配器又称显示卡,它实际上是一个插到主板上的扩展卡。显示适配器把信息从计算机取出并显示到显示器上。在显示器和显示适配器之间,后者更重要一些,显示适配器决定了能看到的颜色数目和出现在屏幕上的图形效果。

显示系统的主要特性有:显示分辨率、色深、显示速度和影像显示能力,其中最主要的是分辨率和色深。

①分辨率

分辨率指的是一个图形屏幕上的像素个数;特别是水平和垂直方向的像素个数。像素指的是在屏幕上单个的点。在 PC 机上能看到的所有图形都是由成百上千的图形点或像素组成的。每个像素都有不同的颜色,这产生了图像。通常所看到的分辨率是以乘法形式表现的,例如 1024×768,其中“1024”表示屏幕上水平方向显示的点数,“768”表示垂直方向的点数。显而易见,所谓分辨率就是指画面的解析度,由多少像素构成,数值越大,图像也就越清晰。分辨率不仅与显示尺寸有关,还要受显像管点距、视频带宽等因素的影响。

②色深

色深是指在某一分辨率下,每一个像素点可以有多少种色彩来描述,它的单位是位(Bit)。具体地说,8 位的色深是将所有颜色分为 $256(2^8)$ 种,那么,每一个像素点就可以取这 256 种颜色中的一种来描述。当然,把所有颜色简单地分为 256 种实在太少了些,因此,人们就定义了“增强色”的概念来描述色深,它是指 16 位 $(2^{16}=65536$ 色)即通常所说的“64K 色”)及 16 位以上的色深。在此基础上,还定义了真彩 24 位色 $(2^{24}$ 色)和 32 位色 $(2^{32}$ 色)等。

（3）扫描仪

图 1-12　扫描仪

扫描仪可以将图片等扫描进计算机以便使用,如图 1-12 所示。扫描仪性能指标是衡量一台扫描仪好坏的重要因素。扫描仪的主要性能指标很多,有扫描精度、色彩分辨率、灰度级、扫描幅面和接口方式等。扫描精度即分辨率,是衡量一台扫描仪质量高低的重要参数,体现了扫描仪扫描时所能达到的精细程度,通常以 dpi(每英寸能分辨的像素点)表示,dpi 值越大,则扫描仪相应的分辨率越高,扫描出彩的结果越精细。

（4）打印机

打印机可以把计算机处理的结果打印在纸上。打印机有很多种,下面介绍常见的几种。

①针式打印机。最早用于字符的输出,其打印头上有打印针,打印针通过色带击打纸张而打印出字。针的粗细决定了打印的分辨率。现在,一般的家庭和办公室已经很少采

用针式打印机,但由于一些行业的特殊性,针式打印机还有着十分广阔的市场空间。在一些宽行打印的场合,针式打印机仍是一个较好的选择。在银行和企业的票据打印中,仍然需要针式打印机,如 Epson LQ—680K 针式打印机,具有 1+5 的复写打印能力、4 亿次的击打寿命及 200 万字符的色带寿命。

②喷墨打印机。是使墨水通过极细的喷嘴射出,利用电场控制墨滴的飞行方向来描绘出图像。喷嘴数目越多,打印速度就越高。一般的家庭中使用喷墨打印机较多,价格不是很高,打印一般的文件以及图片等效果也不差。大部分喷墨打印机使用黑、青、洋红、黄四色墨盒,但有些高档的喷墨打印机有黑、青、洋红、黄、淡青、淡洋红六色墨盒,相比四色墨盒而言,六色墨盒打印色彩更加逼真,贴近自然。现在一些高档打印机也有采用七色墨盒的。

③激光打印机。利用了激光的定向性、能量密集性,性能比喷墨打印机更好。激光打印机可以输出各种字体、图表和图像,具有高分辨率、高速、输出效果好的特点。激光打印机在打印灰度图时具有较好的打印效果。一般地,激光打印机主要用于各种文档的打印。

在专业图片领域如广告设计中,人们需要更加逼真的图片,使用较多的打印机有喷墨打印机和热升华打印机。如今,照片质量的喷墨打印机可以到达 2880dpi 的分辨率,足以打印清晰的、无图案限制的照片。许多打印机还提供六种不同的墨水,这可以提高打印效果中色彩过渡的平滑性。热升华打印机的性能为人们所公认,特别是在色彩过渡的平滑性方面,它采用一个精细控制的加热元件将 3~4 条彩色色带上少量的颜料转移到纸张之上,形成大小可调的色点,可以打印出色彩平滑而又丰富的打印件,但是与功能相当的喷墨打印机相比,价格相对昂贵。而数码相机的出现,也带动了数码照片专业打印机的发展。例如,Fujifilm 系列打印机就是一款专用于数码照片打印的打印机,它使用了特殊的颜料转移过程,打印成像非常清晰,效果与传统的彩色照片冲印设备非常相似。

(5)声卡和音箱

简单地说,声卡就是将模拟的声音信号,经过模数转换器,将模拟信号转换成数字信号,然后再把信号以文件形式存储在计算机的存储器和硬盘中。当用户想把此信号播放出来时,只需将文件取出,经过声卡的数模转换器,把数字信号还原成模拟信号,经过适当的放大后,再通过喇叭播放出来,如图 1-13 所示。由于声卡的发明,使得计算机表现信息的形式有了本质的飞跃。通过声卡,不仅扩大了计算机的应用范围,而且使得计算机更加人性化和生活化。声卡作为 MPC 的主要组件,有了它,计算机才能真正进入声音世界。

音箱是一种电子设备,也是必不可少的听觉设备(图 1-14)。从电子学角度来看,可以把多媒体音箱分为无源音箱和有源音箱。无源音箱,即没有电源和音频放大电路部分,只是在塑料压制或木制的音箱中安装了两只扬声器(即喇叭),依靠声卡的音频功率放大电路输出直接放音。这种音箱的音质和音量主要取决于声卡的功率放大电路,通常音量不大。有源音箱就是在普通的无源音箱中加上功率放大器,把功放与音箱合二为一,使得音箱不必外接功放就可直接接收微弱的音频信号进行加工放大并由单元输出。

图 1-13　声卡

图 1-14　音箱

1.4.2　计算机的软件系统

微型机系统的功能实现是建立在硬件技术和软件技术综合基础之上的。没有装入软件的机器称为"裸机",它是无法工作的。软件是指为运行、维护、管理、应用微型机所编制的"看不见"、"摸不着"的程序和运行时需要的数据及其有关文档资料。

软件按功能可分为两大类：一类是支持程序人员方便地使用和管理计算机的系统软件;另一类是程序设计人员利用计算机及其所提供的各种系统软件编制的解决各种实际问题的应用软件。

1. 系统软件

系统软件的主要功能是对整个计算机系统进行调度、管理、监视和服务,还可以为用户使用机器提供方便,扩大机器功能,提高使用效率。系统软件一般由厂家提供给用户,常用的系统软件有操作系统、语言处理程序和工具软件等。

(1)操作系统(Operating System)

操作系统是微型机系统必不可少的组成部分,是系统软件的核心。它是所有软件、硬件资源的组织者和管理者。任何一台计算机,只有配备操作系统后才能有条不紊地使用计算机的各种资源,充分发挥计算机的功能。操作系统的主要任务是：管理好计算机的全部资源,使用户充分、有效地利用这些资源;担任用户与计算机之间的接口。

由于机器硬件以及使用环境的不同,操作系统分为单用户操作系统、多用户操作系统和网络操作系统。

常用的操作系统有 DOS、Unix、Windows XP、Netware、Windows NT 等。

(2)语言处理程序

计算机语言(通常也称程序设计语言)就是实现人与计算机交流的语言。

自计算机诞生以来,设计与实现了数百种不同的程序设计语言,其中一部分得到比较广泛的应用,很大一部分为新设计的语言所取代,随着计算机的发展而不断推陈出新。

①机器语言(Machine Language)。机器语言(又称第 1 代语言)是计算机的 CPU 能直接识别和执行的语言。机器语言是二进制数中的 0 和 1 按照一定的规则组成的代码串。用机器语言编写的程序叫作"手编程序"。早期的计算机程序大都用机器语言编写。手编程序的优点是可以直接驱使硬件工作且效率高。它的主要缺点是：必须与具体的机型密切相关,程序的通用性差,枯燥烦琐,容易出错且难以修改,很难与他人交流,使推广受到限制。

②汇编语言(Assemble Language)。汇编语言(又称符号语言或第 2 代语言)是用约

定的英语符号(助记符)来表示微型机的各种基本操作和各个参与操作的操作数。

用汇编语言编写的程序称为"汇编语言源程序",它不能直接使机器识别,必须用一套相应的语言处理程序将它翻译为机器语言后,才能使计算机接受并执行。这种语言处理程序称为"汇编程序",译出的机器语言程序称为"目标程序",翻译的过程称为"汇编"。

③高级语言(High Programming Language)。高级语言(又称第 3 代语言)是一种易学易懂和书写的语言,语言表达接近人们习惯使用的自然语言和数学语言。用高级语言编写的程序称为"源程序",高级语言的源程序必须最终翻译成机器语言后,才能直接在计算机上运行。

每一种高级语言都有自己的语言处理程序,起着"翻译"的作用。根据翻译的方式不同,高级语言源程序的翻译过程可分为"解释方式"与"编译方式"两种,在解释方式下,整个源程序被逐句解释、翻译并执行,不形成目标可执行程序,因而运行速度较慢;在编译方式下,整个源程序全部被编译,形成可执行程序运行之,便可以完成全部处理任务,因而运行速度较快。高级语言如 C 语言、PASCAL 语言、FORTRAN 语言等,都是采用编译方式;BASIC 语言采用的是解释方式。

常用的高级语言有 10 多种,如:Basic(Basica,TureBasic,QuickBasic,VisualBasic),Fortran,Delphi(可视化 Pascal),Cobol,C,C++,VisualC++,Ada 语言等。

由于计算机网络和多媒体技术的发展,出现了被称为第 4 代的程序设计语言,如 Java,FrontPage 语言——网络和多媒体程序设计语言等。

(3)实用程序

实用程序是面向计算机维护的软件,主要包括错误诊断、程序检查、自动纠错、测试程序和软硬件的调试程序等。

(4)数据库管理系统(DataBase Management System)

数据库管理系统(DBMS)作为一种通用软件,它基于某种数据模型(数据库中数据的组织模式),目前主要的数据模型有:层次型、关系型、网络型。当今关系型数据库管理系统最为流行,诸如 Dbase,FoxBASE,FoxPro,Access,Oracle,Sybase,Informix 等。

数据库管理系统对数据进行存储、分析、综合、排序、归并、检索、传递等操作。用户也可根据自己对数据分析、处理的特殊要求编制程序。数据库管理系统提供与多种高级语言的接口。用户在用高级语言编制程序中,可调用数据库的数据,也可用数据库管理系统提供的各类命令编制程序。

2.应用软件

应用软件是由计算机用户在各自的业务领域中开发和使用的解决各种实际问题的程序。应用软件的种类繁多、名目不一,常用的应用软件有下列几种:

(1)字处理软件

字处理软件的主要功能是能对各类文件进行编辑、排版、存储、传送、打印等。字处理软件被称为电子秘书,能方便地处理文件、通知、信函、表格等,在办公自动化方面起到了重要的作用。目前常用的字处理软件有 Word 2000,WPS 2000 等。它们除了字处理功能外,都具备简单的表格处理功能。

（2）表格处理软件

表格处理软件能对文字和数据的表格进行编辑、计算、存储、打印等，并具有数据分析、统计、制图等功能。常用的表格处理软件有 Excel 等。

（3）计算机辅助设计软件

①计算机辅助设计（Computer Aided Design，CAD）。利用计算机的计算及逻辑判断功能进行各种工程和产品的设计。设计中的许多繁重工作，如计算、画图、数据的存储和处理等均可交给计算机完成。

②计算机辅助测试（Computer Aided Testing，CAT）。以计算机为工具对各种工程的进度及产品的生产过程进行测试。

③计算机辅助制造（Computer Aided Manufacturing，CAM）。利用计算机通过各种数据控制机床和设备，自动完成产品的加工、装配、检测和包装等生产过程。

④计算机辅助教学（Computer Assisted Instruction，CAI）。让学习者利用计算机学习知识。计算机内有预先安排好的学习计划、内容、习题等。学生与计算机通过人机对话，了解学习内容，完成习题作业。计算机对完成学习情况进行评判。

应用软件的种类很多，还有图形图像处理软件以及保护计算机安全的软件等。随着计算机应用的普及，计算机涉及的范围越来越广，应用软件的种类也越来越多。计算机软件直接影响计算机的应用与发展。任何一台计算机只有配备了具有各种功能且使用方便的软件，才能扩大它的应用范围。因此计算机软件的研制与开发是计算机工业的重要组成部分。

1.4.3　微型机系统的主要技术指标

1. 字长（Word Length）

字长是指计算机的运算部件能够同时处理的二进制数据的位数。字长决定了计算机的精度、寻址速度和处理能力。一般情况下，字长越长，计算精度越高，处理能力越强。微型机按字长可分为：8 位（8080），16 位（8086，80286），32 位（80386，80486DX，Pentium）和 64 位（Alpha21364）。

2. 主频（Master Clock Frequency）

主频是指 CPU 的时钟频率，通常以时钟频率来表示系统的运算速度。如 486DX/66，586/166，其中 486 和 586 是指 CPU 类型，66/166 则是 CPU 的主频率，单位是 MHz（兆赫兹），主频越高，计算机的处理速度越快。一般低档微型机的主频在 25～166MHz 之间，中档微型机的主频则在 233M～1G 之间，高档的已达 1.3～2.4GHz。目前，Pentium Ⅳ 主频可达 3.06GHz 甚至更高。

3. 运算速度

运算速度指 CPU 每秒能执行的指令条数。虽然主频越高运算速度越快，但它不是决定速度的唯一因素，还在很大程度上取决于 CPU 的体系结构以及其他技术措施。单位用 MIPS（Million Instructions Per Second：每秒执行百万条指令）表示。

4. 存取周期

存储器进行一次读或写操作所需的时间称为访问时间，连续两次独立的读或写操作所需的最短时间称为存取周期,是衡量计算机性能的一个重要指标。

5. 存储容量(Memory Capacity)

存储容量是指存储器所能存储的字节数,它决定计算机能否运行较大程序,并直接影响运行速度,在系统中直接与 CPU 交换数据,向 CPU 提供程序和原始数据,并接受 CPU 产生的处理结果数据。在实际应用中,很多软件要求有足够大的内存空间才能运行,如 Windows 2000 一般应不少于 8MB,Office 2000 系列办公软件要求不少于 32MB,而计算机绘图 AutoCAD、三维动画设计 3DSmax 等大型软件最好应配置 64MB 以上。现在主流微型机(Pentium Ⅳ)配置的内存为 128~256MB 或更人。

6. 系统总线的传输速率

系统总线的传输速率直接影响计算机输入输出的性能,它与总线中的数据宽度及总线周期有关。早期的 ISA 总线速率仅为 5MB/s,目前广泛使用的 PCI 总线速率达 133MB/s 或 267MB/s(64 位数据线)。

7. 外部设备配置

随着微型机功能的越来越强,为主机配置合理的外设,也是衡量一台机器综合性能的重要指标。微型机最基本外设配置包括键盘、显示器、打印机、软盘驱动器、硬盘驱动器、鼠标等。如果将微型机升级为多媒体计算机,那还要配置光盘驱动器、声卡、视频卡等。

8. 软件配置

软件的配置包括操作系统、程序设计语言、数据库管理系统、网络通信软件、汉字软件及其他各种应用软件等。对用户来说如何选择合适的、好的软件来充分发挥微型机的硬件功能是很重要的。

除了以上性能指标外,微型机经常还要考虑的是机器的兼容性(Compatiblity),兼容性有利于微型机的推广;系统的可靠性(Reliability)也是一项重要性能,它是指平均无故障工作时间;还有系统可维护性(Maintainability),它是指故障的平均排除时间。对于中国的用户来说,微型机系统的汉字处理能力也是一个技术性要求。

1.4.4　微型机的基本工作原理

现代计算机是一个自动化的信息处理装置,它之所以能实现自动化信息处理,是由于采用"存储程序"工作原理。这一原理是 1946 年由美籍匈牙利科学家冯·诺依曼和他的同事们在一篇题为《关于电子计算机逻辑设计的初步讨论》的论文中提出并论证的。这一原理确立了现代计算机的基本组成和工作方式。计算机的工作原理如图 1-15 所示。

1. 指令和程序

(1)指令

微型机"聪明能干",但它自身并不能主动思维(至少在当前是这样),一切均听从人的安排。当我们要求微型机完成某项处理时,必须把微型机的处理过程分解成微型机能直接实现的若干基本操作,微型机才能遵照为之安排的步骤逐步执行。

就拿两个数相加这一最简单的运算来说,整个解题过程需要分解成以下几步(假定要运算的数已存在存储器中):

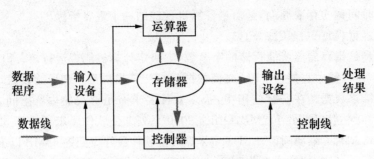

图 1-15　计算机的工作原理

第一步：把第 1 个数从它所在的存储单元中取出来，送至运算器；

第二步：把第 2 个数从它所在的存储单元中取出来，送至运算器；

第三步：两数相加；

第四步：把加的结果送至存储器中指定的单元；

第五步：停机。

以上的取数、相加、存数等都是微型机执行的基本操作。这些基本操作用命令的形式写下来，就是指令（Instruction）。换句话说，指令就是人对计算机发出的工作命令，它通知计算机执行某种操作。通常一条指令对应着一种基本操作。

指令以二进制编码的形式来表示，也就是由一串 0 和 1 排列组合而成，所以又称为机器指令。一条指令通常包括两大部分内容：

①操作码。指出机器执行什么操作。

②地址码。指出参与操作的数据在主存储器中的存放地址。

最常见的微型机指令格式为：

操作码	地址码

每台微型机都规定了一定数量的基本指令。这些指令的总和称为微型机的指令系统（Instruction Set）。不同机器的指令系统拥有的指令种类和数目是不同的。

（2）程序

人们为了使用微型机解决问题，就必须规定微型机的操作步骤，告诉微型机"做什么"和"怎么做"，即按照任务的要求写出一系列的指令。但这些指令必须是微型机能识别和执行的指令，即每一条指令必须是一台特定微型机的指令。我们把为解决某一问题而写出的一系列指令称为程序（Program），而设计及书写程序的过程为程序设计。例如，为实现两数相加，可以编写程序如下：

取数指令（取第 1 个数）；

取数指令（取第 2 个数）；

加法指令（两数相加）；

存数指令（存结果）；

停机指令。

一台微型机的指令是有限的，但用它们可以编制出各种不同的程序，可完成的任务是无限的。微型机的工作就是执行程序,它在程序运行中能自动连续地执行指令,主要是因为其工作方式是按照存储程序原理进行的。

2.存储程序原理

我们已经知道,程序是一条条机器指令按一定顺序组合而成的。要想实现自动化,必须有一种装置事先把指令存储起来,微型机在运行时逐一取出指令,然后根据指令进行运算。这就是存储程序原理。

存储程序原理是计算机自动连续工作的基础,其基本思想如下:

①采用二进制形式表示数据和指令。

②将程序(包括数据和指令序列)事先存入主存储器中,使计算机在工作时能够自动高速地从存储器中取出指令加以执行。

程序中的指令通常是按照一定顺序一条条存放的,微型机工作时,只要知道程序中第一条指令放在什么地方,就能依次取出每条指令,然后按指令规定执行相应的操作。

③由运算器、存储器、控制器、输入设备和输出设备 5 大基本部件组成计算机系统(相应组成微型机硬件的最基本部件是:主机、键盘、显示器),并开创了程序设计的新时代。直到目前,多数微型机仍沿用这一体系结构,称为冯·诺依曼计算机(Von Neumman Machine),上述结构思想通常称为冯·诺依曼思想,它的最主要一点就是存储程序概念。

3.计算机的工作过程

计算机的工作过程就是执行程序的过程,程序是若干指令的序列,程序的执行过程是:

①取出指令:从存储器某个地址中取出要执行的指令,送到 CPU 内部的指令寄存器暂存。

②分析指令:把保存在指令寄存器中的指令送到指令译码器,译出该指令对应的微操作。

③执行指令:根据指令译码器向各个部件发出相应控制信号,完成指令规定的操作。

④为执行下一条指令做好准备,即形成下一条指令地址。

1.5　计算机中的数制与编码

1.5.1　计算机中的数制

1.数制的概念

数制是以表示数值所用的数字符号的个数来命名的,并按一定进位规则进行计数的方法叫作进位计数制。每一种数制都有它的基数和各数位的位权。所谓某进位制的基数是指该进制中允许使用的基本数码的个数。例如,十进制数由十个数字组成,即 0,1,2,3,4,5,6,7,8,9,十进制的基数就是 10,逢十进一。

数制中每一个数值所具有的值称为数制的位权。对于 r 进制数,有数字符号 0,1,2,…,$r-1$,共 r 个数码,基数是 r。在采用进位计数的数字系统中,如果用 r 个基本符号,例如:$0,1,2,\cdots,r-1$表示数值,则称其为基 r 数制(Radix- r Number System), r 成为该数制的基(Radix)。例如取 $r=2$,即基本符号为 $0,1$,则为二进制数。

2.常用进位计数制

(1)二进制

二进制(Binary)由 0 和 1 两个数字组成,2 就是二进制的基数,逢二进一。二进制的位权是 2^i, i 为小数点前后的位序号。

(2)八进制

八进制由八个数字组成,即由 $0,1,2,3,4,5,6,7$ 这八个数字组成,八进制的基数就是八,逢八进一。

(3)十进制

十进制由十个数字组成,即由 $0,1,2,3,4,5,6,7,8,9$ 这十个数字组成,十进制的基数就是十,逢十进一。

(4)十六进制

十六进制由十六个数字组成,即 $0,1,2,3,4,5,6,7,8,9,A,B,C,D,E,F$ 这十六个数字组成,十六进制基数就是16,逢十六进一。各种数制之间的相互关系见表 1-1。

表 1-1　各种数制表示的相互关系

二进制数(B)	十进制数(D)	八进制数(O)	十六进制数(H)
0	0	0	0
1	1	1	1
10	2	2	2
11	3	3	3
100	4	4	4
101	5	5	5
110	6	6	6
111	7	7	7
1000	8	10	8
1001	9	11	9
1010	10	12	A
1011	11	13	B
1100	12	14	C
1101	13	15	D
1110	14	16	E
1111	15	17	F
1000	16	20	10

1.5.2　不同数制之间的转换

对于不同的数制,它们的共同特点是:

首先,每一种数制都有固定的符号集:如十进制数制,其符号有十个:$0,1,2,\cdots,9$;二进制数制,其符号有两个:0 和 1。

其次,都是用位置表示法:即处于不同位置的数字符号所代表的值不同,与它所在位置的权值有关。

可以看出,各种进位计数制中的权值恰好是基数的某次幂。因此对任何一种进位计数制表示的数都可以写出按其权展开的多项式之和,任意一个 r 进制数 N 可表示为:

$$N=a_na_1a_0a_{-1}a_{-m}(r)=a_n\times r^n+\cdots+a_1\times r^1+a_0\times r^0+a_{-1}\times r^{-1}+\cdots+a_{-m}\times r^{-m}$$

式中的 a_i 是数码,r 是基数,r^i 是权;不同的基数,表示是不同的进制数。n 为整数部分的位数,m 为小数部分的位数。在基数为 r 的进位计数制中,是根据"逢 r 进一"或"逢基进一"的原则进行计数的。

在微机中,常用的是二进制、八进制和十六进制。其中,二进制用得最为广泛。如表 1-2 所示的是计算机中常用的几种进位数制。

表 1-2　计算机中常用的几种进制数的表示

进位制	二进制	八进制	十进制	十六进制
规则	逢二进一	逢八进一	逢十进一	逢十六进一
基数	$r=2$	$r=8$	$r=10$	$r=16$
数符	0,1	$0,1,\cdots,7$	$0,1,\cdots,9$	$0,1,\cdots,9,A,\cdots,F$
位权	2^i	8^i	10^i	16^i
形式表示	B(BinarySystem)	O(OctalSystem)	D(DecimalSystem)	H(Hexadecimal System)

1. 非十进制数转换成十进制数

非十进制数转换成十进制数的方法是,把各个非十进制数按权展开求和即可,即把二进制数(或八进制数,或十六进制数)写成 2(或 8 或 16)的各次幂之和的形式,然后计算其结果。

例 1:将下列二进制数转换成十进制数。

$(110101)_2=1\times 2^5+1\times 2^4+0\times 2^3+1\times 2^2+0\times 2^1+1\times 2^0$
$\qquad=32+16+0+4+0+1=(53)_{10}$

$(1101.101)_2=1\times 2^3+1\times 2^2+0\times 2^1+1\times 2^0+1\times 2^{-1}+0\times 2^{-2}+1\times 2^{-3}$
$\qquad=8+4+0+1+0.5+0+0.125=(13.625)_{10}$

例 2:将下列八进制数转换成十进制数。

$(305)_8=3\times 8^2+0\times 8^1+5\times 8^0=192+5=(197)_{10}$

$(456.124)_8=4\times 8^2+5\times 8^1+6\times 8^0+1\times 8^{-1}+2\times 8^{-2}+4\times 8^{-3}$
$\qquad=256+40+6+0.125+0.03125+0.0078125$

$$= (302.1640625)_{10}$$

例 3: 将下列十六进制数转换成十进制数。

$$(2A4E)_{16} = 2 \times 16^3 + A \times 16^2 + 4 \times 16^1 + E \times 16^0$$
$$= 8192 + 2560 + 64 + 14 = (10830)_{10}$$

$$(32CF.48)_{16} = 3 \times 16^3 + 2 \times 16^2 + C \times 16^1 + F \times 16^0 + 4 \times 16^{-1} + 8 \times 16^{-2}$$
$$= 12288 + 512 + 192 + 15 + 0.25 + 0.03125 = (13007.28215)_{10}$$

2. 十进制数转换成非十进制数

(1) 十进制数转换成二进制数

把十进制数转换为二进制数的方法是:整数转换用"除 2 取余法";小数转换用"乘 2 取整法"。

例 4: 将十进制数 $(125.6875)_{10}$ 转换为二进制数。

整数部分 125 转换如下:

小数部分 0.6875 转换如下:

即 $(125.6875)_{10} = (1111101.1011)_2$

上面的例子中,小数部分经过有限次乘 2 取整过程即告结束。但也有许多情况可能是无限的,这就要根据精度要求在适当的位数上截止。对八进制和十六进制也有同样的情况。

(2) 十进制数转换成八进制数

十进制数转换成八进制数的方法是:整数部分转换采用"除 8 取余法";小数部分转换

采用"乘 8 取整法"。

例 5：将十进制数$(1725.6875)_{10}$转换成八进制数。

整数部分 1725 转换如下：

```
8 │ 1   7   2   5              余数      八进制整数低位
    8 │ 2   1   5  ·········· 5          ▲
        8 │ 2   6  ·········· 7          │
            8 │ 3  ·········· 2          │
                0  ·········· 3          八进制整数高位
```

小数部分 0.6875 转换如下：

```
       小数点  ·  整数          0.6875
八进制小数首位                 ×）    8
                    5 ······  5.5000
                              0.5000
                              ×）    8
八进制小数末位 ↓    4 ······  4.0000
                              0000 ······ 为零，转换结束
```

即$(1725.6875)_{10} = (3275.54)_8$

（3）十进制数转换成十六进制数

将十进制数转换成十六进制数的方法是：整数部分转换采用"除 16 取余法"；小数部分转换采用"乘 16 取整法"。

例 6：将十进制数$(12345.671875)_{10}$转换为十六进制数。

整数部分 12345 转换过程如下：

```
16 │ 1   2   3   4   5          余数      十六进制整数低位
     16 │ 7   7   1   ·········· 9         ▲
          16 │ 4   8   ·········· 3        │
               16 │ 3  ·········· 0        │
                    0  ·········· 3        十六进制整数高位
```

小数部分 0.671875 转换过程如下：

```
       小数点  ·  整数          0.671875
小数部分首位                 ×）      16
                    A ······ 10.750000
                              0.750000
                              ×）      16
小数部分末位 ↓      C ······ 12.000000
                              0.000000 ······ 为零，转换结束
```

即$(12345.671875)_{10}=(3039.AC)_{16}$

3.非十进制数之间的相互转换

由于一位八进制数相当于三位二进制数,因此要将八进制数转换成二进制数,只需以小数点为界,向左或向右每一位八进制数用相应的三位二进制数取代即可。反之,二进制数转换成相应的八进制数,只是上述方法的逆过程,即以小数点为界,向左或向右每三位二进制数用相应的一位八进制数取代即可。如果不足三位,可用零补足之。

例7:将八进制数$(714.431)_8$转换成二进制数。

7　1　4　·　4　3　1

111　001　100　·　100　011　001

即$(714.431)_8=(111001100.100011001)_2$

例8:将二进制数$(11101110.00101011)_2$转换成八进制数。

011　101　110　·　001　010　110

3　5　6　·　1　2　6

即：$(11101110.00101011)_2=(356.126)_8$

由于一位十六进制数相当于四位二进制数,因此,要将十六进制数转换成相应的二进制数,只需以小数点为界,向左或向右每一位十六进制数用相应的四位二进制数取代即可。同理,若要将一个二进制数转换成相应的十六进制数,只要取上述方法的逆过程即可,即将二进制数以小数点为界分成左右两部分,向左或向右每四位二进制数用相应的一位十六进制数取代即可。如果不足四位,则用零补足之。

例9:将十六进制数$(1AC0.6D)_{16}$转换成相应的二进制数。

1　A　C　0　·　6　D

0001　1010　1100　0000　·　0110　1101

即$(1AC0.6D)_{16}=(1101011000000.01101101)_2$

例10:将二进制数$(10111100101.00011001101)_2$转换成相应的十六进制数。

0101　1110　0101　·　0001　1001　1010

5　E　5　·　1　9　A

即$(10111100101.00011001101)_2=(5E5.19A)_{16}$

1.5.3　计算机中数据的表示

1.计算机中的数据单位

数据泛指一切可以被计算机接受并处理的符号,包括了数值、文字、图形、图像、声音、视频等各种信息。在计算机中的所有信息都是以二进制形式表示,这是由于二进制具有技术上容易实现(只有0和1两个数据符号)、运算规则简单、与逻辑易吻合、与十进制容易转换的特点。在计算机中常用的数据单位有下列3种。

(1)位(Bit)

位又称比特,是计算机表示信息的数据编码中的最小单位。1位二进制的数码用0或1表示。

（2）字节（Byte）

字节是计算机存储信息的最基本单位，因此也是信息数据的基本单位。一个字节用8位二进制数字表示。通常计算机以字节为单位来计算内存容量，1 字节为 8 位二进制码。

1KB（千字节）$=2^{10}B=1024B$

1MB（兆字节）$=2^{10}KB=2^{10}\times2^{10}B=1048576B=1024KB$

1GB（吉字节）$=2^{10}MB=2^{10}\times2^{10}\times2^{10}B=1073741624B=1024MB$

1TB（太字节）$=2^{10}GB=2^{10}\times2^{10}\times2^{10}\times2^{10}B=1099511627776B=1024GB$

（3）字长（Word Length）

计算机一次存储、传输或操作时的一组二进制位数。一个字长由若干个字节组成，用于表示数据或信息的长度。

2.机器数的表示

机器数：一个数及其符号在机器中的数值化表示。

真值：机器数所代表的数。

计算机中对有符号数常采用 3 种表示方法，即原码、补码和反码。

（1）原码

正数的符号为 0，负数的符号为 1，其他位的值按一般的方法表示数的绝对值，用这种方法得到的数码就是该数的原码。

$$[X]_{原}=\begin{cases}X, & 0\leqslant X\leqslant 2^{n-1}-1\\ 2^{n-1}+|X|, & -(2^{n-1}-1)\leqslant X\leqslant 0\end{cases}$$

$$[X]_{原}=\begin{cases}0X, & X\geqslant 0\\ 1|X|, & X\leqslant 0\end{cases}$$

例如：$+7$：00000111　　　$+0$：00000000

　　　-7：10000111　　　-0：10000000

原码简单易懂，但用这种码进行两个异号数相加或两个同号数相减时都不方便。

（2）反码

正数的反码与原码相同，负数的反码为其原码除符号位外的各位按位取反（0 变 1，而 1 变 0）。

$$[X]_{反}=\begin{cases}X, & 0\leqslant X\leqslant 2^{n-1}-1\\ 2^{n-1}-|X|, & -(2^{n-1}-1)\leqslant X\leqslant 0\end{cases}$$

即：例如：$+7$：00000111　　　$+0$：00000000

　　　　-7：11111000　　　-0：10000000

$$X_{反}=\begin{cases}0X, & X\geqslant 0\\ 1|\overline{X}|, & X\leqslant 0\end{cases}$$

（3）补码

正数的补码与其原码相同，负数的补码为其反码在其最低位加 1。

$$[X]_{补}=\begin{cases} X, & 0\leqslant X\leqslant 2^{n-1}-1 \\ 2^n-|X|, & -(2^{n-1}-1)\leqslant X\leqslant 0 \end{cases}$$

即：

$$[X]_{补}=\begin{cases} 0X, & X\geqslant 0 \\ 1|\overline{X}|+1, & X\leqslant 0 \end{cases}$$

例如：+7：00000111　　　　+0：00000000

　　　　　－7：11111001　　　　－0：00000000

总结规律如下：

对于正数，原码＝反码＝补码

对于负数，补码＝反码＋1

引入补码后，使减法统一为加法。

1.5.4　文字信息的编码

我们知道，可以利用按一定规则组合的数字来表示信息，如我们的居民身份证号，每一个号码由 18 个数字组成，它表示了一个人的居住地、出生年月和性别等信息。二进制虽然只有两个数字，但按不同的规则组合后，同样可以用来表示各种各样的信息，我们把表示信息的二进制数叫作二进制代码。当我们输入字符"A"时，计算机接收到的是"A"的二进制代码"1000001"，在显示时，又会把"1000001"转化为"A"。信息的编码对于信息处理的工具计算机来说，其必要性和重要性都是不言而喻的。

1. BCD 码（二—十进制编码）

人们习惯于使用十进制数，而计算机内部多采用二进制表示和处理数值数据，因此在计算机输入和输出数据时，就要进行由十进制到二进制和从二进制到十进制的转换处理。显然，这项工作如果由人工来承担，势必造成大量时间浪费。因此必须采用一种编码的方法，由计算机自己来承担这种识别和转换工作。

人们通常采用把十进制数的每一位分别写成二进制数形式的编码，称为二—十进制编码或 BCD（Binary—Coded Decimal）编码。

BCD 编码方法很多，通常采用的是 8421 编码。这种编码最自然、最简单。其方法是用四位二进制数表示一位十进制数，自左至右每一位对应的权是 8、4、2、1。值得注意的是，四位二进制数有 0000～1111 十六种状态，这里我们只取了 0000～1001 十种状态。而1010～1111 六种状态在这里没有意义。

这种编码的另一特点是书写方便、直观、易于识别。例如十进制数 864，其二—十进制编码为：$\underset{(1000)}{8}\ \underset{(0110)}{6}\ \underset{(0100)}{4}$

表 1-3 中给出了十进制数与 8421 码的对照表。

由表 1-3 可见，十进制的 0～9 对应于 0000～1001；对于十进制的 10，则要用 2 个8421 码来表示。

表 1-3　十进制数与 8421 码的对照表

十进制数	8421 码	十进制数	8421 码
0	0000	5	0101
1	0001	6	0110
2	0010	7	0111
3	0011	8	1000
4	0100	9	1001

2. 字符编码（ASCII 码）

ASCII(American Standard Code for Information Interchange)是美国信息交换标准代码,是国际上通用的微型机编码。为了和国际标准兼容,我国根据它制定了国家标准即 GB 1988。GB 1988 用来表示 52 个英文大小写字母,32 个标点符号、运算符和 34 个控制字符,共 128 种。每个字符用一个 7 位二进制数来表示,在微型机内以一个字节来存储,其最高位 D_7,恒为 0。具体编码如表 1-4 所示。

表 1-4　7 位 ASCII 码表

$D_3\ D_2\ D_1\ D_0$ ＼ $D_6\ D_5\ D_4$	000	001	010	011	100	101	110	111
0000	NUL	DLE	SP	0	@	P	、	p
0001	SOH	DC1	!	1	A	Q	a	q
0010	STX	DC2	"	2	B	R	b	r
0011	ETX	DC3	#	3	C	S	c	s
0100	EOT	DC4	$	4	D	T	d	t
0101	ENQ	NAK	%	5	E	U	e	u
0110	ACK	SYN	&	6	F	V	f	v
0111	BEL	ETB	'	7	G	W	g	w
1000	BS	CAN	(	8	H	X	h	x
1001	HT	EM	)	9	I	Y	i	y
1010	LF	SUB	*	:	J	Z	j	z
1011	VT	ESC	+	;	K	[	k	|
1100	FF	FS	,	〈	L	\	l	|
1101	CR	GS	—	=	M	]	m	|
1110	SO	RS	。	〉	N	↑	n	~
1111	SI	US	/	?	O	→	o	DEL

要确定字母、数字及各种符号的 ASCII 码,在表 1-4 中先查出它的位置,然后确定它所在位置对应的行和列。根据"行"确定被查字符的高 3 位编码($D_6D_5D_4$),根据"列"确定被查字符的低 4 位编码($D_3D_2D_1D_0$)。将高 3 位编码与低 4 位编码连在一起就是被查字符的 ASCII 码。

例如,"A"字符的 ASCII 码是 1000001。若用 16 进制表示为$(41)_H$,若用 10 进制表示为$(65)_D$。

字符的 ASCII 码值的大小规律是:a~z>A~Z>0~9>空格>控制符。

表 1-5 中简要列出了 ASCII 码中各种控制符的功能。

3.汉字的编码

为了适应计算机信息处理技术的需要,我国国家标准局于 1981 年颁布了国家标准《信息交换用汉字编码字符集·基本集》,即 GB 2312。其中 GB 是"国标"汉语拼音的首字母,2312 为标准序号。该标准规定了汉字交换用的基本图表,也是用二进制代码的形式表示。

表 1-5　特殊控制符

控制符	功能	控制符	功能	控制符	功能	控制符	功能
NUL	空	HT	横向列表	VT	垂直制表	DC1	设备控制 1
SOH	标题开始	LF	换行	FF	走纸控制	DC2	设备控制 2
STX	正文开始	US	单元分隔符	CR	回车	DC3	设备控制 3
ETX	正文结束	SO	移位输出	DLE	数据链换码	DC4	设备控制 4
EOT	传输结果	SI	移位输入	NAK	否定	ESC	换码
ENQ	询问	SP	空格	SYN	空转同步	SUB	减
ACK	承认	FS	文字分隔符	CAN	作废	DEL	作废
BEL	振铃	GS	组分隔符	ETB	信息组传递结束		
BS	退一格	RS	记录分隔符	EM	纸尽		

由于汉字具有特殊性,因此汉字输入、输出、存储和处理过程中所使用的汉字代码不相同。有用于汉字输入的输入码(外码);用于计算机内部汉字存储和处理的机内码;用于汉字显示的显示字模点阵码;用于汉字打印输出的字形码;以及用于在汉字字库中查找汉字字模的地址码等。

所有的英文与拼音文字均由 26 个字母拼组而成。加上数字等其他符号,常用的字符有 95 种。所以 ASCII 码采用一个字节编码已经够用,一个字符只需占一个字节。汉字为非拼音文字。如果一字一码,1000 个汉字需要 1000 种码才能区分。显然,汉字编码比 ASCII 码要复杂得多。

(1)汉字交换码

1981 年,我国颁布了《信息交换用汉字编码字符集·基本集》(代号 GB 2312-80)。它是汉字交换码的国家标准,所以又称"国标码"。该标准收入了 6763 个常用汉字(其中一级汉字 3755 个(拼音序),二级汉字 3008 个(部首序)),以及英、俄、日文字母与其他符号 682 个,共有 7445 个符号。

国标码规定,每个字符由一个 2 字节代码组成。每个字节的最高位恒为"0",其余 7

位用于组成各种不同的码值。两个字节的代码,共可表示 128×128＝16384 个符号,而国标码的基本集目前仅有 7445 多个符号,所以足够使用。

一个汉字所在的区号与位号简单地组合在一起就构成了该汉字的一种外码——"区位码"。它用高低两个字节来表示,高字节表示汉字所在的区号,低字节表示汉字所在的位号。如汉字"啊"在 GB 2312－80 中所在的位置是第 16 区的第 1 位,则它的区位码就是 1601。

(2)汉字机内码

在计算机内部传输、存储、处理的汉字编码称汉字机内码。为了实现中、西文兼容,通常利用字节的最高位来区分某个码值是代表汉字或 ASCII 码字符。具体的做法是,若最高位为"1"视为汉字符,为"0"视为 ASCII 字符。所以,汉字机内码可在上述国标码的基础上,把 2 个字节的最高位一律由"0"改"1"而构成。例如,汉字"大"字的国标码为3473H,两个字节的最高位均为"0",如图 1－16(a)所示。把两个最高位全改成"1",变成B4F3H,就可得"大"字的机内码,如图 1－16(b)所示。由此可见,同一汉字的汉字交换码与汉字机内码内容并不相同,而对 ASCII 字符来说,机内码与交换码的码值是一样的。

顺便指出,当两个相邻字节的机内码值为 3473H 时,因它们的最高位都是"0",计算机将把它们识别为两个 ASCII 字符——4 和小写 s,如图 1－16(c)所示。

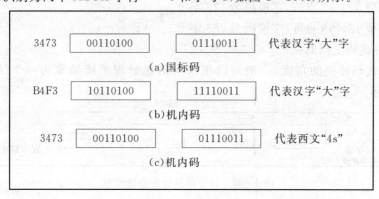

图 1－16　国标码和汉字/ASCII 码的比较

(3)汉字输入码

西文输入时,想输入什么字符便按什么键,输入码与机内码总是一致的。汉字输入则不同,假设现在要输入汉字"大",在键盘上并无标有"大"字的键。如果采用"拼音输入法",则需在键盘上依次按下"d"和"a"两键,这里的"da"便是"大"字的输入编码。如果换一种汉字输入法,输入编码也得换一种样子。换句话说,汉字输入码不同于它的机内码,而且当改变汉字输入法时,同一汉字的输入码也将随之变更。

需要指出,无论采用哪一种(数码、音码、形码或音形码)汉字输入法,当用户向计算机输入汉字时,存入计算机中的总是它的机内码,与所采用的输入法无关。实际上不管使用何种输入法,在输入码与机内码之间总是存在着一一对应的关系,很容易通过"输入管理程序"把输入码转换为机内码。为了方便从键盘输入汉字而设计的编码,称为输入码,或称为"外码",而机内码则是供计算机别的"内码",其码值是唯一的。两者通过键盘管理程序来转换,如图 1－17 所示。

图 1-17　从外码到内码的转换

（4）汉字字形码

字形码是指文字字形存储在字库中的数字化代码。字形码用于计算机显示和打印文字时的汉字字形码。汉字字形是以点阵方式表示汉字，通常汉字显示使用 16×16 点阵，汉字打印可选用 24×24,32×32,48×48 等点阵。点数愈多，打印的字体愈美观，但汉字字库占用的存储空间也愈大。

汉字字库由所有汉字的字模码构成。一个汉字字模码究竟占多少个字节由汉字的字形决定。例如，一个 16×16 点阵汉字占 16 行，每行 16 个点在存储时用 16/8＝2 个字节来存放一行上 16 个点信息，因此，一个 16×16 点阵汉字占 32 个字节。

常用的字模码有 4 种：

①简易型 16×16 点阵，字模码为 32 字节。

②普通型 24×24 点阵，字模码为 72 字节。

③提高型 32×32 点阵，字模码为 128 字节。

④精密型 48×48 点阵，字模码为 288 字节。

（5）各种代码之间的关系

从汉字代码转换的角度，一般可以把汉字信息处理系统抽象为一个结构模型，如图 1-18所示。

图 1-18　汉字信息处理系统模型

1.6　微型计算机的基本操作

1.6.1　开机与关机

1.启动

电脑用户在使用新购买的微型机前应认真阅读使用说明书，并按说明书要求正确安装电脑的各部件。键盘和鼠标可以直接连接到电脑主机上的插口；显示器的信号线接口接到主机的显示器专用接口（显卡输出接口），显示器电源插头可以接入主机的输出电源插座，也可以直接插入电源插座；最后将主机接上电源。新购买的电脑一般都配有基本的软件（如操作系统），在确定各部件都已正确连接后按主机箱上的电源（Power）按钮开始启动系统，若显示器电源是单独连接的，应先开显示器再开主机电源。启动电脑系统首先进入机器自检状态,它将自动检测电脑的各部件是否正常(如内存、硬盘、键盘等),自检信息会在屏幕上显示。自检通过则自动启动 Windows XP 操作系统,然后进入用户可操作的界面(Windows 的桌面)。微型机从断电到接通电源启动系统的过程称为冷启动。

微型机在使用过程中切记不要轻易关机,因为频繁的开关机会对微型机中的电器件造成伤害。现在微型机都采用环保节能电源,只要用户在一段时间内没有操作微型机,它会自动进入节能睡眠方式,用户再使用它时又进入正常工作状态。

使用微型机的过程中可能会出现系统死锁的状态,即用户无法对微型机进行操作,或系统对用户的操作没有反应,此状态称为死机。如果出现此种情况,为使微型机重新回到正常工作方式,可以用下述方法:

(1)热启动

热启动是在主机通电的情况下,重新加载操作系统或终止当前进行的任务。热启动就是在键盘上同时按下 Alt,Ctrl,Del(Delete)3 个键,常用 Alt+Ctrl+Del(Delete)表示。操作时为了使 3 个键同时按下,一般先用左手按 Alt+Ctrl 键,再用右手按 Del 键。

(2)复位启动

若系统死机而使用热启动的方法无效时,则可用复位启动重新启动微型机系统,复位启动就是按主机箱上的 Reset 键。此种方式是系统从自检开始,然后加载操作系统,所以,除了电源不是从无到有外,其他过程同冷启动相同。不过有些品牌机的主机箱上没有复位键,如果死机又无法用热启动恢复,只能是长时间按电源(Power)键,强迫关机。

2.关机

关闭微型机系统的方法很简单,现在的操作系统提供了用户关闭系统的界面,用户按屏幕的提示可完成操作。如图 1-19 所示是 Windows XP 系统关机的对话框,只需选择关闭系统并确定,系统会自动关闭并切断电源。对于单独连接电源的外围设备(如显示器、打印机等)需另外关闭电源开关。

图 1-19　Windows XP 系统关机的对话框

1.6.2　启动和关闭应用程序

1.启动应用程序

Windows 桌面上排列的图标通常是常用的应用程序或工具的快捷方式,如图 1-20所示,用鼠标左键双击桌面快捷方式图标,可以打开相应的应用程序或工具。

如果双击桌面上"我的电脑"图标,将启动如图 1-21 所示的"我的电脑"应用程序窗口。通常,使用"我的电脑"查找系统资源。

2.关闭应用程序

关闭应用程序的基本方法是,用鼠标左键单击应用程序窗口右上角的"关闭"按钮。启动和关闭应用程序的具体方法将在第 2 章 2.3.5 节中详细介绍。

图 1-20　Windows XP 桌面

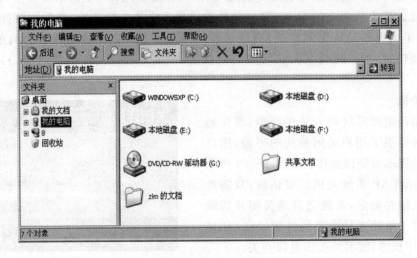

图 1-21　"我的电脑"窗口

1.6.3　键盘及其基本操作

　　键盘是微型机系统中最常用也是最重要的输入设备之一,使用它向计算机输入各种操作的命令或程序、输入需处理的原始数据和进行文档的编辑等。

　　1.键盘各键位的分布和功能

　　常用微型机键盘有 101 键盘、104 键盘、107 键盘等,最常见的键盘是 104 键的标准键盘。键盘一般划分为 4 个区,分别是基本键区、功能键区、编辑控制键区、数字小键盘区和一个状态指示灯区,如图 1-22 所示。

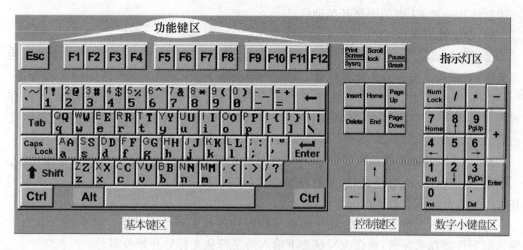

图 1-22　键盘平面图

（1）指示灯

Num Lock：数字/编辑锁定状态的指示灯。

Caps Lock：大写字母锁定状态指示灯。

（2）基本键区

该区是键盘操作的主要区域，包括所有的英文 26 个字母符、10 个数字符、空格、回车和一些特殊功能键。

特殊功能键如下：

Backspace：退格键，是删除光标前的一个字符或选取的一块字符。

Enter：回车键，用于结束一个命令或换行（回车键换行是表示一个文档段的结束）。

Tab：制表键，用于移动定义的制表符长度。

Caps Lock：大写字母锁定键，是一个开关键，它只对英文字母起作用。当它锁定时，Caps Lock 指示灯亮，此时单击字母键输入的是大写字母，在这种情况下不能输入中文。当它关上时，Caps Lock 指示灯不亮，此时单击字母键输入的是小写字母。

Shift：上档键，在打字区的数字键和一些字符键都印有上下两个字符，直接按这些键是输入下面的字符。使用上档键是输入上档符号或进行大小写字母切换，它在基本键区左右各有一个，左手和右手都可按此键。例如要输入" * "，我们必须先用左手的小指按住 Shift 键，然后用右手的中指按数字键 8。若在 Caps Lock 键未锁定时，要输入大写的 G，可用右手的小指按住 Shift 键，再用左手的食指按 G 键就输入大写字母 G。

Ctrl 和 Alt：控制键和转换键，它们在基本键区左右各有　个，不能单独使用，只有同其他键配合一起才起作用（如热启动所用组合键）。按下 Ctrl 或 Alt 键后，再按下其他键。Ctrl 键或 Alt 键的组合结果取决于使用的软件。

Esc：取消或退出键，用于取消某一操作或退出当前状态。

（3）功能键

功能键的作用是将一些常用的命令功能赋予某个功能键。它们的具体功能取决于不同的软件。一般 F1 键用于打开帮助信息。

(4)编辑控制键区

编辑控制键区分为 3 部分,共 13 个键。最上面 3 个键称为控制键;中间 6 个键称为编辑键;下面 4 个键称为光标移位键。各键的功能如下:

Print Screen:打印屏幕键,用于将屏幕上的所有信息传送到打印机输出,或者保存到内存中用于暂存数据的剪贴板中,用户可以从剪贴板中把内容粘贴到指定的文档中。

Scroll Lock:屏幕滚动锁定键,用于控制屏幕的滚动,该键在现在的软件中很少使用。

Pause 或 Break:暂停键,用于暂停正在执行的程序或停止屏幕滚动。有时需要 Ctrl 和 Pause 结合起来才能停止一个任务。

Insert:插入或改写转换键,用于编辑文档时切换插入或改写状态。若在插入状态下输入的字符插在光标前,而在改写状态下输入的字符从光标处开始覆盖。

Delete:删除键,用于删除光标所在处的字符。

Home:在编辑状态下按此键会将光标移到所在行的行首。

End:在编辑状态下按此键会将光标移到所在行的行尾。

Page Up 和 Page Down:向上翻页键和向下翻页键,用于在编辑状态下,使屏幕向上或向下翻一页。

↑、↓、←和→:这 4 个键可控制光标上下左右移动,每按一次分别将光标按箭头指示方向移动一个字符。

(5)数字小键盘区

小键盘区在键盘最右边共有 17 个键,主要是方便输入数据,其次还有编辑和光标移动控制功能。功能转换由小键盘上的 Num Lock 键实现。当指示灯不亮时,小键盘的功能与编辑键区的编辑键功能相同;当指示灯亮时,小键盘实现输入数据的功能。四则运算符键和回车键与打字区相应的键功能相同。

2.指法

在使用键盘输入时,采用正确的击键指法可以提高键盘输入的速度。所谓击键指法是指把基本键区的键位合理地分配给双手的各个手指,每个手指固定负责几个键位,使之分工明确,有条不紊。正确的指法不但能提高输入速度,还是实现盲打(不用眼看键位)的基础。打字区第 3 排的 8 个键位(A,S,D,F,J,K,L,;)被称为基本键位(或基准键),这 8 个键位是左右两只手的"根据地",在 F 键和 J 键上都有可用手指触摸的突起点以方便手指定位。

3.键盘的维护

键盘是人机交互使用频繁的一种外围设备,正确的使用和维护是十分重要的。用户应该注意以下一些问题:

(1)更换键盘时,必须切断主机电源。

(2)操作键盘时,切勿用力过大,以防按键的机械部位受损而失效。

(3)注意保持键盘的清洁,不能有水、油渍或脏物进入,需要清洗时可以用柔软的湿布沾少量中性清洁剂进行擦洗,然后用柔软的湿布擦净,切勿用酒精等溶剂清洗。

1.6.4 鼠标的基本操作

鼠标的操作方法有 6 种,分别是:移动、单击左键、单击右键、左键拖动、右键拖动、双击左键。

移动:正确地握住鼠标,在鼠标垫上或桌面上移动,屏幕上的鼠标指针将随着鼠标的移动而移动。

单击左键:将鼠标固定到某个位置上,然后用食指按下鼠标左键后立即松开。

单击右键:将鼠标固定到某个位置上,然后用中指按下鼠标右键后立即松开。

左键拖动:将指针指向某个对象,用食指按住鼠标左键不放,然后移动到另一位置后,再松开鼠标按键。

右键拖动:将指针指向某个对象,用中指按住鼠标右键不放,然后移动到另一位置后,再松开鼠标按键。

双击左键:将鼠标固定到某个位置上,然后用食指连续快速按两下鼠标左键立即松开。

1.7 计算机安全

随着计算机应用的日益深入和计算机网络的普及,为了保证计算机系统的正常运行,保障计算机用户的合法权益,计算机安全问题已日益受到广泛的关注和重视。计算机安全性是一个相对深入与复杂的问题,本节主要介绍计算机安全方面的基本知识。

1.7.1 计算机病毒的概念

计算机病毒是人为制造的能够侵入计算机系统并给计算机带来故障的程序或指令集合。它通过不同的途径"潜伏"或"寄生"在存储介质(如内存、磁盘)或程序里,当满足某种条件或时机成熟时,它会自我复制并传播,使信息资源受到不同程度的损坏,严重时会使电脑特别是计算机网络全部瘫痪甚至无法恢复。由于这种特殊程序的活动方式与微生物学中的病毒类似,故取名为计算机病毒。

1.计算机病毒的主要特点

(1)破坏性。主要表现为占用系统资源、破坏文件和数据、干扰程序运行、打乱屏幕显示甚至摧毁系统等。计算机病毒产生的后果,有良性和恶性之分。良性病毒只占用系统资源或干扰系统工作,并不破坏系统数据。恶性病毒一旦发作就会破坏系统数据、覆盖或删除文件,甚至造成系统瘫痪,如黑色星期五病毒、磁盘杀手病毒等。

(2)传染性。指病毒程序在计算机系统中传播和扩散。病毒程序进入计算机系统后等待时机修改别的程序并把自身的复制包括进去,在计算机运行过程中不断自我复制,不断感染别的程序。被感染的程序在运行时又会继续传染其他程序,于是很快就传染到整个计算机系统。在计算机网络中,病毒程序的传染速度就更快,受害面也更大。

(3)隐蔽性。病毒程序通常是一些小巧灵活的短程序或指令集合,依附在一定的传播介质上,如隐藏在操作系统的引导扇区或可执行文件中,也可能寄生在数据文件或硬盘分区表中。在病毒发作之前,一般很难发现。

(4)潜伏性。侵入计算机的病毒程序可以潜伏在合法文件中,并不立即发作,在潜伏期只是悄悄地进行传播、繁殖,使更多的正常程序成为病毒的"携带者"。一旦满足一定的条件(称为触发条件),即转为病毒发作,表现出破坏作用。触发条件可以是一个或多个,例如某个日期、某个时间、某个事件的出现、某个文件的使用次数以及某种特定的软硬件环境等。

2.计算机感染病毒的症状

(1)计算机的基本内存容量比正常值减少,如由一般的 640kB 减少为 637kB 或更少。

(2)文件长度增加,许多病毒程序感染宿主程序后即将自身原样或稍加修改后进入主程序中,使宿主程序变长。若发现某个程序文件变长,一般可断定该文件已感染病毒。

(3)文件的最后修改日期和时间被改动。

(4)系统运行速度减慢,如系统引导时间增加或程序执行时间变长。

(5)屏幕显示异常,例如屏幕上出现跳动的亮点或方块;出现雪花亮点或满屏雪花滚动;屏幕上该显示的汉字没出现;屏幕上的字符出现滑动或一个个往下掉,屏幕上显示一些无意义或特殊的画面或问候语。

(6)系统运行异常,如系统出现异常死机现象、系统执行异常文件或系统不能启动等。

(7)打印机活动异常,有的计算机病毒会破坏打印机的正常使用,例如系统误认为没有打印设备或打印机"未准备好"。

(8)在网络环境下,网络服务器和工作站无法启动。

(9)在网络软件运行过程中程序执行时间变长,原有的数据无故丢失或被损坏。

3.计算机病毒的分类

计算机病毒可以从不同的角度分类。按病毒入侵方式可分为以下两大类。

(1)系统型病毒。系统型病毒感染的对象主要是软盘和硬盘的引导区(BOOT)或硬盘的分区表,如小球病毒、大麻病毒、HONG－KONG 病毒、CIH 病毒等都是典型的系统型病毒。

(2)文件型病毒。计算机病毒感染的对象主要是系统中的文件,并且多数病毒感染可执行文件,如.COM 文件和.EXE 文件,当被感染的文件运行时又感染更多的其他运行文件,从而达到传播病毒的目的。大多数病毒都是文件型病毒,如黑色星期五病毒、575 病毒、1071 病毒和 DIR－2 病毒等。

1.7.2　计算机病毒预防、检测与清除

对付计算机病毒的最有效方法是预防。防止病毒的入侵要比病毒入侵后再去检测和清除更为重要,何况有的病毒还不能很好地清除,所以病毒防治的重点应该放在预防上。消灭传染源、堵塞传染途径、保护易感染部分等都是预防病毒入侵的有效方法。

作为计算机的用户,预防计算机病毒应该从以下几方面加以注意:

(1)要及时对硬盘上的分区表和重要的文件进行备份,这样不但在硬盘遭受破坏或无意的格式化操作后能及时得到恢复,而且即使是病毒程序的蓄意侵害也能够恢复。

(2)凡不需要再写入数据的磁盘都应该采取写保护措施。

(3)将所有的.COM 和.EXE 文件赋予"只读"属性。

(4)不要使用来历不明的程序盘或非正当途径复制的程序盘。

(5)经常检查一些可执行程序的长度,对可执行程序采取一些简单的加密措施,防止程序被感染。

(6)严禁在机器上玩电子游戏,因为游戏盘(特别是盗版光盘)大多来历不明,很多游戏软件为了防止复制使用了一些加密手段,很可能带有病毒。

(7)对负责重要工作的机器尽量做到专机专用和专盘专用。

(8)一旦发现有计算机遭受病毒感染,应立即隔离并尽快消毒。如不明确是何种类型的病毒或暂没有有效的解毒软件,可对硬盘和该机使用过的软盘进行格式化处理。

(9)软件预防。软件预防主要是使用计算机病毒的疫苗程序,它是一种监督系统运行、防止某些病毒入侵而又不具备传染性的可执行程序。比如,防止文件在 RAM 中常驻的疫苗程序,它发现有文件要常驻内存就显示常驻程序的文件名等信息,由用户判定是否出现病毒。显然,病毒疫苗程序是利用病毒原理设计的以毒攻毒的方法。

(10)使用"防病毒卡",这是一种采用附加硬件预防病毒的方法。

(11)如果发现计算机的磁盘有病毒,就要设法清除它,这一工作可用专门的杀毒软件来进行,如 KV3000、AV98、瑞星和 KILL 等是较为常用的杀毒软件。

应该指出,计算机网络一旦染上病毒,其影响远比单机大,因此网络用户在进入信息高速公路之前一定要做好安全防护工作。

1.7.3　网络安全技术

随着网络应用的发展,网络的规模越来越大,网络在各种信息系统中的作用变得越来越重要。重视网络的安全与管理,是保证网络正常高效运行的基础。网络安全性问题相当复杂,它不仅是技术上的问题,而且还与法律、政策、人们的道德水平有密切的联系。当网络出现问题时,有可能是人为的破坏,也有可能是系统本身的故障,还可能是自然灾害造成的,但无论哪种都会造成严重的损失。为此,人们从多方面开展了对网络安全问题的研究,以使网络能够安全地运行。

1. 网络安全的重要性

计算机网络广泛应用已经对经济、文化与科学的发展产生了重要的影响,同时也不可避免地带来一些新的社会、道德、政治与法律问题。大量的商业活动与大笔资金正在通过计算机网络在世界各地迅速地流通,对世界经济的发展起到十分重要的作用。而计算机病毒在短短的十几年中已经发现了 2 万多种,仅 1999 年 4 月 26 日的 CIH 病毒,就造成亚太地区几百万台计算机的瘫痪。这些都使许多企业或组织蒙受了巨大的损失,因此计算机网络的安全问题越来越引起人们的普遍重视。

2. 计算机网络面临的安全性威胁

只有了解计算机网络可能受到哪些方面的威胁,才可能设计相应的安全策略,以保证计算机网络的安全。计算机网络面临的安全性威胁主要来自人为因素与意外灾害(例如掉电、火灾等)。构成威胁的人为因素主要有两类:有意破坏与无意造成的危害。

(1)非授权访问。在计算机网络中拥有软件、硬件和数据等各种资源,一般只有授权用户才允许访问网络资源,这称为授权访问。而许多网络面临的威胁是非授权访问网络及资源,修改系统配置,窃取商业秘密与个人资料,造成系统瘫痪等。

(2)信息泄露。信息泄露是指将有价值的和高度机密的信息泄露给无权访问该信息的人。无论他是自愿的或是非自愿的,信息泄露都会对企业或个人造成难以估量的损失。例如,企业产品设计数据、研究新进展、软件源代码等都具有一定程度的机密性,泄露出去会给企业或公司的声誉、经济等造成损害,或者使多年研究的心血付诸东流,给竞争对手形成不公平的优势。

(3)拒绝服务。由于网络将计算机、数据库等多种资源连在一起,并提供组织所依赖的服务。特别是有些网络系统对企业的生存是至关重要的,因为网络用户大多数都借助于网络完成他们的工作任务。例如,银行系统的网络中记录了储户的存款信息,如果拒绝提供服务,用户就无法存款取款。除此之外,自然灾害也有可能造成网络的瘫痪,也必须加以防范。

3.计算机网络安全的内容

(1)保密性。为用户提供安全可靠的保密信息是网络安全的主要内容之一。网络是保密性机制除了为用户提供保密通信以外,也是其他安全机制的基础。例如,访问控制机制中登录口令的设计,安全通信协议以及数字签名的设计等,都离不开密码机制。

(2)安全协议的设计。计算机网络的协议安全性是网络安全的重要方面。如果协议存在安全上的缺陷,就使得破坏者不必攻破密码体制就能轻松得到所需信息。长期以来,人们一直希望设计出安全的协议,但协议的安全性是不可判定的,所以主要是通过找漏洞的方法来分析复杂协议的安全性。对于简单的协议,可能通过限制操作的方法保证网络安全。

(3)访问控制。计算机网络用户可以共享网络上的各种资源。但如果对用户没有任何限制,那么计算机网络将是很不安全的。所以应对网络用户的访问权限加以控制。但网络的接入控制机制比较复杂,尤其是高安全级别的多级安全性就更加复杂。

4.网络安全策略的设计

网络安全策略是描述一个组织的网络安全关系的文档,包括技术与制度两个方面,只有将二者结合起来,才能有效地保护网络资源不受破坏。在设计网络安全策略时,首先要确定在网络内部有哪些网络资源?可能对网络资源安全过程威胁的因素有哪些?哪些资源需要重点保护?可能造成信息泄露的因素是什么?网络管理员与网络用户安全的教育,使网络用户和管理人员都能自觉遵守安全管理条例,正确地使用网络。

在技术上也要对网络资源进行保护,制定网络安全策略。常用的方法有两种:一种是凡是没有明确表示允许的就要被禁止;另一种是凡是没有明确表示禁止的就要被允许。这两种思想方法所导致的结果是不同的。采用第二种方法所表示的策略只规定了用户不能做什么,当新的网络服务出现时,如不明确表示禁止,那就表明允许用户使用;而采用第一种方法所表示的策略只规定了允许用户做什么,当新的网络服务出现时,如果允许用户使用,则将明确地在安全策略中表述出来,否则不允许使用。具体的安全措施有:

(1)加密技术。数据加密可以保护传输和存储的数据。如果加密数据的接收者希望阅读原始数据,接收者必须通过一个解密的过程将其转换回去。解密是加密的逆过程,为了解密,接收者必须拥有一个经过加密算法产生的特殊数据,这个数据叫钥匙或密钥。常用的加密技术有:常规密钥密码体制,即加密钥与解密钥是相同的密码体制;公开密钥码体制,即加密密钥与解密钥不同。

(2)设置防火墙。防火墙的基本功能是根据一定的安全规定,检查过滤网络之间传送的报文分组,以确定它们的合法性。通常的防火墙产品能覆盖网络层、传输层和应用层。一般企业内部网是结合使用防火墙技术、用户授权、操作系统安全机制、数据加密等多种方法,来保护网络系统与网络资源不被非法使用和破坏,增强系统的安全性。

(3)网络文件的恢复。在网络中一般都有大量的有价值的数据资源,一旦丢失,可能会给用户造成不可挽回的损失。因此做好数据备份工作,不仅在计算机网络发生故障的情况下可以预防意外的删除或丢失,而且在系统被黑客闯入且被破坏的情况下,也可以及时进行恢复,从而减少损失。

(4)防病毒技术。网络病毒的感染一般是从用户工作站上开始的。病毒发作不仅破坏本机数据和程序,也会在网络上上传播,造成网络瘫痪,服务器不能正常工作。因此必须从工作站与服务器两方面入手对病毒进行防范。可以在服务器上安装防病毒软件实时对服务器进行检测、扫描和清除病毒处理。

1.7.4　软件知识产权保护

为了保护计算机软件著作权人的权益,调整计算机软件在开发、传播和使用中发生的利益关系,鼓励计算机软件的开发与应用,促进软件产业和国民经济信息化的发展,根据《中华人民共和国著作权法》和《计算机软件保护条例》,对其所开发的软件,不论是否发表,都享有著作权,但不延及开发软件所用的思想、处理过程、操作方法或者数学概念等。

软件著作权人享有下列各项权利:

(1)发表权。即决定软件是否公之于众的权利。

(2)署名权。即表明开发者身份,在软件上署名的权利。

(3)修改权。即对软件进行增补、删节,或者改变指令、语句顺序的权利。

(4)复制权。即将软件制作一份或者多份的权利。

(5)发行权。即以出售或者赠予方式向公众提供软件的原件或者复制件的权利。

(6)出租权。即有偿许可他人临时使用软件的权利,但是软件不是出租的主要目的的除外。

(7)信息网络传播权。即以有线或者无线方式向公众提供软件,使公众可以在其个人选定的时间和地点获得软件的权利。

(8)翻译权。即将原软件从一种自然语言文字转换成另一种自然语言文字的权利。

(9)应当由软件著作权人享有的其他权利。

软件著作权自软件开发完成之日起产生。自然人的软件著作权,保护期为自然人终生及其死亡后 50 年,截止于自然人死亡后第 50 年的 12 月 31 日;软件是合作开发的,截止于最后死亡的自然人死亡后第 50 年的 12 月 31 日。法人或者其他组织的软件著作权,保护期为 50 年,截止于软件首次发表后第 50 年的 12 月 31 日,但软件自开发完成之日起50 年内未发表的,不再保护。

　　为了学习和研究软件内含的设计思想和原理,通过安装、显示、传输或者存储软件等方式使用软件的,可以不经软件著作权人许可,不向其支付报酬。

　　除《中华人民共和国著作权法》或者《计算机软件保护条例》另有规定外,有下列侵权行为的,应当根据情况,承担停止侵害、消除影响、赔礼道歉、赔偿损失等民事责任:

　　①未经软件著作权人许可,发表或者登记其软件的。

　　②将他人软件作为自己的软件发表或者登记的。

　　③未经合作者许可,将与他人合作开发的软件作为自己单独完成的软件发表或者登记的。

　　④在他人软件上署名或者更改他人软件上的署名的。

　　⑤未经软件著作权人许可,修改、翻译其软件的。

　　⑥其他侵犯软件著作权的行为。

　　除《中华人民共和国著作权法》、《计算机软件保护条例》或者其他法律、行政法规另有规定外,未经软件著作权人许可,有下列侵权行为的,应当根据情况,承担停止侵害、消除影响、赔礼道歉、赔偿损失等民事责任;同时损害社会公共利益的,由著作权行政管理部门责令停止侵权行为,没收违法所得,没收、销毁侵权复制品,可以并处罚款;情节严重的,著作权行政管理部门并可以没收主要用于制作侵权复制品的材料、工具、设备等;触犯刑律的,依照刑法关于侵犯著作权罪、销售侵权复制品罪的规定,依法追究刑事责任:

　　①复制或者部分复制著作权人的软件的。

　　②向公众发行、出租、通过信息网络传播著作权人的软件的。

　　③故意避开或者破坏著作权人为保护其软件著作权而采取的技术措施的。

　　④故意删除或者改变软件权利管理电子信息的。

　　⑤转让或者许可他人行使著作权人的软件著作权的。

1.8　汉字输入方法

　　汉字输入就是根据输入法所规定的汉字编码规则,通过键入汉字的输入码来输入汉字。汉字的编码分为内码和外码两种。内码就是计算机内部表示汉字的编码;外码就是汉字的输入码,即人与计算机交换信息使用的编码。汉字输入法不同,其输入码的编码规则也不相同,Windows XP 提供了多种输入法,如全拼、双拼、智能 ABC 等输入法。

1.8.1　输入法的安装

　　Windows XP 中文版在系统安装时,已经安装了全拼、双拼、区位、智能 ABC、郑码等输入法,用户还可以根据实际需要,添加或删除某种输入法。安装输入法的步骤如下:

　　(1)打开"控制面板"窗口。

　　(2)在"控制面板"窗口中,双击"区域和语言选项"图标,在打开的对话框中切换到"语言"选项卡,单击"详细信息"按钮,即可打开"文字服务和输入语言"对话框,如图 1 - 23 所示。

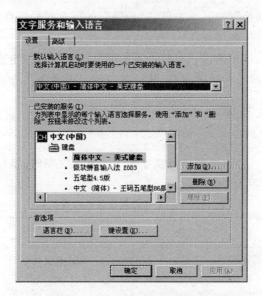

图 1-23　"文字服务和输入语言"对话框

　　(3)单击"添加"按钮,打开"添加输入语言"对话框,从"输入语言"下拉列表框中选择要添加的语言,例如,"中文(中国)",选中"键盘布局/输入法"复选框,在下拉列表框中选择某种中文输入法。

　　(4)单击"确定"按钮,并根据提示进行操作,即可将选择的输入法安装到系统中。

1.8.2　输入法的选择

　　选择输入法可以用鼠标进行选择,也可以用键盘进行选择。选择方法如下:

　　(1)若用鼠标进行选择,先用鼠标单击任务栏上的"输入法"图标,然后在弹出的输入法列表中选择所需的一种输入法。

　　(2)若使用输入法热键进行选择,按"Ctrl+Space"键进行中/英文输入间的切换,按"Ctrl+Shift"键进行英文和各种中文输入法间的切换。

1.8.3　输入法状态窗口

　　当选择了某种中文输入法之后,屏幕便弹出"输入法状态"窗口,如图 1-24 所示。同时任务栏上的指示器会显示相应的中文输入法图标。

图 1-24　"输入法状态"窗口

　　输入法状态窗口中从左至右依次排列 5 个按钮,它们的作用如下:

　　(1)"中英文输入切换"按钮:单击该按钮可进行中/英文输入法间的切换。切换到英文输入时,该按钮上显示字母 A;切换到中文输入时,该按钮上显示的是代表该输入法的图标。

　　(2)"输入方式切换"按钮:单击该按钮可切换已选择输入法的输入方式。例如,智能ABC输入法有"标准"和"双打"两种输入方式,单击该按钮可在这两种方式之间进行切换。

　　(3)"全角/半角切换"按钮:单击该按钮可进行全角/半角之间的切换。在全角状态下,输入的 ASCII 码字符转换为国标码。

(4)"中英文标点切换"按钮:单击该按钮,输入的标点符号可在中英文标点之间切换。中文标点与键盘的对应关系如表1-6所示。

(5)"软键盘"按钮:单击该按钮可打开或关闭软键盘。若右击该按钮,屏幕将显示13种软键盘菜单,从中选择一种软键盘后,相应的软键盘便出现在屏幕上。

1.8.4 汉字输入技术

1.汉字输入

选择一种中文输入法后,便可进行汉字输入。输入汉字时,屏幕上将出现"外码输入"窗口和"候选"窗口,如图1-25所示。

表1-6 中文标点与键盘的对应关系

中 文 标 点		对应键	中 文 标 点		对应键
。	句号	.	〉	右书名号	〉
,	逗号	,	《	左书名号	<
;	分号	;	》	右书名号	〉
:	冒号	:	……	省略号	^
?	问号	?	——	破折号	—
!	感叹号	!	、	顿号	\
"	左双引号	"(双)	·	间隔号	@
"	右双引号	"(双)	-	连字符	&
'	左单引号	'(单)	￥	人民币符号	$
'	右单引号	'(单)	{	左大括号	{
(	左小括号	(	}	右大括号	}
)	右小括号	)	[	左方括号	[
〈	左书名号	<	]	右方括号	]

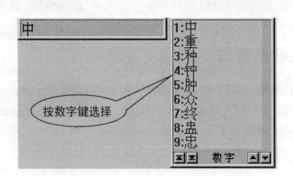

图1-25 "外码输入"和"候选"窗口

汉字的输入码显示在"外码输入"窗口中。在输入过程中,若需要修改,可用光标移动键移动光标,用编辑键进行修改。若按"Esc"键则取消本次输入,等待新的输入。当汉字输入码输入结束后,若"外码输入"窗口中显示的汉字就是所需的汉字,按空格键或继续下一个汉字的输入时,该汉字将输入到屏幕的插入点位置。若输入的汉字在"候选"窗口中,可用汉字前面的数字进行选择。若输入的汉字不在"候选"窗口中,可用"＋"、"－"键或"Page Up"、"Page Down"键进行前、后翻页,待要输入的汉字出现在"候选"窗口中时,再进行选择输入。

Windows XP 中的每一种中文输入法都内置了许多常用词组,利用词组输入汉字可以提高输入速度。另外,对于那些不常用的词,利用"定义新词"功能可自行扩充新词。

当词语联想开关处于打开状态时,可以使用词语联想输入。所谓词语联想是指当输入一个汉字后,系统将在"候选"窗口中显示与该字有关的词语,供用户选择。

2．设置输入法属性

对于中文输入法,用户可对输入法的属性进行设置。若选择全拼输入法,右击"输入法状态"窗口,在弹出的快捷菜单中选择"设置"选项,便弹出"输入法设置"对话框,如图 1－26 所示。用户可以对"词语联想"、"逐渐提示"、"词语输入"、"外码提示"、"光标跟随"这些选项进行设置。

图 1－26　"输入法设置"对话框

1.8.5　汉字输入法

智能 ABC 输入法是一种简单方便的汉字输入法。它以汉语拼音和汉字笔画的书写顺序为基础,且在汉字输入的处理上具有一定的智能性,下面介绍它的使用。

1．全拼输入法

全拼输入法的规则就是按照汉语拼音方案来输入汉字。例如,"能"字的输入码为:neng,"我们学习计算机"的输入码为:womenxuexijisuanji。另外,输入某些词时,应加隔音符"′"。例如"西安"的输入码为:xi′an,若不加隔音符,则为"先"字的输入码;"社会"的输入码为:s′h 或 shh,而不是:sh(sh 为复合声母)。

2．简拼输入法

简拼输入法是全拼输入的简化形式。简拼输入法的输入规则是取各个音节的第一个字母,对于包含 zh、ch、sh 的音节也可以取两个字母。例如:"知识"的输入码可以是:zs,也可以是:zhsh。

3．混拼输入法

混拼输入法是一种开放的、全方位的输入方式。在这种方式下,输入两个音节以上的词可以随意地使用全拼、简拼或它们的组合。例如,输入"计算机",其输入码可以是:jsj、jisj 或jsji 等。

4. 智能 ABC 输入法

Windows XP 中的智能 ABC 输入法是一种以拼音为基础、以词组输入为主的普及型汉字输入方法。它具有以下特点:

(1)易学易用。只要会拼音,了解汉字书写顺序,无需培训就可利用它输入汉字。

(2)以词语输入为主,具有较低的重码率和较快的输入速度。

(3)提供全拼、简拼、笔形、音形和双打等多种输入方式。在标准状态下,无需切换即可自动识别,能很好地适应不同的需求。

(4)能够自动切分音节,即在字符串中自动对音节进行划分。

(5)有词条记忆功能。某一词条一旦构造完毕,下次再遇到该词条时就可直接使用。

(6)允许用户自定义编码。

(7)采用独特的动态键盘输入方式。

5. 中文数量词的简化输入

中文数量词的简化输入规则如下:

(1)"i"为输入小写中文数字的标志符。

例如:八八　i88

(2)"I"为输入大写中文数字的标志符。

例如:捌捌　I88

(3)数字输入中一些字母的含意如下:

个[g]	十、拾[s]	百、佰[b]	千、仟[q]	万[w]	亿[e]
兆[Z]	第[d]	年[n]	月[y]	日[r]	吨[t]
克[k]	元[$]	分[f]	里[l]	米[m]	斤[j]

例如:输入"一九九八年六月十八日",输入码为:i998n6ys8r。

6. 汉字输入过程

输入汉字时,以 26 个英文字母开始,若首字母为"i"、"I"、"u"、"v"时有特殊的含义。汉字输入码的结束键可以是空格、标点或回车键。若以空格、标点作为结束键,则输入码以词为单位进行转换;若以回车键结束,则输入码以字为单位进行转换。

(1)输入符号

在智能 ABC 输入法中,通过"v"键可以方便地进行区位码中 1~9 区符号的输入。输入的方法是:在标准方式下,按"字母(v)+(数字)(1~9)",该区的符号就会出现在候选框中。例如,要输入 01 区的符号,键入"v1",然后,在候选窗口中选择所需的符号。

(2)输入英文字母

在标准方式下,输入英文字母不必切换到英文输入方式,只要先输入 v 作为标志符,其后跟随要输入的英文字母,再按空格键即可。

(3)以词定字输入单字

使用拼音输入单个汉字时,可先输入包含该字的词,然后用以词定字进行选字,按"["键选择第一个字,按"]"键选择最后一个字。例如,要输入"搞活"中的"搞"字,可先输入

"gh",然后按"["键选择"搞"字。

(4)朦胧回忆

在输入的过程中,对于前面刚输入不久的词语可依据不完整的信息回忆输入该词语,这个过程称为朦胧回忆。例如,若刚刚输入"计算机"、"技术"、"社会主义"、"丰衣足食"、"建立"这些词,要想再输入"社会主义",可先按"J"键,再按"Ctrl＋－"键,然后从候选框显示的词中选择。

(5)定义新词

定义新词就是根据用户的需要可以自由定义词语的输入码。定义新词的方法如下:用鼠标右击"标准"按钮,单击"定义新词"选项。在弹出"定义新词"的对话框中,输入新词和新词的外码,然后单击"添加"按钮,若要结束定义,单击"关闭"按钮退出。输入用户自己定义的词语时,应先输入字母"u",其后跟随该词语的编码即可。

练习题

一、单项选择题

1.第 4 代电子计算机使用的电子元件是_____。

A.晶体管　　B.电子管　　C.中、小规模集成电路　　D.大规模和超大规模集成电路

2.二进制数 110101 对应的十进制数是_____。

A.44　　　　　B.65　　　　　C.53　　　　　D.74

3.下列叙述中,不属于电子计算机特点的是_____。

A.运算速度快　　B.计算精度高　　C.高度自动化　　D.高度智能的思维方式

4.电子计算机的工作原理是_____。

A.能进行算术运算　　　　　　B.能进行逻辑运算

C.能进行智能思考　　　　　　D.存储并自动执行程序

5.现在通常所使用的计算机属于_____。

A.电子数字计算机　　　　　　B.电子模拟计算机

C.工业控制计算机　　　　　　D.模拟计算机

6.下列关于计算机的叙述中,错误的一条是_____。

A.世界上第一台计算机诞生于美国,主要元件是晶体管

B."银河"是我国自主生产的巨型机

C.笔记本电脑也是一种微型计算机

D.计算机的字长一般都是 8 的整数倍

7.第一代计算机的主要应用领域是_____。

A.数据处理　　B.科学计算　　C.过程控制　　D.计算机辅助设计

8.电子计算机的分代主要是根据_____来划分的。

A.集成电路　　B.电子元件　　C.电子管　　D.晶体管

9.1992 年,我国第一台 10 亿次/秒的巨型电子计算机在国防科技大学研制成功,它的名称是_____。

A. 东方红　　　　　B. 神威　　　　　C. 曙光　　　　　D. 银河—II

10. 我国具有自主知识产权 CPU 的名称是_____。

A. 东方红　　　　　B. 银河　　　　　C. 曙光　　　　　D. 龙芯

11. 以微处理器为核心组成的计算机属于_____计算机。

A. 第一代　　　　　B. 第二代　　　　　C. 第三代　　　　　D. 第四代

12. 机器人所采用的技术属于_____。

A. 科学计算　　　　B. 人工智能　　　　C. 数据处理　　　　D. 辅助设计

13. 微型计算机中使用的关系数据库,就应用领域而言属于_____。

A. 数据处理　　　　B. 科学计算　　　　C. 实时控制　　　　D. 计算机辅助设计

14. 计算机术语中,英文 CAT 是指_____。

A. 计算机辅助制造　　　　　　　　B. 计算机辅助设计

C. 计算机辅助测试　　　　　　　　D. 计算机辅助教学

15. 计算机在实现工业自动化方面的应用主要表现在_____。

A. 数据处理　　　　B. 数值计算　　　　C. 人工智能　　　　D. 实时控制

16. 在计算机术语中,英文 CAM 是指_____。

A. 计算机辅助制造　　B. 计算机辅助设计　　C. 计算机辅助测试　　D. 计算机辅助教学

17. 淘宝网的网上购物属于计算机现代应用领域中的_____。

A. 计算机辅助系统　　　B. 电子政务　　　C. 电子商务　　　D. 办公自动化

18. 微型计算机的发展是以_____技术为特征标志。

A. 操作系统　　　　B. 微处理器　　　　C. 磁盘　　　　　D. 软件

19. 型号为 PentiumIV/2.8G 微机的 CPU 时钟频率为_____。

A. 2.8kHz　　　　B. 2.8MHz　　　　C. 2.8Hz　　　　　D. 2.8GHz

20. 在微型计算机性能的衡量指标中,_____用以衡量计算机的稳定性。

A. 可用性　　　　B. 兼容性　　　　C. 平均无障碍工作时间　　　　D. 性能价格比

21. "64 位微型机"中的"64"是指_____。

A. 微型机型号　　　B. 机器字长　　　C. 内存容量　　　D. 显示器规格

22. 所谓的"第五代计算机"是指_____。

A. 多媒体计算机　　B. 神经网络计算机　　C. 人工智能计算机　　D. 生物细胞计算机

23. "死机"是指_____。

A. 计算机读数状态　　　　　　　　B. 计算机运行不正常状态

C. 计算机自检状态　　　　　　　　D. 计算机运行状态

24. MIPS 是用以衡量计算机_____的性能指标。

A. 传输速率　　　　B. 存储容量　　　　C. 字长　　　　　D. 运算速度

25. 以下描述错误的是_____。

A. 通常用两个字节可以存放一个汉字

B. 计算机的字长即为一个字节的长度

C. 在机器中存储的数是由 0,1 代码组成的数

D. 计算机内部存储的信息都是由 0,1 这两个数字组成的

26. 扩展名为.WAV 的文件类型是_____。

A. 音频文件　　　　B. 视频文件　　　　C. 文本文件　　　　D. 可执行文件

27. 多媒体应用技术中,VOD 指的是_____。

A. 图像格式　　　　B. 语音格式　　　　C. 总线标准　　　　D. 视频点播

28. 在输入中文时,下列的_____操作不能进行中英文切换。

A. 用鼠标左键单击中英文切换按钮　　B. 用 Ctrl+空格键

C. 用语言指示器菜单　　　　　　　　D. 用 Shift+空格键

29. 选用中文输入法后,可以用_____实现全角和半角的切换。

A. 按 Caps Lock 键　　　　　　　　　B. 按 Ctrl+圆点键

C. 按 Shift+空格键　　　　　　　　　D. 按 Ctrl+空格键

30. 可以用来在已安装的各种输入法之间进行切换选择的键盘操作是_____。

A. Ctrl+空格键　　B. Ctrl+Shift　　C. Shift+空格键　　D. Ctrl+圆点

31. 下列不属于多媒体播放工具的是_____。

A. 暴风影音　　　　　　　　　　　　B. 迅雷

C. real player　　　　　　　　　　　D. Windows Media Player

32. 执行二进制算术加法运算 11001001+00100111 的结果是_____。

A. 11101111　　　B. 11110000　　　C. 00000001　　　D. 10100010

33. 现在一般的微机内部有二级缓存(Cache),其中一级缓存位于_____内。

A. CPU　　　　　　B. 内存　　　　　　C. 主板　　　　　　D. 硬盘

34. 广为流行的 MP3 播放器采用的存储器是_____。

A. 数据既能读出,又能写入,所以是 RAM

B. 数据在断电的情况下不丢失应该是磁性存储器

C. 静态 RAM,稳定性好,速度快

D. 闪存,只要给定擦除电压,就可更新信息,断电后信息不丢失

35. 微型计算机键盘上的 Tab 键是_____。

A. 退格键　　　　　B. 控制键　　　　　C. 交替换挡键　　　D. 制表定位键

36. 准确地说,计算机中的文件是存储在_____。

A. 内存中的数据集合

B. 硬盘上的所有数据的集合

C. 存储介质上的一组相关信息的集合

D. 软盘上的数据集合

37. 为减少多媒体数据所占存储空间,一般都采用_____。

A. 存储缓冲技术　　B. 数据压缩技术　　C. 多通道技术　　　D. 流水线技术

38. 如果用 8 位二进制补码表示带符号的整数,则能表示的十进制数的范围是_____。

A. $-127\sim+127$　　B. $-127\sim+128$　　C. $-128\sim+127$　　D. $-128\sim+128$

39. 将十进制的整数化为八进制整数的方法是_____。

A. 乘以八取整法　　B. 除以八取余法　　C. 乘以八取小数法　　D. 除以八取整法

40. 将高级语言的源程序变为目标程序要经过_____。

A. 调试 　　　　B. 解释 　　　　C. 编辑 　　　　D. 编译

41. 执行逻辑"或"运算 $0101 \vee 1100$ 的结果为_____。

A. 0101 　　　B. 1100 　　　C. 1001 　　　D. 1101

42. 下列二进制数中,_____与十进制数 510 等值。

A. 111111111B 　B. 100000000B 　C. 111111110B 　D. 110011001B

43. 对应 ASCII 码表,下列有关 ASCII 码值大小关系描述正确的是_____。

A. "CR"<"d"<"G" 　　　　　　　B. "a"<"A"<"9"

C. "9"<"A"<"CR" 　　　　　　　D. "9"<"R"<"n"

44. 微型机在使用中突然断电后,数据会丢失的是_____存储器。

A. ROM 　　　　B. RAM 　　　　C. 硬盘 　　　　D. 光盘

45. 在计算机系统中,指挥、协调计算机工作的设备是_____。

A. 运算器 　　　B. 控制器 　　　C. 内存 　　　D. 操作系统

46. 在微机内存储器中,其内容由生产厂家事先写好的是_____存储器。

A. RAM 　　　　B. DRAM 　　　C. ROM 　　　D. SRAM

47. 在计算机中,高速缓存(Cache)的作用是_____。

A. 匹配 CPU 与内存的读写速度 　　　B. 匹配外存与内存的读写速度

C. 匹配 CPU 内部的读写速度 　　　　D. 匹配计算机与外设的读写速度

48. 在微型机中,I/O 接口位于_____。

A. 总线和 I/O 设备之间 　　　　　B. CPU 和 I/O 设备之间

C. 主机和总线之间 　　　　　　　D. CPU 和主存储器之间

49. 计算机的系统总线不包括_____。

A. 地址总线 　　B. 信号总线 　　C. 控制总线 　　D. 数据总线

50. 计算机操作系统是_____之间的接口。

A. 主机和外设 　　　　　　　　　B. 用户和计算机

C. 系统软件和应用软件 　　　　　D. 高级语言和计算机语言

二、多项选择题

1. 下列_____可能是二进制数。

A. 101101 　　　B. 000000 　　　C. 111111 　　　D. 212121

2. 计算机软件系统包括_____两部分。

A. 系统软件 　　B. 编辑软件 　　C. 实用软件 　　D. 应用软件

3. 目前微型机系统的硬件采用总线结构将各部分连接起来并与外界实现信息传递。总线包括_____和控制总线。

A. 读写总线 　　B. 数据总线 　　C. 地址总线 　　D. 信号总线

4. 计算机指令组成包括_____。

A. 原码 　　　　B. 操作码 　　　C. 地址码 　　　D. 补码

5. 计算机语言按其发展历程可分为_____。

A. 低级语言 　　B. 机器语言 　　C. 汇编语言 　　D. 高级语言

6.显示器的分辨率不能用_____表示。

A.能显示多少个字符　　　　　　B.能显示的信息量

C.横向点数×纵向点数　　　　　D.能显示的颜色数

7.在计算机中采用二进制的主要原因有_____。

A.系统硬件容易实现　　　　　　B.运算法则简单

C.可靠性高　　　　　　　　　　D.可进行逻辑运算

8.对微型机系统有下列四条描述,正确的是_____。

A.CPU 管理和协调计算机内部各个部件的操作

B.主频是衡量 CPU 处理数据快慢的重要指标

C.CPU 可以存储大量的信息

D.CPU 直接控制显示器的显示

9.微机是功能强大的设备,下面_____是 CMOS 的功能。

A.保存系统时间　　　　　　　　B.保存用户文件

C.保存用户程序　　　　　　　　D.保存启动系统口令

10.开关微型机时正确的操作顺序是_____。

A.先开主机,后开外设　　　　　B.先开外设,后开主机

C.先关主机,后关外设　　　　　D.先关外设,后关主机

11.下列关于微型机中汉字编码的叙述,_____是正确的。

A.五笔字型是汉字输入码

B.汉字字库中寻找汉字字模时采用输入码

C.汉字字形码是汉字字库中存储的汉字字形的数字化信息

D.存储或处理汉字时采用机内码

12.以下属于计算机外部设备的有_____。

A.U 盘　　　　　B.扫描仪　　　　　C.移动硬盘　　　　　D.RAM

13.一台多媒体电脑,除了包含常规输入输出设备外,一般还包括_____设备。

A.CD—ROM　　　B.打印机　　　　C.声卡　　　　　　D.音箱

14.计算机的硬件是由 CPU、存储器及 I/O 组成的,下列描述正确的有_____。

A.CPU 是计算机的指挥中心

B.存储器是计算机的记忆部件

C.I/O 可以实现人机交互

D.CPU、存储器及 I/O 通过系统总线连成一体

15.计算机在启动时,能听到风扇的响声,但不能正常启动,则可能的原因有_____。

A.电源故障　　　　B.操作系统故障　　C.主板故障　　　　D.CPU 故障

16.下列有关计算机操作系统的叙述中,正确的有_____。

A.操作系统属于系统软件

B.操作系统只负责管理内存储器,而不管外存储器

C.UNIX 是一种操作系统

D.计算机的处理器、内存等硬件资源也由操作系统管理

17.在计算机编程语言中,下列关于高级语言和汇编语言的关系叙述,正确的有_____。

A.完成相同功能的高级语言程序所生成的目标文件一般较大

B.完成相同功能的高级语言程序执行时间一般较长

C.汇编语言较一般的高级语言难学

D.汇编语言和机器语言是一一对应的

18.和外存相比,计算机内存的主要特点有_____。

A.能存储大量信息　　　　　　　　B.能长期保存信息

C.存取速度快　　　　　　　　　　D.单位容量其价格更高

19.下面关于计算机外设的叙述中,正确的是_____。

A.视频摄像头只能是输入设备　　　B.扫描仪是输入设备

C.显示器是输出设备　　　　　　　D.激光打印机也是点阵式

20.以下对总线的描述中,正确的是_____。

A.总线分为信息总线和控制总线两种　B.内部总线也称为片间总线

C.总线的英文表示就是 BUS　　　　D.计算机主板上包含总线

第2章 Windows XP 操作系统

目前在任何计算机系统中都配有操作系统(简称 OS,Operating System),操作系统是紧挨着裸机的第一层软件,其他软件都是建立在操作系统基础上。不同体系的计算机硬件要求操作系统不同,相同体系的计算机硬件也可用不同的操作系统来指挥和管理。

DOS(Disk Operating System)是早期 PC 机使用的主流操作系统,随着技术的发展,出现了图形用户界面(GUI)的操作系统,如 Windows、MAC OS。

2.1 操作系统概述

2.1.1 什么是操作系统

操作系统是一种系统软件,是直接控制和管理计算机系统资源,以方便用户充分而有效地利用这些资源的程序集合。从定义中可以看出,操作系统的基本目的有两个:第一,操作系统要方便用户使用计算机为用户提供一个清晰、简洁、易于使用的友好界面。第二,操作系统应尽可能地使计算机系统资源与多个用户共享,得到充分而合理的利用。

2.1.2 操作系统的功能

从资源管理的观点来看,操作系统的管理功能可划分为 5 部分内容。

1. 作业管理

用户请求计算机系统完成的一个独立任务叫作业(Job)。一个作业可能包括几个程序的相继执行,也可能需要同时执行为同一任务而协同工作的若干程序。比如一个程序计算并产生输出数据,而另一个程序则负责打印输出。作业管理包括作业的输入和输出、作业的编辑和编译、作业的调度与控制(根据用户的需要控制作业运行步骤)。

2. 文件管理

用户存储在计算机系统中的一批有关联的信息集合叫文件(file)。文件是计算机系统中除 CPU、内存储器、外部设备以外的一种软件资源。文件管理负责存取文件和对整个文件库的管理。对文件的管理,要求保证文件存储安全可靠和文件存取简单方便,并具有对受损文件的恢复功能。

3. 微处理器(CPU)管理

微处理器管理又称进程管理。一台计算机系统中通常只有一个 CPU,在同一时刻它只能对一个作业的程序进行处理(广义上说,CPU 的个数总是少于要处理的作业的个数),这就要靠 CPU 的统一管理和调度,按作业进程优先级别轮流处理各作业进程的工作,保证多个作业的完成和 CPU 效率的提高。

4. 存储管理

这是对内存储器存储空间的管理,内存储器的存储空间一般分为两部分:一是系统区,用于存放操作系统、标准子程序以及例行子程序等;另一是用户区,用于存放用户的程序和数据。存储管理主要是对存储器中的用户区域进行管理。存储管理的功能有 4 个方面:分配和释放内存储器空间;内存储器空间的共享;扩充内存空间;存储保护。

5. 设备管理

指对外部设备的管理和控制。它的主要任务是:当用户需要使用外部设备时,必须提出请求,待设备管理进行统一分配后方可使用。当用户程序运行到要使用外部设备时,由设备管理负责驱动外部设备,并实际控制设备完成用户工作的全过程。

2.1.3　操作系统的类型

20 世纪 60 年代中期,计算机进入第三代,计算机的内存储器和外存储器容量进一步增大,给操作系统的形成创造了物质条件。目前,广泛采用的典型的操作系统分类法,是按系统的运行环境和使用方式进行划分。操作系统通常有如下 3 种类型。

1. 单用户操作系统(Single User OS)

在一个计算机系统内,同一时刻,只有一个用户使用,通常也只有一个作业投入运行。用户独占全部硬、软资源。这种操作系统的管理任务简单,多数微型机系统采用的都是单用户操作系统。目前常用的单用户操作系统有:MS－DOS,Macintsh,IBM OS/2 等。

2. 多用户操作系统

当几台计算机利用通信接口连接在一起,不分彼此地可以互相联系、通信,即形成了多个用户的工作环境。此时,必须使用"多用户操作系统"才能完成比较复杂的多用户状态下的管理和协调任务。常用的多用户操作系统有:Unix,XENIX,Windows 95/98/2000/XP 等。

3. 网络操作系统

多台微型机连在一起,其中有一台微型机起主导控制作用(称为"服务器"),其他微型机处于从属地位(称为"终端机"),形成微型机网络。管理网络的操作系统称为"网络操作系统"。常用的微型机网络操作系统有:Novel Netware,Windows NT,Unix 等。

2.1.4　常用操作系统简介

1. DOS

DOS(Disk Operating System)是 Microsoft 公司研制的配置在 PC 机上的单用户命令行(字符)界面操作系统。它曾经最广泛地应用在 PC 机上,对于计算机的应用普及可以说是功不可没。DOS 的特点是简单易学、硬件要求低,但存储能力有限。因为种种原因,现在已被 Windows 替代。

2. Windows

微软公司的 Windows 操作系统是基于图形用户界面的操作系统。因其生动、形象的用户界面,简便的操作方法,吸引着成千上万的用户,成为目前装机普及率最高的一种操作系统。微软公司从 1983 年开始开发 Windows,并于 1985 年和 1987 年分别推出

Windows 1.0 版和 2.0 版,受当时硬件和 DOS 的限制,它们没有取得预期的成功。而微软于 1990 年 5 月推出的 Windows 3.0 在商业上取得了惊人的成功:不到 6 周就售出了 50 万份 Windows 3.0 拷贝,打破了软件产品的销售纪录,这是微软在操作系统上垄断地位的开始。其后推出的 Windows 3.1 引入了 TrueType 矢量字体,增加了对象链接和嵌入技术(OLE)以及多媒体支持。但此时的 Windows 必须运行于 MS-DOS 上,因此并不是严格意义上的操作系统。

微软公司于 1995 年推出了 Windows 95,它可以独立运行而无须 DOS 支持。Windows 95 对 Windows 3.1 作了许多重大改进,包括网络和多媒体支持、即插即用(Plug and Play)支持、32 位线性寻址的内存管理和良好的向下兼容性等。随后又推出了 Windows 98 和网络操作系统 Windows NT。

2000 年,微软公司发布 Windows 2000 两大系列:Professional(专业版)及 Server 系列(服务器版),包括 Windows 2000 Server、Advanced Server 和 Data center Server 。Windows 2000 可进行组网,因此它又是一个网络操作系统。2001 年 10 月 25 日,微软公司又发布了新版本的 Windows XP,其中 XP 是 Experience(体验)的缩写。2003 年,微软发布了 Windows 2003,增加了支持无线上网等功能。

2005 年微软公司已经发布了 Vista 系统(Windows 2005)。对操作系统核心进行了全新修正,界面比以往的 Windows 操作系统有了很大的改进,设置也较为人性化,集成了 Internet Explorer 7 等,不愧是微软的新一代产品。但是 Vista 目前存在的问题是兼容不理想,一些软件还不能运行,此外要求硬件配置也比较高。

3. UNIX

UNIX 是一种发展比较早的操作系统,在操作系统市场一直占有较大的份额。UNIX 的优点是具有较好的可移植性,可运行于许多不同类型的计算机上,具有较好的可靠性和安全性,支持多任务、多处理、多用户、网络管理和网络应用。缺点是缺乏统一的标准,应用程序不够丰富,并且不易学习,这些都限制了 UNIX 的普及应用。

4. Linux

Linux 是一种源代码开放的操作系统。用户可以通过 Internet 免费获取 Linux 及其生成工具的源代码,然后进行修改,建立一个自己的 Linux 开发平台,开发 Linux 软件。

Linux 实际上是从 UNIX 发展起来的,与 UNIX 兼容,能够运行大多数的 UNIX 工具软件、应用程序和网络协议。Linux 继承了 UNIX 以网络为核心的设计思想,是一个性能稳定的多用户网络操作系统。同时,它还支持多任务、多进程和多 CPU。

Linux 版本众多,厂商们利用 Linux 的核心程序,再加上外挂程序,就变成了现在的各种 Linux 版本。现在主要流行的版本有 Red Hat Linux、Turbo Linux、S. u. S. E Linux 等。我国自行开发的有:红旗 Linux、蓝点 Linux 等。

5. OS/2

1987 年,IBM 公司在推出 PS/2 的同时发布了为 PS/2 设计的操作系统——OS/2。在 20 世纪 90 年代初,OS/2 的整体技术水平超过了当时的 Windows 3. x,但因为缺乏大量应用软件的支持而失败。

6. Mac OS

Mac OS 是在苹果公司的 Power Macintosh 机及 Macintosh 一族计算机上使用的。它是最早的基于图形用户界面的操作系统。它具有较强的图形处理能力,广泛应用于平面出版和多媒体应用等领域。Macintosh 的缺点是与 Windows 缺乏较好的兼容性,因而影响了它的普及。

7. Novell NetWare

Novell NetWare 是一种基于文件服务和目录服务的网络操作系统,主要用于构建局域网。

2.1.5　Windows XP

Windows XP 是一个典型的图形界面。XP 是 experience(体验)的缩写,象征着由各种装置所提供的网络服务,使用户拥有丰富而广泛的全新计算机使用体验,并且享受科技的乐趣。

1. Windows XP 共有 4 个版本

Windows XP Home 版:面向普通的家庭。

Windows XP Professional 版:面向企业和高级家庭。它包括了 Home 版的所有功能,如 Network Setup Wizard、Windows Messenger、无线连接、互联网连接防火墙等,另外还有一些功能是 Home 版所没有的,如远程桌面系统、支持多处理器、加密文件系统和访问控制等。

Windows XP Media Center 版:预装在 Media Center PC 上,具有 Windows XP 的全部功能,而且针对电视节目的观看和录制、音乐文件的管理以及 DVD 播放等功能添加了新的特性。

Windows XP Tablet PC 版:在 Windows XP Professional 的基础上增加了手写输入功能,因此被认为是 Windows XP Professional 的扩展版本。

2. Windows XP 的优点

Windows XP 采用的是 Windows NT 的核心技术,它具有运行可靠、稳定而且速度快的特点,这将为用户计算机的安全、正常、高效运行提供保障。它不但使用更加成熟的技术,而且外观设计也焕然一新,桌面风格清新明快、优雅大方,用鲜艳的色彩取代以往版本的灰色基调,使用户有良好的视觉享受。Windows XP 系统大大增强了多媒体性能,对其中的媒体播放器进行了彻底的改造,使之与系统完全融为一体,用户无需安装其他的多媒体播放软件,只要使用系统的"娱乐"功能,就可以播放和管理各种格式的音频和视频文件。在新的中文版 Windows XP 系统中增加了众多的新技术和新功能,使用户能轻松地在其环境下完成各种管理和操作。

3. Windows XP 的安装

Windows XP 的安装可以通过多种方式进行,通常使用升级安装、全新安装、双系统共存安装三种方式。由于 Windows XP 内置了高度自动化的安装程序向导,使整个安装过程更加简便、易操作,用户不需要做太多的工作,除了输入少量的个人信息,整个过程几乎是全自动的。使用的安装方式不同,整个安装过程进行步骤也就不同,可根据实际情况具体对待,只要按安装程序向导的提示进行即可成功安装 Windows XP。

2.2 Windows XP 的桌面

2.2.1 Windows XP 的启动和退出

1. Windows XP 的启动

当打开安装有 Windows XP 系统的计算机电源后,首先进行系统自检,如果没有发现问题,即进入 Windows XP 系统的启动阶段。启动成功后,就显示如图 2-1 所示的 Windows XP 工作桌面。Windows XP 的工作桌面是指 Windows XP 系统启动后出现在用户面前的整个屏幕。工作桌面就如日常的办公桌面一样,Windows XP 系统启动后,用户就可以在这个桌面上进行操作。

图 2-1 启动后的 Windows XP 工作桌面

2. Windows XP 的退出

使用完计算机后,应正常关闭系统,以保证系统的安全和稳定。Windows XP 的关闭方法是:单击"开始"菜单的"关闭计算机"命令或按 Alt＋F4 组合键,显示器上出现如图 1-19所示的"关闭计算机"对话框,然后单击"关闭"按钮。

2.2.2 Windows XP 的桌面

桌面是指屏幕工作区,Windows XP 启动后的屏幕画面就是桌面。屏幕工作区用于放置各种图标、应用程序窗口等,就好像在一张桌子上摆放各种各样的办公用具,所以就形象地称为桌面。桌面上常见的元素名称如图 2-2 所示。下面分别介绍各个部分的含义。

1. 图标

Windows XP 以图标的形式表示程序,用鼠标双击图标就可以执行相应的程序。常见的图标如下。

①我的文档。使用此文件夹作为文档、图片和其他文件(包括保存的 Web 页)的默认存储位置。每位登录到该计算机的用户均拥有各自唯一的"我的文档"文件夹,这样,使用同一台计算机的其他用户就无法访问您存储在"我的文档"文件夹中的文档了。

②我的电脑。使用此文件夹快速查看软盘、硬盘、CD－ROM 驱动器以及映射网络驱动器的内容。

③网上邻居。使用此文件夹定位计算机连接到的整个网络上的共享资源。

④回收站。存储已删除的文件、文件夹直到清空为止。

⑤Internet Explorer 浏览器。可以浏览 World Wide Web 或本地 Intranet。

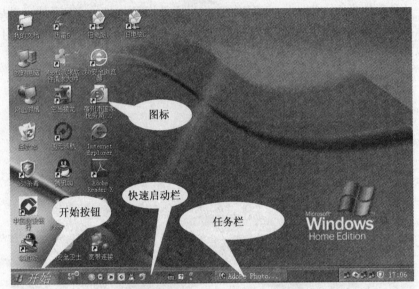

图 2－2　Windows XP 的桌面

2.任务栏

是桌面底部除了"开始"按钮外的灰色部分,由快速启动栏、窗口管理区和系统提示区组成。其功能是显示当前程序的执行状态。可由此处查看当前打开的窗口名称,掌握最新的工作状态。

3.快速启动栏

用户可以通过这里快速启动一些经常使用的应用程序,方法是用鼠标单击快速启动栏上的图标。

4.窗口管理区

系统每运行一个程序,就在任务栏上为这个程序设立一个按钮。在任务栏上单击程序按钮,就切换到该程序,并且按钮下凹显示。

5.系统提示区

提示区通过图标来显示系统当前进行的一些操作。

6.开始菜单

单击任务栏上最左侧的"开始"按钮打开"开始"菜单,如图 2－3 所示,便可运行程序、打开文档及执行其他常规任务,用户要求的所有功能几乎都可以由"开始"菜单提供。"开始"菜单的便捷性简化了频繁访问程序、文档和系统功能的常规操作方式。

选择"开始"菜单中的"所有程序"命令,将显示完整的程序列表,单击程序列表中的任一命令项将运行其对应的应用程序。

图 2-3　"开始"菜单窗口

在 Windows XP 系统中,不但可以使用具有鲜明风格的"开始"菜单,考虑到 Windows 旧版本用户的需要,系统中还保留了经典的"开始"菜单,如果不习惯新的"开始"菜单,可以改为原来 Windows 沿用的经典"开始"菜单样式。

需要改变"开始"菜单的样式时,右击任务栏的空白处或右击"开始"按钮,在弹出的快捷菜单中选择"属性"命令,就会打开"任务栏和[开始]菜单属性"对话框,在"[开始]菜单"选项卡中选中"经典[开始]菜单"单选按钮,单击"确定"按钮。当再次打开"开始"菜单时,将改为经典样式,如图 2-4 所示。

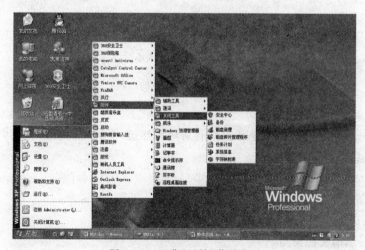

图 2-4　经典"开始"菜单窗口

对经典"开始"菜单中的主要项目说明如下。

程序:包含 Windows XP 所有的应用程序及附件。

文档:包含用户最近使用过的 15 个文档。

设置:包含所有对 Windows XP 的设置程序。

搜索:包含搜索文件和文件夹的工具及在网络上的搜索功能。

帮助和支持:获得 Windows XP 的帮助信息。

运行:打开程序或 Internet 资源。

注销:关闭程序并结束 Windows 会话。

关闭计算机:关闭或重新启动计算机系统以及使计算机处于待机状态。

2.3　Windows XP 的基本操作

2.3.1　鼠标和键盘的基本操作

Windows XP 的硬件输入设备有鼠标和键盘。鼠标和键盘可以转化为 Windows 的逻辑输入设备"指针"。指针相当于光标,指针的形状反映了输入的状态。

1.鼠标

鼠标的操作方法简单,但是随着我们在 Windows XP 中执行的应用程序的不同,鼠标所表现的图案和代表的意义也不同,常见形状及操作如图 2-5 所示。

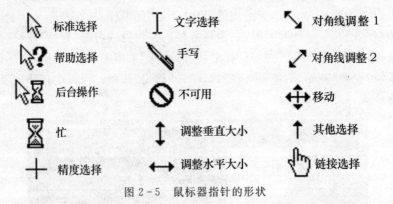

图 2-5　鼠标器指针的形状

2.键盘

在 Windows XP 中,许多命令和操作有对应的热键,又称"快捷键"。我们可以操作键盘调用命令或启动应用程序。

(1)Windows XP 通用快捷键

F1:查看帮助信息。

Alt+F4:退出应用程序。

Ctrl+F4:退出文档窗口。

Ctrl+Esc:显示"开始"菜单。

Alt+Tab:切换到上一个应用程序窗口。

Ctrl＋X：剪切。

Ctrl＋C：复制。

Ctrl＋V：粘贴。

Ctrl＋Z：撤销。

Del：删除。

Shift(插入光盘时)：可跳过自动播放。

(2)桌面、"我的电脑"及"资源管理器"使用的快捷键

F2：重命名。

F3：查找文件或文件夹。

Shift＋Del：直接删除不放入回收站。

Alt＋Enter(Alt＋双击)：查看属性。

Ctrl＋拖动：复制。

Ctrl＋Shift＋拖动：创建快捷方式。

F5：刷新窗口。

Backspace：浏览上一级文件夹。

＋(数字键盘上)：展开所选文件夹。

－(数字键盘上的)：折叠所选文件夹。

(3)对话框中使用的快捷键

Tab：移至上一个选项。

Shift＋Tab：移至下一个选项。

Ctrl＋Tab：移至上一个选项卡。

Ctrl＋Shift＋Tab：移至下一个选项卡。

2.3.2　窗口操作

窗口是指屏幕上的方框所围成的矩形区域,是 Windows 中最重要的组成部分,其名称也由此而来。窗口是 Windows 操作系统的特点和基础。Windows 的所有应用程序都在窗口中运行。各种窗口的外观彼此相差无几。但 Windows XP 在继承以前版本窗口的基本风格和操作的同时也做出了一些重要的改进,使其外观更加悦目,操作更加简便。不管是窗口中的哪一种应用程序,其最主要的操作画面都具有如图 2-6 所示的基本组件。

1.窗口的组成

(1)标题栏。窗口标题栏会显示出该应用程序或文件的名称。

(2)菜单栏。随着用户所打开的 Windows XP 应用程序的不同,菜单栏亦不完全相同。

(3)工具栏。工具栏位于菜单栏的下面,每个工具按钮代表一个常用命令,单击某一按钮就可以执行该命令,其功能与某个菜单项差不多,仅仅是方便用户使用。当鼠标光标指向按钮上时,相应按钮的命令会以说明形式显示在该按钮旁边。

(4)最小化按钮。单击该按钮,窗口缩小为图标,成为任务的一个按钮,单击任务栏内的缩小的按钮,又恢复原窗口。

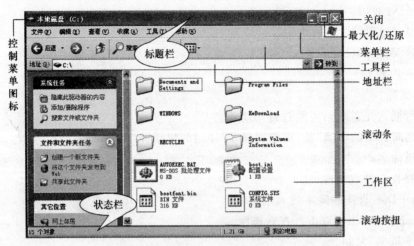

图 2-6　Windows XP 窗口组成

(5)最大化按钮。单击该按钮将窗口放至最大,且恰好占满整个屏幕。

(6)窗口复原按钮。在最大化窗口中,按此按钮窗口恢复原来的大小。

(7)关闭按钮。单击该按钮可将窗口关闭。

(8)窗口边缘线。它是一个窗口的最边线,利用鼠标拖动边缘线可以改变窗口大小。

(9)窗口角落。上述的边缘线虽可改变窗口的大小,但一次只能改变一条边缘线,如垂直或水平线。窗口角落系由两条边缘线构成,所以移动窗口角落可同时改变垂直与水平两条边缘线。

(10)垂直滚动条。当窗口中的文件内容太长,无法一次阅览完毕时,可利用垂直滚动条将文件内容上下滚动或翻页,以便阅览。

(11)水平滚动条。这个滚动条的功能与垂直滚动条相同,是在内容太宽时适用。

(12)窗口工作区。窗口工作区是我们在窗口中完成大部分工作所在的地方,例如做一般文本处理工作,或者计算机与我们对话的对话框、警告信息等。

2.窗口的操作

(1)窗口的打开。所谓窗口的打开是指在屏幕上打开某一管理程序或应用程序或某个文件。打开窗口有下列方法:

①选中要打开的窗口图标,然后双击。

②在选中的图标上右击,在弹出的快捷菜单中选择"打开"命令。

(2)缩放窗口。

可以随意改变窗口大小将其调整到合适的尺寸,方法如下:

①当需要改变窗口宽度(或高度)时,可以把鼠标指针放在窗口的垂直(或水平)边框上,当鼠标指针变成双向箭头时,可以任意拖动。

②当需要对窗口进行等比缩放时,可以把鼠标指针放在边框的任意角上进行拖动。

(3)移动窗口。窗口移动与改变大小不同,移动是指在窗口大小不变的情况下,将窗口从屏幕某一位置移至另一位置。方法是将箭头移至欲移动的窗口标题栏内,按住鼠标左键不放,即可往欲移动的方向拖动。

(4)窗口放至最大与最小。单击窗口的最大化按钮,窗口放至最大;单击窗口的最小化按钮,窗口缩小成图标至屏幕底部任务栏内。

(5)窗口的复原。单击屏幕底部任务栏内的窗口缩小图标,窗口即可复原。对放至最大的窗口,单击窗口复原按钮即可。

(6)窗口的关闭。完成对窗口的操作后,在关闭窗口时有下面几种方式:

①直接在标题栏上单击"关闭"按钮。

②双击控制菜单按钮。

③单击控制菜单按钮,在弹出的控制菜单中选择"关闭"命令。

④使用 A1t+F4 组合键。

⑤如果打开的窗口是应用程序,可以在文件菜单中选择"退出"命令,关闭窗口。

⑥右击任务栏上该窗口的图标按钮,在弹出的快捷菜单中选择"关闭"命令。

⑦在关闭窗口之前要保存所创建的文档或者所做的修改,如果忘记保存,当执行了"关闭"命令后,会弹出一个对话框,询问是否要保存所做的修改,单击"是"按钮则保存后关闭;单击"否"按钮则不保存即关闭;选择"取消"则不能关闭窗口,可以继续使用该窗口。

(7)屏幕的滚动。在窗口操作中,经常会遇到某些文件、图案、资料内容较大,即使将窗口放至最大,也无法在屏幕上完全容纳,此时可利用屏幕的滚动条来辅助阅读资料。屏幕的滚动条可分为垂直滚动条与水平滚动条。单击滚动条上的滚动按钮,即可往上或往下一行一行地滚动。按下滚动条上的滚动块不放,拖动至任意一处松开鼠标,可任意滚动。

(8)窗口的排列。在 Windows XP 中可以同时使用多个应用程序,每打开一个应用程序都会有自己的窗口,这样桌面就会很乱,为便于操作,就需要重新排列。多个窗口在桌面的排列方式有:层叠与平铺两种。方法是用鼠标右键单击任务栏上的空白区,将会出现任务栏的快捷菜单,如图 2-7 所示。然后在弹出的快捷菜单中单击"层叠窗口"、"横向平铺窗口"、"纵向平铺窗口"3 个命令中的一个即可。

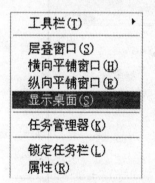

图 2-7　任务栏快捷键菜单

3. 窗口类型

Windows XP 中常见的窗口分为 3 种类型:应用程序窗口、文档窗口和对话框窗口。其中应用程序窗口和文档窗口比较相像,我们可以从以下几个方面来区分:

(1)窗口菜单。应用程序的窗口有应用程序的菜单栏,而文档窗口没有。

(2)窗口的移动范围。应用程序的窗口可以在桌面上任何位置出现或移动,而文档窗口完全在创建它的应用程序窗口的边界内。

(3)控制菜单框的外观。应用程序窗口控制菜单框的图标是应用程序图标,而文档窗口是一页纸。

(4)热键。关闭应用程序窗口的热键是 Alt+F4,关闭文档窗口的热键是 Ctrl+F4。

对话框是系统提供给用户输入信息或选择某项内容的矩形框,它的外形与窗口相似,在第 2.3.4 节中将详细介绍。

2.3.3 菜单

菜单是 Windows 的另一类重要工具。菜单由若干菜单选项组成,用户可以通过菜单选项来执行各种命令和完成各种功能,常见的菜单有下拉菜单和弹出菜单。

1.下拉菜单

在"本地磁盘(C:)"窗口单击"文件"菜单会显示如图 2-8 所示的下拉菜单。选定菜单选项中的某一项可完成相应的功能。

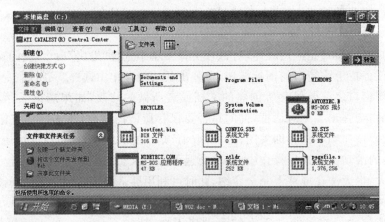

图 2-8　下拉菜单

2.弹出菜单

在选定对象上单击鼠标右键会弹出相应的快捷菜单。如将鼠标指向"本地磁盘(C:)"并单击鼠标右键,会弹出如图 2-9 所示的菜单,运用快捷菜单可简化操作步骤。

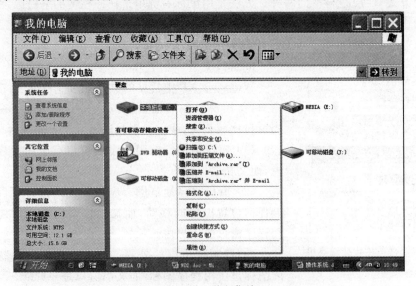

图 2-9　弹出菜单

3.菜单中常用符号的含义

(1)浅色的命令,表示该命令目前不能执行。

（2）命令名后带有省略号（…），表示该命令执行后将出现对话框。

（3）命令名前有选择标记，表示该命令正在执行，再执行一次这个命令可删除标记，该命令不再起作用。

（4）命令名后带下划线的字母（如S）：表示为该命令的快捷键，Ctrl＋S可执行该命令。

（5）命令名右侧的组合键：表示使用组合键，可在不打开菜单的情况下直接执行命令。

（6）命令名右侧的三角形：表示鼠标指针指向该命令后将出现下一级菜单。

2.3.4　对话框

1. 对话框的组成

对话框是一种特殊的窗口，它是 Windows XP 与用户之间相互交流的一种工具，对话框的工作区内一般由若干个矩形框和命令按钮组成，分为 6 类，如图 2-10 和图 2-11 所示。

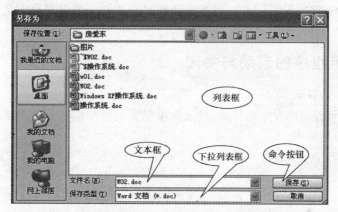

图 2-10　"另存为"对话框

（1）文本框。用户输入信息的矩形框。

（2）命令按钮。用鼠标单击命令按钮，系统将执行相应的操作。

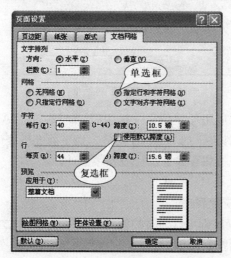

图 2-11　"页面设置"对话框

（3）列表框。其功能和菜单类似，它提供可选项名字的列表，以供用户选取。

（4）下拉列表框。是另一种列表框，开始时只是一个右侧带有下拉式按钮（小三角形按钮）的条形框，显示当前的选择项。单击下拉式按钮可以弹出一个列表框。

（5）单选框。用户在选项区中只能选取一项的选择项目，单选框中每一选项的左边有一个小圆圈称为选择按钮，被选中的选项按钮中有一个小黑点。

（6）复选框。用户在选项区可重复选择的项目。复选框中每一选项的左边有个小方框称为选择框。当选择框中有一个"√"时，表示该对话框被选中。

2．程序窗口与对话框的区别

（1）程序窗口有菜单框，而对话框没有菜单框。

（2）对话框的标题指明该对话框是由哪个菜单命令打开的，而程序窗口的标题栏指出执行的是哪个应用程序。

（3）程序窗口的大小是可以改变的，对话框窗口的右上角没有最大化和最小化按钮，其大小不能改变。

2.3.5　应用程序的启动与关闭

1．应用程序的启动

（1）图标表示的应用程序的启动：将鼠标指到要运行的应用程序图标上，双击图标就可运行相应的应用程序。

（2）通过开始菜单执行应用程序：单击"开始"按钮，选择"程序"，选择要执行的菜单选项，单击选中的菜单项。

（3）运行没有图标化的应用程序：单击"开始"按钮，单击"运行"菜单项，屏幕出现运行对话框，如图 2-12 所示。

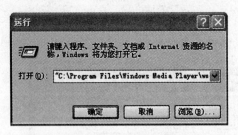

图 2-12　"运行"对话框

在打开的对话框中输入应用程序的文件标识符，如 H:\PP\A.EXE，单击"确定"按钮，就可以执行 H 盘 PP 文件夹下的 A.EXE 文件。当不能准确地键入文件标识符时，可以用运行对话框中的"浏览"按钮查找要执行的程序文件。

2．应用程序的关闭

（1）通过控制菜单关闭应用程序

Windows 的每个应用程序都可以通过控制菜单来关闭，操作方法有以下三种。

①双击应用程序窗口的控制菜单图标。

②使用控制菜单中的"关闭"或"退出"命令。

③按 Alt＋F4 组合键。

(2)通过窗口的关闭按钮关闭应用程序

对于有关闭按钮的窗口或对话框,可以直接单击"关闭"按钮将其关闭。

(3)通过任务管理器关闭应用程序

对于一些出现故障的程序(例如长时间没有反应),可以使用任务管理器将其关闭。按组合键 Ctrl＋Alt＋Del,屏幕上出现"Windows 任务管理器"窗口,如图 2－13 所示,在"任务管理器"的列表框中选择一个任务,单击"结束任务"按钮就可以结束该任务。

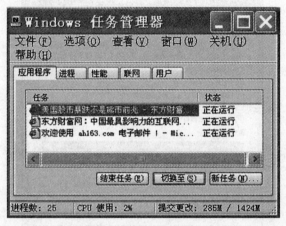

图 2－13　"任务管理器"对话框

2.3.6　任务栏

任务栏位于桌面下方,既能切换任务,又能显示状态。所有正在运行的应用程序和打开的文件夹均以任务按钮的形式显示在任务栏上。要切换到某个应用程序或文件夹窗口,只需单击任务栏上相对应的按钮即可。

任务栏由"开始"菜单按钮、快速启动栏、窗口管理区和系统提示区组成。在任务栏的空白处单击鼠标右键,会弹出如图 2-7 所示任务栏快捷键菜单。通过单击这个菜单里的选项,可以对任务栏菜单和正在运行的应用程序窗口进行一些常用操作。

1.任务管理器

右键单击任务栏弹出快捷菜单,选中"任务管理器"命令,弹出如图 2－13 所示的"Windows 任务管理器"对话框。用户可以通过该对话框对正在运行的应用程序和进程进行管理。

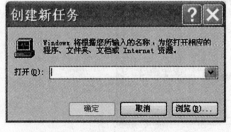

图 2-14　"创建新任务"对话框

在"任务管理器"的列表框中选择一个任务,单击"结束任务"按钮就可以结束该任务,单击"切换至"按钮就可切换到该任务。单击"新任务"按钮,就会弹出"创建新任务"对话框,如图 2-14 所示。输入应用程序名就可以创建新任务。

单击"任务管理器"的进程选项卡,就会

显示当前运行的所有进程的情况,并可以选择一进程将其关闭。单击"任务管理器"的性能选项卡,就可以显示系统当前 CPU 和内存等性能情况。

2.任务栏和开始菜单属性

(1) 任务栏和开始菜单属性的设置

单击任务栏菜单的"属性"命令,弹出"任务栏和开始菜单属性"对话框。单击"任务栏"选项卡,可对任务栏属性进行设置,如图 2-15 所示。

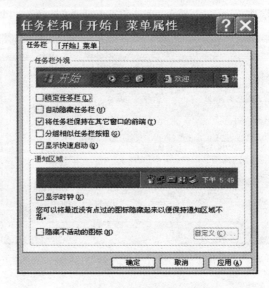

图 2-15　任务栏和开始菜单属性"任务栏"选项卡

单击"开始菜单"选项卡,可对开始菜单属性进行设置,如图 2-16 所示。

图 2-16　任务栏和开始菜单属性"开始菜单"选项卡

3. 切换

当打开多个窗口和应用程序时,经常需要在多个窗口与应用程序之间进行切换,在多个窗口与应用程序之间进行切换的方法有以下几种:

(1)在任务栏上单击程序按钮,按钮下凹显示,表示切换到了该程序。

(2)鼠标直接单击:用鼠标单击程序窗口中的任何地方,都可以切换到该程序。

(3)使用 Alt+Tab 组合键。

(4)在任务管理器中切换:在图 2-16 所示的任务管理器对话框中,选择一个应用程序,并单击"切换至"命令按钮,就可以切换到相应的应用程序。

4. 移动

快速启动栏中的任何一个快捷启动图标都可以进行移动。方法是用鼠标指向要移动的图标,按住鼠标左键拖动到要移动的位置即可。

5. 使用帮助系统

Windows XP 提供了功能强大的帮助系统,在使用计算机的过程中遇到疑难问题无法解决时,可以在帮助系统中寻找解决问题的方法。在帮助系统中不但有关于 Windows XP 操作与应用的详尽说明,而且可以在其中直接完成对系统的操作。不仅如此,基于 Web 的帮助还能使用户通过互联网享受 Microsoft 公司的在线服务。

选择"开始/帮助和支持"或从 Windows 窗口菜单中选择"帮助/帮助和支持中心"命令后,即可打开"帮助和支持中心"窗口,在这个窗口中会为用户提供帮助主题、指南、疑难解答和其他支持服务。帮助系统以 Web 页的风格显示内容,以超链接的形式打开相关的主题,这样可以很方便地找到用户所需要的内容,快速了解 Windows XP 的新增功能及各种常规操作。

在"帮助和支持中心"窗口的最上方是浏览栏,其中的选项方便用户快速地选择自己所需要的内容,如图 2-17 所示。

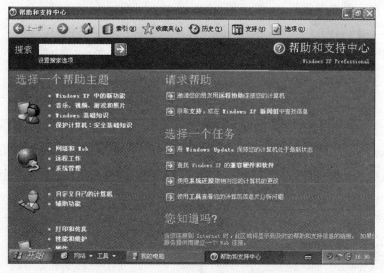

图 2-17　"帮助和支持中心"窗口

当想返回到上一级目录时,单击 ⬅ 按钮;如果向前移动一页,单击 ➡ 按钮;在这两个按钮旁边有黑色向下的箭头,单击箭头会出现曾经访问过的主题,也可以直接从中选取,这样就不用逐步后退了。当单击 ⌂ 按钮时,会回到窗口的主页,单击"收藏夹"按钮能快速查看已保存过的帮助页,而单击"历史"按钮则可以查看曾经在帮助会话中读过的内容。

在窗口的"搜索"文本框中,可以设置搜索选项进行内容的查找。直接在"搜索"文本框中输入要查找内容的关键字,然后单击 ➡ 按钮,可以快速查找到结果。

在"请求帮助"选项组中可以启用远程协助向别的计算机用户求助,也可以通过 Microsoft 联机帮助支持向在线的计算机专家求助,或从 Windows XP 新闻组中查找信息。

在"选择一个任务"选项组中可利用提供的各选项对自己的计算机系统进行维护。比如可以使用工具查看计算机信息来分析出现的问题。

在"您知道吗"选项内,可以启动新建连接向导,并且查看如何通过互联网服务提供商建立一个网页连接。

也可以使用帮助系统的"索引"功能来进行相关内容的查找。在"帮助和支持中心"窗口的浏览栏上单击"索引"按钮,这时将切换到"索引"页面,在"索引"文本框中输入要查找的关键字,或者直接在其列表中选定所需要的内容,然后单击"显示"按钮,在窗口右侧即会显示该项的详细资料。

如果我们连入了 Internet,则可以通过远程协助获得在线帮助或者与专业支持人员联系。在"帮助和支持中心"窗口的浏览栏上单击"支持"按钮,即可打开"支持"页面,用户可以向自己的朋友求助,或者直接向 Microsoft 公司寻求在线协助支持,还可以和其他的 Windows 用户进行交流。

"帮助和支持中心"窗口是可以自定义的,在窗口的浏览栏上单击"选项"按钮,就可打开"选项"页面,在"更改'帮助和支持中心'选项"中可以自定义帮助系统的窗口,比如是否在浏览栏上显示"收藏夹"和"历史"这两个按钮,帮助显示内容的字体大小以及在浏览栏上是否显示文字选项卡等。

在"设置搜索选项"中,可以从不同的来源寻找帮助的信息,可以在这里更改搜索范围等各种选项。

2.4　Windows XP 的资源管理器

Windows XP 的"资源管理器"是一个用于文件管理的实用程序,是以层次结构的形式来组织和管理计算机资源。"资源管理器"可以迅速地提供关于磁盘文件的信息,并可将文件分类,清晰地显示文件夹结构及内容。使用资源管理器可以打开、复制、移动、删除或者重新组织文件。因此,通过资源管理器可以非常方便地管理和维护计算机资源。

2.4.1　文件和文件夹

1.文件和文件名

文件是存储于外存储器的一组相关信息的集合。在计算机中,数据和各种信息都是以文件的形式保存的。文件的物理存储介质通常是磁盘、磁带、光盘等。每一个文件都有一个名字,称为文件名。文件名由文件的主名和扩展名组成,主名和扩展名之间用圆点".",分隔。文件的主名至少有一个字符,扩展名一般由 1 到 4 个字符组成(扩展名也可以没有),一般用来表示文件的类型。以下是各类扩展名所代表的文件类型。

.exe	可执行文件	.doc	Word 文档
.txt	文本文件	.ppt	幻灯片文件
.c	C 语言源程序文件	.com	命令程序文件
.html	超文本文件	.dbf	数据库文件
.sys	系统文件	.Java	Java 语言源程序文件
.bat	批处理文件	.xls	Excel 文档

Windows 文件名最多可以由 255 个字符组成。文件名可以出现空格和标点等符号,但不能出现下述字符:\、/、:、、* 、?、"、〈、〉、|。下面是几个合法的文件名:cmossetup. txt;职工工资. dbf;TotalAmount. xls;我的照片. jpg。一般情况下,文件名是可见的,扩展名则被隐藏,如果需要,可以设置显示文件扩展名。

2.文件夹

文件夹是放置文件和子文件夹的"容器"。几乎所有的操作系统,如 Windows、Linux、DOS、UNIX,都采用树状结构的文件夹系统,如图 2-18 所示。

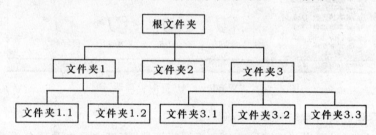

图 2-18　文件夹树状结构示意图

文件夹树状结构的最顶层是根文件夹,在用硬盘或软盘时,系统会自动创建一个根文件夹,如软盘的根文件夹为"A:",硬盘的根文件夹为"C:"、"D:"等。

为了存放文件或文件夹,可以在根文件夹中创建文件夹。所创建的文件夹成为根文件夹的子文件夹。在子文件夹中还可以创建下一级子文件夹。如图 2-20 中,"根文件夹"的子文件夹有"文件夹 1"、"文件夹 2"和"文件夹 3"。"文件夹 3"的子文件夹有"文件夹3.1"、"文件夹 3.2"和"文件夹 3.3"。

3.路径和文件标识符

路径就是文件或目录(文件夹)在磁盘上的存储位置,书写时用反斜杠"\"将各级目录(文件夹)分开。如 C:\Windows\,其中第一个"\"代表根,其他"\"为分隔符。路径后跟文件名,构成文件标识符,如:C:\Windows\Calc. exe。

4.快捷方式

快捷方式是一类比较特殊的文件,一个对象的快捷方式包含打开该对象所需的全部信息,只占几个字节的磁盘空间,是快速访问对象的最主要方法。双击快捷方式图标就可以打开它所代表的对象。

2.4.2　资源管理器的使用

1.资源管理器的启动

启动资源管理器有两种方法。

(1)单击任务栏的"开始"按钮,在"程序"菜单中选择"附件",单击"附件"中的"Windows 资源管理器"命令,将出现如图 2-19 所示的窗口。

(2)用鼠标右键单击任务栏的"开始"按钮、"我的电脑"或任何一个文件夹,在弹出的快捷菜单中选择"资源管理器",打开如图 2-19 所示的"Windows XP 资源管理器"窗口。

图 2-19　"Windows XP 资源管理器"窗口

2.资源管理器窗口布局和基本操作

从图 2-19 可以看出,"Windows XP 资源管理器"窗口主要由两部分组成:左边的窗格采用了树型视图的方式显示计算机中可显示的对象,包括磁盘、文件夹、打印机、网上邻居等。右边的窗格采用列表视图的方式显示左边窗格中被选定对象所包含的内容。在左边的树型视图中,带有加号"+"的节点表示下面还有子文件夹,用鼠标左键单击加号"+",子文件夹将展开,加号"+"变成减号"-"。单击减号"-",子文件夹折叠,减号"-"变成加号"+"。

3.查看文件夹和文件名

用鼠标单击"资源管理器"左边窗口的文件夹图标可打开该文件夹。要打开出现在右边窗格中的文件夹则需要用鼠标双击。打开文件夹后,文件夹中包含的子文件夹和文件便会显示在右边的列表视图窗口中。列表视图的显示方式有五种:缩略图、平铺、图标、列表、详细信息。用户可以单击"查看"菜单选择显示方式。图 2-19 是平铺显示方式。详细信息会显示文件名、大小、类型和修改日期等内容。

4.文件和文件夹的选择

在对文件和文件夹的操作前,首先选定要操作的对象。

(1)选择单个文件或文件夹

只要用鼠标单击要选择的文件或文件夹就可以选定它。

(2)用鼠标选择连续的文件或文件夹组

单击组内的第一个文件或文件夹,按住 Shift 键,然后单击组内最后一个文件或文件夹。

(3)用鼠标选择多个不连续的文件或文件夹

单击组内的第一个文件或文件夹,按住 Ctrl 键,再逐个单击要选的其他文件或文件夹。

(4)全部选定和反向选择

在"资源管理器"窗口的"编辑"菜单中,系统提供了两个用于选取对象的命令:"全部选定"和"反向选择"。前者用于选取当前文件夹中的所有对象,后者用于选取那些当前没有被选中的对象。

5.创建文件夹

(1)在资源管理器左边的视图窗格中单击要在其中创建文件夹的对象。

(2)单击"文件"菜单。

(3)选择"新建"菜单项。

(4)单击"文件夹"命令,键入新的文件夹的名称,按回车键,如图 2-20 所示。

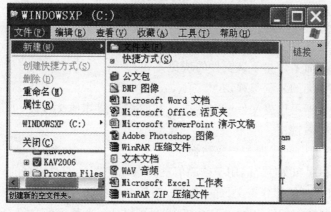

图 2-20　用"文件"菜单创建文件夹

6.新建文件

通常可通过启动应用程序来新建文档。在应用程序的新文档中写入数据,然后保存在磁盘上。也可以不启动应用程序,直接建立新文档。在桌面上或者某个文件夹中的空白处右击,在弹出的快捷菜单中选择"新建"命令,在出现的文档类型列表中,选择一种类型即可,类似于图 2-20 创建文件夹的方法。每创建一个新文档,系统都会自动地给它一个默认的名字。

7.创建新的快捷方式图标

在资源管理器中,用户可以建立以下几种快捷方式。

(1)在当前文件夹下为文件建立快捷方式

选中要建立快捷方式的文件,单击文件菜单中的"创建快捷方式"命令。

(2)在当前文件夹下建立其他文件夹中的文件的快捷方式

单击文件菜单中的"新建"命令下的"快捷方式"子命令,弹出"创建快捷方式"对话框,如图 2-21 所示。在对话框中输入文件名,或单击"浏览"按钮,选择所需文件,单击"下一步",可以在对话框中修改快捷方式的名称,单击"完成"按钮,便在当前文件夹中创建了该文件的快捷方式。

图 2-21　"创建快捷方式"对话框

(3)为当前文件夹中的文件建立桌面快捷方式

单击要创建快捷方式的文件,单击"文件"菜单中的"发送到"命令下的"桌面快捷方式"子命令,便在桌面上创建了该文件的快捷方式。

8.文件和文件夹的复制与移动

使用资源管理器可以将文件或文件夹复制或移动到其他文件夹,方法有:菜单命令、鼠标拖拽法和鼠标右键法。

(1)数据交换的中间代理——剪贴板

"剪贴板"是程序和文件之间用于传递信息的临时存储区,它是内存的一部分。通过"剪贴板"可以把各种文件的部分正文、部分图像、部分声音粘贴在一起,形成一个图文并茂、有声有色的文档。同样,在 Windows XP 系统中,也可以从一个程序的文稿中剪切或复制一部分内容,通过剪贴板贴到另一个程序文稿中,以实现不同应用程序之间的信息共享。

Windows 剪贴板是一种比较简单同时也是开销比较小的 IPC(Inter Process Com-munication,进程间通信)机制。Windows XP 系统支持剪贴板 IPC 的基本机制是系统预留一块全局共享内存,用来暂存在各进程间进行交换的数据:提供数据的进程创建一个全局内存块,并将要传送的数据移到或复制到该内存块;接收数据的进程(也可以是提供数据的进程本身)获取此内存块的句柄,并完成对该内存块数据的读取。

当选定数据并选择"编辑"菜单中的"复制"或"剪切"命令时,所选定的数据就被存储在"剪贴板"中。"剪贴板"是在数据交换过程中,用于保留交换数据的内存区域。选择"编辑"菜单中的"粘贴"命令,"剪贴板"中的数据就被复制或移动到目的文档中。

粘贴有如下两种实现方式:

①"嵌入"交换实现

　　选定对象,选择"编辑"菜单中的"复制"或"剪切"命令,切换到目的位置,选择"编辑/选择性粘贴"命令。通常,在"选择性粘贴"对话框中的"形式"列表框中,可以进行嵌入的格式选择,如图 2-22 中的"HTML 格式"。

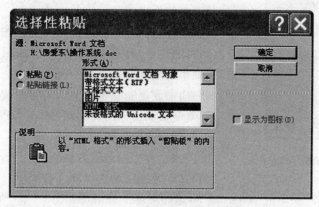

图 2-22　"选择性粘贴"对话框

　　②"链接"交换实现

　　选定对象,选择"编辑"菜单中的"复制"或"剪切"命令,切换到目的位置,选择"编辑/粘贴为超链接"命令。这样,就创建了一个与源文档的链接,并将以默认格式显示源对象。如果希望按指定的格式链接交换,可选择"选择性粘贴"命令,在"选择性粘贴"对话框中,选取指定的格式,然后选中"粘贴链接"单选按钮。

　　(2)用资源管理器菜单复制与移动文件或文件夹

　　①打开 Windows XP 资源管理器。

　　②选择要操作的文件或文件夹。

　　③在"编辑"菜单上,单击"复制";若移动,则单击"剪切"。

　　④打开希望将该项目复制或移动到的文件夹。

　　⑤在"编辑"菜单上,单击"粘贴"。

　　(3)用鼠标拖动的方法复制与移动文件和文件夹

　　选定要复制的文件或文件夹,用鼠标将其拖动到目的位置,就完成了文件和文件夹的复制与移动。在拖动过程中根据是否按住控制键、拖动对象的不同和拖动的目的位置不同产生不同的效果。

　　①复制的目的位置在不同的磁盘,无须按任何控制键进行拖动操作。

　　②复制的目的位置在同一磁盘,按住 Ctrl 键后进行拖动操作。

　　③移动的目的位置在不同的磁盘,按住 Shift 键后进行拖动操作。

　　④移动的目的位置在同一磁盘,无须按任何控制键进行拖动操作。

　　⑤复制文件的快捷方式。按住 Alt 键后进行拖动操作,就会在目的位置复制选定文件的快捷方式。

　　(4)单击鼠标右键复制与移动文件和文件夹

　　① 选定要操作的文件和文件夹,单击鼠标右键,将弹出如图2-23所示的快捷菜单。

　　②在快捷菜单上选择要进行的操作,如"复制"或"剪切"。

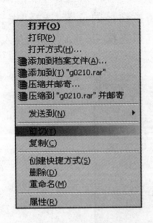

图 2-23　文件操作快捷菜单

③将鼠标指向要复制或移动的目的位置,单击鼠标右键。

④在快捷菜单中选择"粘贴"。

(5)右键拖动

选定要进行操作的文件或文件夹,按住鼠标右键将其拖拽到目的位置,释放右键,将弹出如图 2-24 所示的菜单,在菜单上选择所要进行的操作即可。

(6)当需要复制整幅屏幕的内容时按 Print Screen 键;当需要复制活动窗口的内容时按 Alt+Print Screen 键。

9.文件和文件夹的删除与恢复

文件或文件夹的删除方法:

(1)选中要删除的文件和文件夹。

(2)单击"文件"菜单的"删除"命令,这时屏幕上将出现如图 2-25 所示的确认删除对话框,如确实要删除,单击"是",如果不打算删除,单击"否"。

图 2-24　右键拖动菜单

图 2-25　确认删除对话框

在 Windows XP 中,删除文件或文件夹并不是真正的删除,而只是将其放到回收站中。如果想要恢复删除的文件或文件夹,双击"回收站"图标,打开"回收站"窗口,如图 2-26 所示。

选定要恢复的文件或文件夹,单击"文件"菜单的"还原"命令;如果要将回收站中的内容彻底删除,则单击"文件"菜单上的"删除"命令即可。

"回收站"是硬盘的一部分,默认空间是硬盘的 10%,其大小是可调整的。如果想直接删除文件或文件夹,而不将其放入"回收站"中,可在删除的同时按住 Shift 键。可移动

图 2-26　"回收站"窗口

媒体上(U 盘或网络上)删除的项目不受"回收站"保护,将被永久删除,是不能还原的。

10.文件夹和文件的重命名

(1)使用菜单命令给文件和文件夹重命名

①选择要重命名的文件或文件夹。②单击"文件"菜单上的"重命名"命令。③键入新文件名。

(2)使用快捷菜单给文件和文件夹重命名

①选择要重命名的文件或文件夹,单击鼠标右键,屏幕上将出现快捷菜单。②单击快捷菜单上的"重命名"命令。③键入新文件名。

注意:①在 Windows XP 中,每次只能修改一个文件或文件夹的名字。重命名文件时,不要轻易修改文件的扩展名,以便使用正确的应用程序来打开。②在同一窗口中不能有同名的子文件夹或文件。

11.查看文件和文件夹的属性

单击"工具"菜单中的"文件夹选项"命令将出现如图 2 - 27 所示的文件夹选项对话框。用户可以通过它进行设置,以便符合每个用户管理信息的习惯。

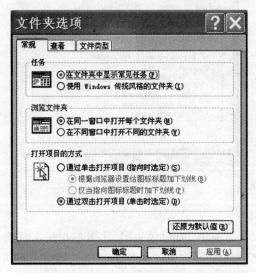

图 2 - 27　文件夹选项

(1)常规选项卡

在图 2 - 27 中可以设置的内容包括以下几个项目。

①任务

包括"在文件夹中显示常见任务"和"使用 Windows 传统风格的文件夹"两个单选项。

②浏览文件夹

在同一窗口中打开每个文件夹:指定在同一窗口中打开每个文件夹的内容。要返回到前一个文件夹,单击工具栏上的"返回"按钮,或按 BackSpace 键。

在不同窗口中打开不同的文件夹:指定在新的窗口中打开每个文件夹。以前的文件夹仍旧显示在窗口中,这样就可以随时切换。

③打开项目的方式

通过单击打开项目:指定通过单击即可打开文件夹和桌面上的项目,就像单击 Web 页上的链接一样。如果希望选中某一项,只需将鼠标指针停在上面。

通过双击打开项目:指定单击某个项目才能选中,而双击该项才能打开。

(2)查看选项卡

"查看"选项卡如图 2-28 所示,其功能是用于文件、文件夹和桌面内容的不同显示选项。主要包括:记住每个文件夹的视图位置、鼠标指向文件夹或桌面项目时显示提示信息、隐藏受保护的操作系统文件、使用交替的颜色显示压缩的文件和文件夹;显示隐藏的文件或文件夹、隐藏文件的扩展名、在标题栏中显示完整路径、在单独的进程中打开文件夹窗口、在地址栏中显示全路径和在桌面上显示我的文档等。

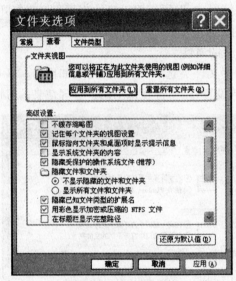

图 2-28 "查看"选项卡

(3)文件类型选项卡

列出文件扩展名以及当前由 Windows XP 注册的相关文件类型。注册文件类型后,有关打开这种类型的文件所使用的程序的信息也同样被注册。单击列表中的某种类型时,"详细信息"中就会显示有关打开该文件所用的程序以及这种文件类型所具有的扩展名的摘要。

(4)脱机文件

设置计算机,使存储在网络上的文件在脱机时(与网络断开链接时)也可用。

12.设置文件属性

要设置某个文件属性,步骤如下:

(1)在"资源管理器"窗口中,选定待设置属性的文件。

(2)选择"文件"菜单中的"属性"命令,或者在该文件上右击并从快捷菜单中选择"属性"命令,出现如图 2-29 所示的对话框。在此对话框中,用户可以查看该文件的类型、位置、大小、创建时间、修改时间、访问时间以及文件属性。

(3)在"属性"框中,选中或取消相应的复选框可以更改文件的属性。

①只读。这种文件只能阅读，不能被编辑或删除。

②隐藏。这种文件一般情况下不能在"资源管理器"或"我的电脑"中看到。

③存档。这种文件是文件最后一次被备份以后改动过的文件。

（4）设置完毕后，单击"确定"按钮。

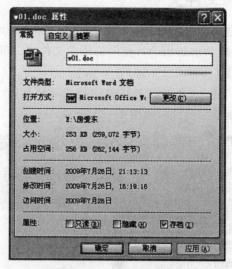

图 2-29　查看文件属性

2.4.3　我的电脑

"我的电脑"是 Windows XP 中用于查询和管理系统资源的常用工具，它的使用和"资源管理器"类似，这里只对其简要介绍。

1. 打开"我的电脑"

双击桌面上的"我的电脑"图标便可打开"我的电脑"窗口，如图 2-30 所示。

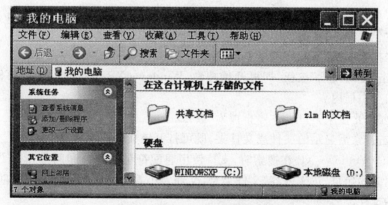

图 2-30　"我的电脑"窗口

"我的电脑"窗口很像"资源管理器"窗口，但它没有"资源管理器"窗口中左边用于显示文件夹的树型视图窗格。同"资源管理器"一样，可以选择用缩略图、平铺、图标、列表、详细信息等方式来查看信息。

2.进行文件操作

可以使用与"资源管理器"类似的方法来执行有关的操作,如文件的复制、移动和删除等,具体参见"资源管理器"的操作中的相应部分。

2.4.4　搜索文件和文件夹

有时候用户需要查看某个文件或文件夹的内容,却忘记了该文件或文件夹存放的具体位置或具体名称,这时候 Windows XP 提供的搜索文件或文件夹功能就可以帮助用户查找该文件或文件夹。具体方法如下:

(1)选择"开始/搜索"命令,或者右击某驱动器或文件夹,在弹出的快捷菜单中选择"搜索"命令,打开"搜索结果"对话框,如图 2-31 所示。

图 2-31　"搜索结果"对话框

(2)在"要搜索的文件或文件夹名为"文本框中,输入文件或文件夹的名称。

(3)在"包含文字"文本框中输入该文件或文件夹中包含的文字。

(4)在"搜索范围"下拉列表框中选择要搜索的范围。

(5)单击"立即搜索"按钮,即可开始搜索,Windows XP 会将搜索的结果显示在该对话框右边的空白框内。

(6)若要停止搜索,可单击"停止搜索"按钮。

(7)双击搜索后显示的文件或文件夹,既可打开该文件或文件夹。

提示:①Windows XP 在搜索时,支持使用通配符星号(*)和问号(?)。②搜索功能还可以利用时间信息、正文内容、文件类型、文件大小等文件属性信息进行辅助搜索,从而找到相关的文件。

2.4.5　磁盘操作

1.磁盘格式化

磁盘必须格式化后才能用来存储信息,磁盘格式化会删除磁盘中的所有信息,所以执行格式化操作必须小心,以免造成数据丢失。格式化磁盘的步骤如下。

(1)在"资源管理器"或"我的电脑"中右击要格式化的磁盘,在弹出菜单中单击"格式化"命令,将出现如图 2-32 所示的格式化对话框。

(2)在格式化对话框中选择磁盘容量、文件系统、分配单元大小等选项,在卷标文本框中输入磁盘的卷标。

若选择快速格式化,则指定通过删除磁盘中的文件,但不扫描坏扇区来执行快速格式化。只有在该磁盘曾被格式化并且确保其未被破坏的情况下才能使用该选项。

(3)单击"开始"按钮开始格式化。

(4)格式化完成后,将显示"格式化完毕"消息框。单击"确定"按钮返回"格式化"对话框。

(5)单击"关闭"按钮,格式化完成。

2.查看磁盘基本信息

在使用计算机的过程中经常需要了解与磁盘有关的信息,查看磁盘信息的操作步骤是:在"资源管理器"或"我的电脑"窗口中选择要查看的磁盘,单击鼠标右键,在弹出的菜单中选择属性命令,将出现如图 2-33 所示的磁盘属性对话框。对话框中显示了文件系统、磁盘的容量、已使用的磁盘空间和可用的磁盘空间等信息。使用对话框的其他选项卡还可以对磁盘进行检查错误、备份、整理文件和共享等操作。

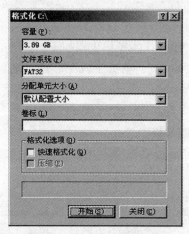
图 2-32　格式化对话框

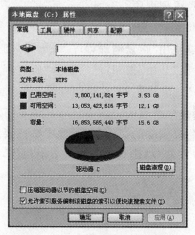
图 2-33　磁盘属性对话框

3.磁盘碎片整理

磁盘在长时间使用之后,文件可能会被分成许多"碎片",分别保存在磁盘的不同地方。只是在用户打开文件时,它仍然保持"完整",但计算机读写此文件所花的时间却大大增加。使用"系统工具"中的"磁盘碎片整理程序",通过重新安排文件在磁盘上的位置和合并磁盘碎片的方法来优化磁盘,可以提高文件的访问速度和充分利用硬盘的有效空间。

启动"磁盘碎片整理程序"步骤如下:

(1)单击"开始"按钮,在开始菜单中选择"所有程序"、"附件"、"系统工具",再单击"磁盘碎片整理程序"。屏幕显示"磁盘碎片整理程序"对话框。

(2)单击选择要整理的磁盘,然后单击"碎片整理"按钮,此时屏幕显示如图 2-34 所示的"磁盘碎片整理程序"对话框。

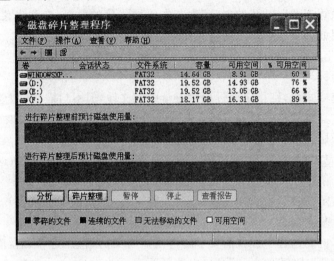

图 2-34 "磁盘碎片整理程序"对话框

系统在后台整理磁盘碎片优化磁盘时,用户可以放心地在前台执行其他任务,这样更加方便用户优化系统性能。但是,此时计算机的运行速度有所降低。

4.磁盘清理程序

在 Windows XP 工作过程中会产生很多临时文件,这些临时文件会占据大量的磁盘空间。可以使用"磁盘清理程序"来删除过时的文件。具体操作步骤如下:

(1)单击"开始"按钮,然后选择"所有程序"、"附件"、"系统工具"和"磁盘清理"命令,出现如图 2-35 所示的"选择驱动器"对话框。

(2)选择要清理的驱动器,单击"确定"按钮,出现如图 2-36 所示"磁盘清理"对话框。

(3)在"要删除的文件"列表框中选择要删除的文件。

(4)如果单击"其他选项"标签,用户还可决定是否要删除不用的 Windows 组件或其他程序。

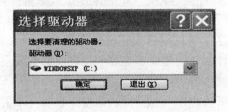

图 2-35 "选择驱动器"对话框

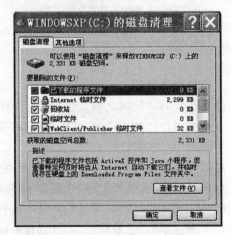

图 2-36 "磁盘清理程序"对话框

2.5　Windows XP 的个性化工作环境设置

2.5.1　控制面板

控制面板是对计算机的系统环境进行控制的地方,集中了调整和配置系统的全部工具,如打印机和传真设置、区域和语言设置、日期与时间设置、多媒体设备设置、键盘属性设置、添加硬件、添加或删除程序等,控制面板窗口如图 2-37 所示。

图 2-37　控制面板窗口

打开控制面板有两种常用的方法:

(1)单击桌面上的"开始"菜单中的"设置"子菜单下的"控制面板"命令。

(2)在资源管理器的左窗格中单击"控制面板"图标,右窗格显示控制面板窗口的内容。

2.5.2　设置桌面背景及屏幕保护

桌面背景就是用户打开计算机进入 Windows XP 操作系统后,所出现的桌面背景颜色或图片。当设置了屏幕保护后,用户若在一段时间内不用计算机,系统将自动启动屏幕保护程序,以保护显示屏幕不被烧坏。

1.设置桌面背景

用户可以选择单一的颜色作为桌面的背景,也可以选择类型为 BMP、JPG、HTML 等位图文件作为桌面的背景图片。设置桌面背景的操作步骤如下:

(1)右击桌面任意空白处,在弹出的快捷菜单中选择"属性"命令,或选择"开始/设置/控制面板"命令,在弹出的"控制面板"窗口中双击"显示"图标。

(2)在"显示属性"对话框中,选择"桌面"选项卡,如图 2-38 所示。

图 2-38 "桌面"选项卡

　　（3）在"背景"列表框中可选择一幅喜欢的背景图片,图中的显示器里将显示该图片作为背景图片的效果,也可以单击"浏览"按钮,在本地磁盘或网络中选择其他图片作为桌面背景。在"位置"下拉列表框中有"居中"、"平铺"和"拉伸"三个选项,用于调整背景图片在桌面上的位置。若用户想用纯色作为桌面背景颜色,可在"背景"列表框中选择"无"选项,在"颜色"下拉列表框中选择喜欢的颜色,再单击"应用"按钮即可。

　　2.设置屏幕保护

　　由于计算机所用的阴极射线管显示器是通过电子束发射到涂有荧光粉的屏幕表面而形成图形的,如果长时间照射在某个固定的位置,就可能损坏此处的荧光粉而使显示器受损。

图 2-39 "屏幕保护程序"选项卡

　　当用户在一段时间内不使用计算机时,可设置屏幕保护程序自动启动,以动态的画面显示于屏幕,这样可以减少屏幕的损耗并保障系统安全。设置屏幕保护的操作步骤如下:

　　（1）在"显示属性"对话框中,切换到"屏幕保护程序"选项卡,如图 2-39 所示。

　　（2）在该选项卡的"屏幕保护程序"选项组的下拉列表框中选择一种屏幕保护程序。单击"设置"按钮,可对该屏幕保护程序进行一些设置;单击"预览"按钮,可预览该屏幕保护程序的效果;移动鼠标或操作键盘即可结束屏幕保护程序;在"等待"微调框中可输入数字或调节微调按钮,设定计算机多长时间无人使用则启动该屏幕保护程序。

　　在"显示属性"对话框中用得较多的选项卡是"桌面"和"屏幕保护程序"。在"外观"和"设置"选项卡中,用户可根据实际需要进行设置。

2.5.3　调整鼠标和键盘

　　鼠标和键盘是操作计算机过程中使用最频繁的设备之一,几乎所有的操作都要用到鼠标或键盘。在安装 Windows XP 时系统已自动对鼠标和键盘进行过设置,但这种默认的设置可能并不符合用户个人的使用习惯,用户可以按个人的喜好对鼠标和键盘进行一些调整。

　　1.调整鼠标

　　调整鼠标的操作步骤如下:

　　(1)选择"开始/设置/控制面板"命令,在"控制面板"窗口中,双击"鼠标"图标,打开"鼠标属性"对话框,如图 2-40 所示。

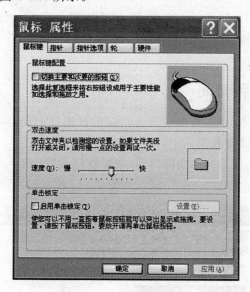

图 2-40　"鼠标键"选项卡

　　(2)在"鼠标键"选项卡的"鼠标键配置"选项组中,系统默认左边的键为主要键,若选中"切换主要和次要的按钮"复选框,则设置右边的键为主要键。

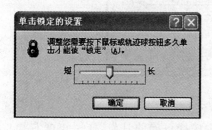

图 2-41　"单击锁定的设置"对话框

　　在"双击速度"选项组中拖动滑块可调整鼠标的双击速度,双击旁边的文件夹可检验设置的速度。在"单击锁定"选项组中,若选中"启用单击锁定"复选框,则在移动项目时不用一直按着鼠标键就可实现。单击"设置"按钮,在弹出的"单击锁定的设置"对话框中可调整实现单击锁定需要按鼠标键或轨迹球按钮的时间,如图 2-41 所示。

2.调整键盘

调整键盘的操作步骤如下：

（1）选择"开始/设置/控制面板"命令，在"控制面板"窗口中，双击"键盘"图标，打开"键盘属性"对话框。

（2）切换到"速度"选项卡，如图2-42所示。

（3）在该选项卡的"字符重复"选项组中，拖动"重复延迟"滑块，可调整在键盘上按住一个键需要多长时间才开始重复输入该键，拖动"重复率"滑块，可调整输入重复字符的速率；在"光标闪烁频率"选项组中，拖动滑块，可调整光标的闪烁频率。

（4）单击"应用"按钮，即可应用所做的设置。

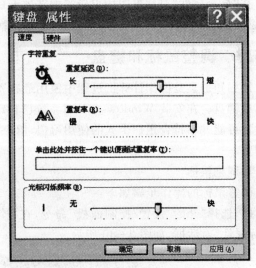

图2-42　键盘属性"速度"选项卡

2.5.4　设置日期和时间

在安装了一个新的系统后，首先要设置系统的日期和时间，Windows XP也不例外，改变系统日期与时间的步骤如下：

（1）右击任务栏最右端显示的当前时间，选择快捷菜单中的"调整日期和时间"，或双击"控制面板"中的"日期和时间"图标，进入如图2-43所示的"日期和时间"对话框。

图2-43　"日期和时间属性"对话框

（2）选择"日期和时间"选项卡，在下拉的列表中选择正确的月份，使用年框右侧与时钟下方的"∧"、"∨"按钮来改变年份与当前时间。

2.5.5　安装和设置输入法

Windows XP 提供了多种中文输入法：微软拼音、全拼、郑码、智能 ABC 等。用户还可以根据自己的需要，任意安装或删除某种输入法。中文输入法的安装与其他应用程序的安装过程基本相同。下面介绍如何添加输入法。

（1）右击语言栏（ <img> ）任意位置，在弹出的快捷菜单中选择"设置"命令（或选择"开始/设置/控制面板"命令，在"控制面板"窗口中，双击"区域和语言选项"图标，在打开的对话框中切换到"语言"选项卡，单击"详细信息"按钮），即可打开"文字服务和输入语言"对话框，如图 2-44 所示。

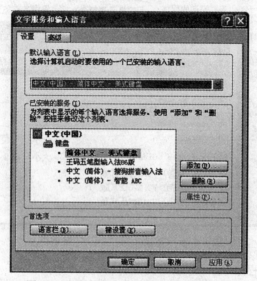

图 2-44　"文字服务和输入语言"对话框

（2）单击"添加"按钮，打开"添加输入语言"对话框，从"输入语言"下拉列表框中选择要添加的语言，例如，"中文（中国）"，从"键盘布局/输入法"下拉列表框中选择某种中文输入法。例如，"微软拼音输入法 3.0 版"，单击"确定"按钮，就完成了该中文输入法的添加操作，如图 2-45 所示。

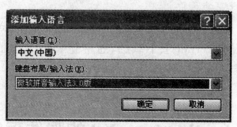

图 2-45　"添加输入语言"对话框

在图 2-44 中，可以设置默认输入语言，对已安装的输入法进行添加、删除、添加世界各国的语言，设置输入法切换的快捷键等。

注意：要添加输入法，必须首先在计算机上安装该输入法。

删除输入法的操作更为简单,只需在已安装的服务列表框中,选择要删除的输入法,然后单击"删除"按钮即可。

2.5.6　安装和删除应用程序

选择"开始/设置/控制面板"命令,打开"控制面板"窗口。双击"添加或删除程序"图标,弹出如图 2-46 所示的"添加或删除程序"对话框,用于更改或删除程序、安装新程序、添加或删除 Windows XP 的组件。

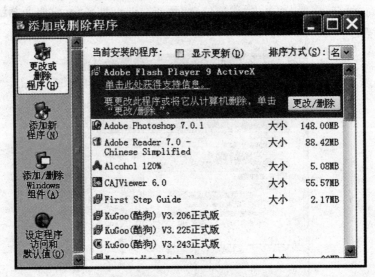

图 2-46　"添加或删除程序"对话框

使用"添加或删除程序"应注意以下几点:

(1)删除应用程序最好不要直接从文件夹中删除,因为一方面不可能删除干净,有些 DLL 文件安装在 Windows 目录中;另一方面很可能会删除某些其他程序也需要的 DLL 文件,导致破坏其他依赖这些 DLL 运行的程序。

(2)安装应用程序有下列途径:

①目前,许多应用程序是以光盘形式提供的,如果光盘上有 Autorun.inf 文件,则根据该文件的提示自动运行安装程序。

②直接运行安装盘(或光盘)中的安装程序(通常是 Setup.exe 或 Install.exe)。

③如果应用程序是从 Internet 上下载的,通常整套软件被捆绑成一个.exe 文件,用户运行该文件后直接安装。

2.6　Windows XP 的附件程序

2.6.1　写字板

"写字板"是一个使用简单、但功能较强的文字处理程序,可以利用它进行文件的编辑。它不仅可以进行中英文文档的编辑,而且可以图文混排、插入图片、声音、视频剪辑等多媒体资料。

1.认识"写字板"

要打开"写字板",可执行以下操作:

选择"开始/程序/附件/写字板"命令,进入"写字板"界面,如图 2-47 所示。

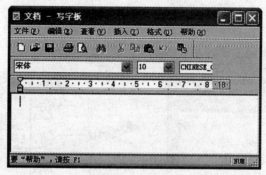

图 2-47　"写字板"窗口

它由标题栏、菜单栏、工具栏、格式栏、水平标尺、工作区和状态栏等几部分组成。

2.新建文档

当需要新建一个文档时,选择"文件/新建"命令,弹出"新建"对话框,选择新建文档的类型,默认的为 RTF 格式的文档。单击"确定"按钮后,即可新建一个文档进行文字的输入。

设置好文件格式后,还要进行页面的设置。选择"文件/页面设置"命令,在"页面设置"对话框中,可以选择纸张的大小、来源及使用方向,还可以进行页边距的调整。其他的操作,如字体及段落格式设置、编辑文档等操作与 Word 的操作类似,这里不多叙述。

2.6.2　记事本

记事本是一个纯文本的编辑器,如图 2-48 所示。记事本编辑文件的大小限制在 64K 以内,相当于 DOS 的 EDIT 程序,不仅可以编辑修改扩展名为.TXT 的文件,也可以用于编辑修改扩展名为.BAT 的批处理文件和 CONFIG.SYS 系统配置文件等所有的正文文件。正文文件没有任何格式,因此文件十分紧凑,并且能够被大多数应用程序所识别。

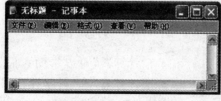

图 2-48　"记事本"窗口

2.6.3　画图

在计算机中,图形有两种可能的表现方法。一种称为"矢量图形",矢量图形用几何线条表示真实的物体；另一种称为"位映像图形"，位映像图形是点阵图形，在单色位映像图形中，点的颜色要么为黑，要么为白，分别可用一个二进制的值 1 和 0 表示，当矩阵中的点足够密时，就形成了一幅图像。

"画图"是 Windows XP 中一个很实用的应用程序。它可以用来绘制和编辑图形，也可以在图中插入文字，同时还可以利用画图对一幅由剪贴板拷贝的图形做进一步的编辑。

1. 启动画图

单击"开始"菜单，到"程序"→"附件"→"画图"，打开如图 2-49 所示的窗口。工具箱提供了 16 种工具，用不同的图标来表示。

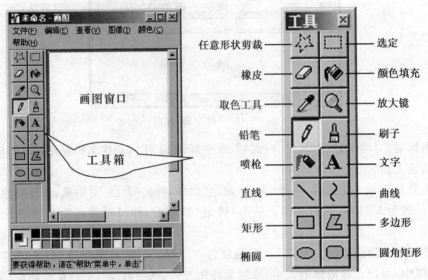

图 2-49 "画图"窗口及其工具箱

2. 颜料盒

颜料盒如图 2-50 所示。颜料盒的左边显示当前选定的前景色和背景颜色。默认的情况下前景色为黑色，背景色为白色。用鼠标左键单击颜料盒中的颜色小方块就能选择前景色，而用鼠标右键单击则可选择背景色。

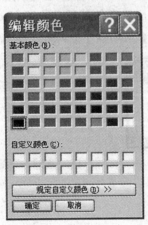

图 2-50 颜料盒

若要自己调配颜色，只需在"颜色"菜单中选择"编辑颜色"，出现"编辑颜色"对话框，用户可以根据自己的爱好，调配满意的颜色。

2.6.4 计算器

"计算器"可以帮助人们完成数据的运算，它分为"标准计算器"和"科学计算器"两种。"标准计算器"可以完成日常工作中简单的算术运算；"科学计算器"可以完成较为复杂的科学运算，比如函数运算等，运算的结果不能直接保存，而是将结果存储在内存中，以供粘贴到别的应用程序或其他文档中。

1. 标准计算器

在处理一般的数据时,使用"标准计算器"即可满足工作和生活的需要。选择"开始/程序/附件/计算器"命令,打开"计算器"窗口,系统默认为"标准计算器",如图 2 - 51 所示。

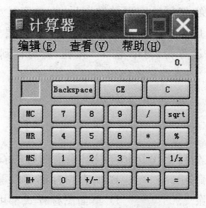

图 2-51　标准计算器

"计算器"窗口包括标题栏、菜单栏、数字显示区和工作区几部分。工作区由数字按钮、运算符按钮、存储按钮和操作按钮组成。

当在数值输入过程中出现错误时,可以单击 Backspace 按钮逐个进行删除,当需要全部清除时,可以单击"CE"按钮,当一次运算完成后,单击"C"按钮即可清除当前的运算结果,再次输入时可开始新的运算。

"计算器"的运算结果可以导入到别的应用程序中,可以选择"编辑/复制"命令把运算结果粘贴到别处,也可以从别的地方复制好运算算式后,选择"编辑/粘贴"命令,粘贴到"计算器"中进行运算。

2. 科学计算器

当用户从事非常专业的科研工作时,需要经常进行较为复杂的科学运算,此时可以选择"查看/科学型"命令,弹出"科学计算器"窗口,如图 2-52 所示。

图 2-52　科学计算器

　　"科学计算器"窗口增加了数的基数制选项、单位选项及一些函数运算符号,系统默认的是十进制,当用户改变其数制时,单位选项、数字区、运算符区的可选项将发生相应的改变。

　　在工作过程中,若要进行数制转换,可以直接在数字显示区输入所要转换的数值,也可以利用运算结果进行转换,选择所需要的数制后,在数字显示区会出现转换后的结果。

　　另外,"科学计算器"可以进行一些函数的运算,使用时要先确定运算的单位,在数字区输入数值,然后选择函数运算符,再单击"="按钮,即可得到结果。

练习题

一、单项选择题

1. 按一般操作方法,下列对于 Windows XP 桌面图标的叙述,错误的是_____。

A. 所有图标都可以重命名　　　　　　B. 所有图标都可以重新排列

C. 所有图标都可以删除　　　　　　　D. 桌面图标样式都可更改

2. 在 Windows XP 安装完成后,桌面上一定会有的图标是_____。

A. Word　　　　　B. 我的电脑　　　　C. 控制面板　　　　D. 资源管理器

3. 在 Windows XP 环境中,整个显示屏幕称为_____。

A. 窗口　　　　　B. 桌面　　　　　　C. 图标　　　　　　D. 资源管理器

4. Windows XP 操作系统是_____。

A. 单用户单任务系统　　　　　　　　B. 单用户多任务系统

C. 多用户多任务系统　　　　　　　　D. 多用户单任务系统

5. 在 Windows XP 中,直接关闭微机电源可能产生的后果是_____。

A. 可能破坏系统设置　　　　　　　　B. 可能破坏某些程序的数据

C. 可能造成下次启动故障　　　　　　D. 以上情况均可能

6. 在 Windows XP 窗口中,选择带括号的字母菜单项,可按_____键配合此字母快速选中。

A. Alt　　　　　　B. Ctrl　　　　　　C. Shift　　　　　　D. Esc

7. 在 Windows XP 环境中,对于多个已打开窗口进行排列时,没有_____方式。

A. 层叠　　　　　B. 居中　　　　　　C. 横向平铺　　　　D. 纵向平铺

8. 在 Windows XP 中,通过"控制面板"中的_____调整显示器屏幕刷新频率。

A. 系统　　　　　B. 辅助选项　　　　C. 显示器　　　　　D. 添加新硬件

9. Windows XP 的文件夹组织结构是一种_____。

A. 表格结构　　　B. 树形结构　　　　C. 网状结构　　　　D. 线性结构

10. 在 Windows XP 中,若取消已经选定的若干文件或文件夹中的某一个,需按_____键,再单击要取消项。

A. Ctrl　　　　　B. Shift　　　　　　C. Alt　　　　　　D. Esc

11. 删除 Windows XP 桌面上的"Microsoft Word"快捷图标,意味着_____。

A. 该应用程序连同其图标一起被删除

B. 只删除了图标,对应的应用程序被保留

C. 只删除了该应用程序,对应的图标被隐藏

D. 下次启动后图标会自动恢复

12. 在 Windows XP 中,可按 Alt＋_____组合键在多个已打开的程序窗口间进行切换。

A. Enter　　　　　B. 空格键　　　　　C. Insert　　　　　D. Tab

13. Windows XP 可以使用长文件名保存文件,以下_____不允许出现在长文件名中。

A. space　　　　　B. .　　　　　C. *　　　　　D. ％

14. "剪贴板"是_____。

A. 一个应用程序　　　　　　　　B. 磁盘上的一个文件

C. 内存中的一块区域　　　　　　D. 一个专用文档

15. 用户打算把文档中已经选取的一段内容移动到其他位置上,应当先执行"编辑"菜单里的_____命令。

A. 复制　　　　　B. 剪切　　　　　C. 粘贴　　　　　D. 清除

16. 在 Windows XP 中,用户可以对磁盘进行快速格式化,但是被格式化的磁盘必须是_____。

A. 从未格式化的新盘　　　　　　B. 无坏道的新盘

C. 低密度磁盘　　　　　　　　　D. 以前做过格式化的磁盘

17. 在 Windows XP 环境中,每个窗口最上面有一个"标题栏",把鼠标光标指向该处,然后"拖放",则可以_____。

A. 变动该窗口上边缘,从而改变窗口大小　　B. 移动该窗口

C. 放大该窗口　　　　　　　　　　　　　　D. 缩小该窗口

18. 关闭已打开的窗口可通过双击_____。

A. 标题栏　　　　　B. 控制菜单框　　　　　C. 状态栏　　　　　D. 工具栏

19. Windows XP 可支持长达_____字符的文件名。

A. 8 个　　　　　B. 10 个　　　　　C. 64 个　　　　　D. 255 个

20. 在 Windows XP 中,回收站中的文件或文件夹仍然占用_____。

A. 内存　　　　　B. 硬盘　　　　　C. 软盘　　　　　D. 光盘

21. 可以通过 Windows XP "开始"菜单中的_____启动应用程序。

A. 文件　　　　　B. 运行　　　　　C. 设置　　　　　D. 帮助

22. 在 Windows XP 中,不同驱动器之间复制文件时可使用的鼠标操作是_____。

A. 拖曳　　　　　B. Shift＋拖曳　　　　　C. Alt＋拖曳　　　　　D. Ctrl＋P

23. 在 Windows XP 中,"回收站"是_____。

A. 内存中的一块区域　　　　　　B. 硬盘上的一块区域

C. 软盘上的一块区域　　　　　　D. 高速缓存中的一块区域

24. Windows XP 中的"任务栏"上存放的是_____。

A. 系统正在运行的所有程序　　　　B. 系统中保存的所有程序

C. 系统前台运行的程序　　　　　　　D. 系统后台运行的程序

25. "对话框"允许用户_____。

A. 最大化　　　　B. 最小化　　　　C. 移动其位置　　　　D. 改变其大小

26. 在 Windows XP 中,"捕获"整个桌面图像的方法是按_____键。

A. Print Screen　　B. Alt＋Print Screen　　C. Alt＋F4　　D. Ctrl＋Print Screen

27. 当一个文档窗口被关闭后,该文档将_____。

A. 保存在外存中　　　　　　　　　　B. 保存在内存中

C. 保存在剪贴板中　　　　　　　　　D. 既保存在外存,也保存在内存中

28. 如果要彻底删除系统中已安装的应用软件,正确的方法是_____。

A. 直接找到该文件或文件夹进行删除操作

B. 利用控制面板中的"添加/删除程序"项进行操作

C. 删除该文件及快捷图标

D. 对磁盘进行碎片整理操作

29. 在 Windows XP 资源管理器中,要恢复误删除的文件,最简单的方法是单击_____按钮。

A. 剪切　　　　　B. 复制　　　　　C. 粘贴　　　　　D. 撤销

30. 在某个文档窗口中已进行了多次剪切操作,当关闭了该文档窗口后,剪贴板中的内容为_____。

A. 第一次剪切的内容　　　　　　　　B. 最后一次剪切的内容

C. 所有剪切的内容　　　　　　　　　D. 空白

31. 下列有关剪贴板的操作,_____是"移动"操作。

A. 拷贝—粘贴　　B. 剪切—粘贴　　C. 剪切—拷贝　　D. 拷贝—剪切

32. 在 Windows XP 启动过程中,将自动执行"程序"菜单中的_____菜单项所对应的应用程序。

A. 程序　　　　　B. 附件　　　　　C. 启动　　　　　D. 游戏

33. 下列操作中,_____不能运行一个应用程序。

A. 用"开始"菜单中的"运行"命令　　　B. 用鼠标左键双击查找到的文件名

C. 用"开始"菜单中的"文档"　　　　　D. 用鼠标单击"任务栏"中该程序的图标

34. 当选择好文件夹后,下列操作中,_____不能删除文件夹。

A. 在键盘上按 Del 键

B. 用鼠标右键单击该文件夹,打开快捷菜单,然后选择"删除"命令

C. 在"文件"菜单中选择"删除"命令

D. 用鼠标左键双击该文件夹

35. 在"我的电脑"或"资源管理器"窗口中改变一个文件夹或文件的名称,可以采用的方法是,先选取该文件夹或文件,再用鼠标左键_____。

A. 单击该文件夹或文件的名称　　　　B. 单击该文件夹或文件的图标

C. 双击该文件夹或文件的名称　　　　D. 双击该文件夹或文件的图标

36. 在 Windows XP "开始"菜单中的"搜索"命令中,可以使用"?"和"＊"的情况

是_____。

 A. 都能   B. 都不能   C. 只能使用"?" D. 只能使用"*"

37. 在 Windows XP 系统中进入 DOS 命令符方式后,如需返回 Windows XP,应键入_____命令。

 A. Down   B. Quit   C. Exit   D. Delete

38. 一个文件路径名为:C:\groupa\textl\293.txt,其中 textl 是一个_____。

 A. 文件夹 B. 根文件夹 C. 文件 D. 文本文件

39. 开始菜单中的文档命令保留了最近使用的文档,要清空文档名需通过_____。

 A. 控制面板 B. 记事本 C. 任务栏和开始菜单属性 D. 不能清空

40. 用鼠标器来复制所选定的文件,除拖动鼠标外,一般还需同时按_____键。

 A. Ctrl   B. Alt   C. Tab   D. Shift

41. Windows XP 文件系统的组织形式属于_____文件夹结构。

 A. 关系型 B. 树形 C. 网状 D. 线形

42. 在 Windows XP 中,用来与用户进行信息交换的是_____。

 A. 菜单   B. 工具栏 C. 对话框 D. 应用程序

43. 在 Windows XP 的"资源管理器"窗口中,若希望显示文件的名称、类型、大小等信息,则应该选择"查看"菜单中的_____。

 A. 列表   B. 详细信息 C. 图标 D. 平铺

44. 在 Windows XP 中,如果一个窗口被最小化,此时前台还有其他运行程序,则_____。

 A. 被最小化的窗口及与之对应的程序被撤出内存

 B. 被最小化的窗口及与之对应的程序继续占用内存

 C. 被最小化的窗口及与之对应的程序被终止

 D. 内存不够时会被自动关闭

45. 在 Windows XP 中若要用鼠标改变当前窗口的大小,鼠标应_____。

 A. 置于窗口内 B. 置于菜单栏 C. 置于窗口边框 D. 置于标题栏

46. 在 Windows XP 输入法中,为去除弹出的软键盘,正确的操作方法是_____。

 A. 用鼠标左键单击软键盘上的 Esc 键

 B. 用鼠标右键单击软键盘上的 Esc 键

 C. 用鼠标右键单击中文输入法状态窗口中的"软键盘"按钮

 D. 用鼠标左键单击中文输入法状态窗口中的"软键盘"按钮

47. 在 Windows XP 中,鼠标指针呈四箭头形时,一般表示_____。

 A. 选择菜单   B. 用户等待

 C. 完成操作   D. 选中对象可以上、下、左、右移动

48. 在 Windows XP 中,"捕获"活动窗口图像的方法是按_____键。

 A. Print Screen B. Alt+Print Screen C. Alt+F4 D. Ctrl+Print Screen

49. 在下拉菜单里的各个操作命令项中,有一类被选中执行时会弹出子菜单,这类命令项的显示特点是_____。

A. 命令项的右面标有一个实心三角形　　　B. 命令项的右面标有省略号(…)

C. 命令项本身以浅灰色显示　　　　　　　D. 命令项位于一条横线上

50. Windows XP 应用程序正在打印输出,如果需要中断打印工作,应_____。

A. 关打印机电源　　B. 关主机电源　　C. Ctrl＋Alt＋Del　　D. 用打印管理器

二、多项选择题

1. 下列关于 Windows XP 启动过程的叙述中,正确的有_____。

A. 若上次是非正常关机,则系统会自动进入硬盘检测进程

B. 可不必进行用户身份验证而完成登录

C. 在登录时可以使用用户身份验证

D. 系统在启动过程中将自动搜索即插即用设备

2. 在 Windows XP 中,窗口排列方式有_____。

A. 层叠　　　　　　B. 横向平铺　　　　　C. 纵向平铺　　　　D. 覆盖

3. 下列可作为 Windows XP 中文件名的是_____。

A. my file 1　　　　B. Basicprogram　　　C. cord-01　　　　D. classl/data

4. 在 Windows XP 环境中,对磁盘文件进行有效管理的一个工具是_____。

A. 我的电脑　　　　B. 我的公文包　　　　C. 文件管理器　　　D. 资源管理器

5. 应用程序窗口标题栏包括_____ 3 个按钮。

A. 最大化　　　　　B. 最小化　　　　　　C. 关闭　　　　　　D. 移动

6. 在 Windows XP 中,程序窗口可以进行的操作是_____。

A. 打开　　　　　　B. 关闭　　　　　　　C. 移动　　　　　　D. 改变大小

7. 在 Windows XP 中,文件(夹)的属性有_____。

A. 只读　　　　　　B. 存档　　　　　　　C. 隐藏　　　　　　D. 系统

8. 在 Windows XP 中,文件(夹)的显示方式有_____。

A. 图标　　　　　　B. 平铺　　　　　　　C. 列表　　　　　　D. 详细信息

9. 在 Windows XP 中,搜索功能可以_____。

A. 按名称和内容搜索　　　　　　　　　　B. 按文件的大小搜索

C. 按修改日期搜索　　　　　　　　　　　D. 按删除的顺序搜索

10. 下面_____可以被文件夹窗口中的状态栏显示出来。

A. 窗口中文件(夹)的数量　　　　　　　　B. 窗口中文件(夹)的大小

C. 文件(夹)的属性　　　　　　　　　　　D. 文件的内容

11. Windows XP 的任务栏可以_____。

A. 隐藏　　　B. 显示应用程序图标　　C. 存放文件的部分内容　　D. 移动

12. Windows XP 常见的窗口类型有_____。

A. 文档窗口　　　　B. 应用程序窗口　　　C. 对话框窗口　　　D. 命令窗口

13. 在 Windows XP"开始"菜单下的"文档"菜单中,可能存放的有_____。

A. 最近建立的文档　　　　　　　　　　　B. 最近打开过的文件夹

C. 最近打开过的文档　　　　　　　　　　D. 最近运行过的程序

14. 在 Windows XP 中,通过"添加或删除程序"能够完成的任务有_____。

A. 安装新的软件　　　　　　　　　　B. 删除已安装的软件

C. 安装并诊断硬件　　　　　　　　　D. 安装 Windows XP 中未安装的组件

15. 下列叙述中,正确的是_____。

A. "剪贴板"可以用来在一个文档内进行内容的复制和移动

B. "剪贴板"可以用来在一个应用程序内部一个文档之间进行内容的复制和移动

C. "剪贴板"可以用来在一个应用程序内部几个文档之间进行内容的复制和移动

D. 一部分应用程序之间可以通过"剪贴板"进行一定程度的信息共享

16. 在 Windows XP 中,下列_____可以终止正在运行的程序。

A. 用鼠标双击应用程序窗口左上角的控制菜单框

B. 将应用程序窗口最小化成图标

C. 用鼠标单击应用程序窗口右上角的关闭按钮

D. 用鼠标双击应用程序窗口中的标题

17. 下列关于 Windows XP 操作系统的叙述中,正确的有_____。

A. 屏幕上打开的窗口都是活动窗口

B. 不同文件之间可通过剪贴板交换信息

C. 应用程序窗口最小化后仍运行

D. 在不同磁盘间可以用鼠标拖动文件的方法实现文件的复制

18. 在 Windows XP 中,用下列方式删除文件,不能恢复的有_____。

A. 按 Shift+Del 组合键删除的文件

B. 在硬盘上,通过按 Del 键后正常删除的文件

C. 被删除文件的长度超过了"回收站"空间的文件

D. U 盘上被删除的文件

19. Windows XP 操作系统的特点是_____。

A. 具有简单易用图形用户界面　　　　B. 多任务

C. 能处理长文件名　　　　　　　　　D. 完全不支持 MS−DOS 程序

20. "控制面板"存在于下面的_____中。

A. "我的电脑"　　　　　　　　　　　B. "Windows 资源管理器"

C. "开始"中的"设置"菜单　　　　　　D. "开始"中的"文档"菜单

三、填空题

1. 在 Windows XP 系统中,为了在系统启动成功后自动执行某个程序,应该将程序文件添加到_____文件夹中。

2. 用鼠标右键单击输入法状态窗口中的_____按钮,即可弹出所有软键盘菜单。

3. 在 Windows XP 中,"回收站"是_____中的一块区域。

4. Windows XP 中菜单有 3 类,它们是下拉式菜单、控制菜单和_____。

5. 为了更改"我的电脑"或"Windows 资源管理器"窗口文件夹和文件的显示形式,应当在窗口的_____菜单中选择。

6. 在 Windows XP 中,可按_____功能键对文件重命名。

7. Windows XP 中,要将当前窗口的内容放入剪贴板,应按_____键。

8. Windows XP 中,要将整个桌面的内容存入剪贴板,应按_____键。

9. 在"我的电脑"窗口中用鼠标双击"软盘 A"图标,将会_____。

10. 安装或删除一个应用程序,必须先打开控制面板窗口,然后使用其中的_____功能。

四、操作题

1. 已知 K 盘根目录下的 11111100101 文件夹下有如下子文件夹与文件(图 2-53),请进行以下操作:

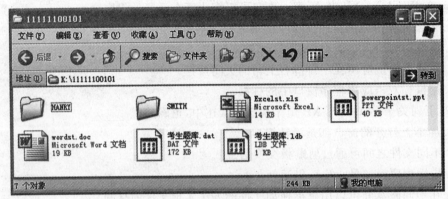

图 2-53　操作题图

(1)将考生文件夹下 HANRY\GIRL 文件夹中的文件 DAILY.DOC 设置为只读属性(文件其他属性不要改变)。

(2)将考生文件夹下 SMITH 文件夹中的文件 LAKE.DOC 移动到考生文件夹下 HANRY\GIRL 文件夹中。

(3)将考生文件夹下 HANRY 文件夹中的文件 MONEY.WRI 更名为 MONEY.TXT,MONEY.TXT 文件内容为"预防猪流感"。

(4)将考生文件夹下 HANRY 文件夹中的文件夹 GRAND 删除。

(5)在考生文件夹下 SMITH 文件夹中建立一个新文件夹 PRICE。

2. 已知 K 盘根目录下的 11111100102 文件夹下有如下子文件夹与文件(图 2-54),请进行以下操作:

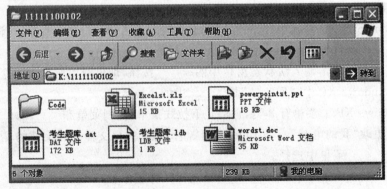

图 2-54　操作题图

(1)在文件夹 PRG 中新建文件 LINK.TXT，文件内容为"世乒赛"。

(2)将文件夹 PRG 中的文件 IBM.DOC，移到子文件夹 FORM 中。

(3)将子文件夹 PRG 中批处理文件 SEE.BAT 改名为 LEGEND.BAT。

(4)将子文件夹 REPORT 中文件 ICQ.TXT 属性设为只读(文件其他属性不要改变)。

(5)将子文件夹 FORM 下级子文件夹 SAS 删除。

3.已知 K 盘根目录下的 11111100202 文件夹下有如下子文件夹与文件(图 2-55)，请进行以下操作：

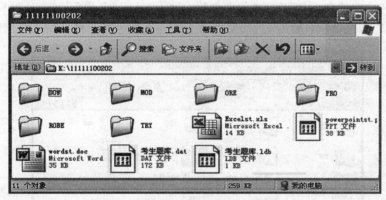

图 2-55　操作题图

(1) 将考生文件夹下 PRO 文件夹中的文件 SEEK.BAT 移动到考生文件夹下 DOW 文件夹中，并将该文件名更名为 FIND.CPC。

(2) 将考生文件夹下 ROBE 文件夹中的文件 VEW.COM 删除。

(3) 将考生文件夹下 MOD 文件夹中的文件 REA.FOR 设置为隐藏属性(文件其他属性不要改变)。

(4) 在考生文件夹下 TRY 文件夹中建立一个新文件夹 ABORT。

(5) 将考生文件夹下 ORE 文件夹中的文件 FAIL.BAT 更名为 FAIL.TXT，文件内容为"扩大内需"。

4.已知 K 盘根目录下的 11111100125 文件夹下有如下子文件夹与文件(图 2-56)，请进行以下操作：

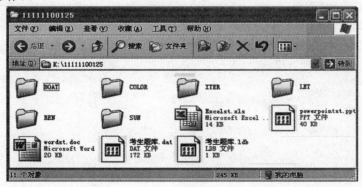

图 2-56　操作题图

（1）将考生文件夹下 REN 文件夹中的文件 EBLE. GIF 移动到考生文件夹下 SUN 文件夹中。

（2）将考生文件夹下 ITER 文件夹中的文件 BBS. ARJ 设置为隐藏属性（文件其他属性不要改变）。

（3）在考生文件夹下 COLOR 文件夹中创建文件 BLUE. TXT，文件内容为"2009 年高校计算机水平考试"。

（4）将考生文件夹下 LET 文件夹中的文件 FIRE. BAS 更名为 DRI. BAS。

（5）将考生文件夹下 BOAT 文件夹中的文件 LAY. BAT 删除。

5．已知 K 盘根目录下的 11111100128 文件夹下有如下子文件夹与文件（图 2-57）：

图 2-57 操作题图

（1）在考生文件夹下 SANG 文件夹中新建一个文件夹 DONG。

（2）将考生文件夹下 QING\JUN 文件夹中的文件 WATER. ABS 重命名为 FAN. TXT，FAN. TXT 文件中的内容为"金融危机"。

（3）将考生文件夹下 YEWL\TREE 文件夹中的文件 LEAE. MAP 设置为只读属性（文件其他属性不要改变）。

（4）将考生文件夹下 BOP\YIN 文件夹中的文件 FILE. WRI 移到考生文件夹下 SEE 文件夹中。

（5）将考生文件夹下 XEN\HER 文件夹中的 EAT 文件夹删除。

第3章 中文字处理软件 Word 2003

Microsoft Office 是微软(Microsoft)公司开发的办公自动化软件,它是一个庞大的集成办公软件,融合了先进的 Internet 技术,具有强大的网络功能。Office 2003 主要在四个方面作了改进:①本地以及远程信息的管理和控制;②业务处理能力的增强;③团体的沟通与协作;④增加个人工作效率。

3.1 Word 2003 的基础操作

Microsoft Word 是微软公司的一个文字处理器应用程序。使用 Microsoft Office Word 可以创建和编辑文档、信件、报告、网页或电子邮件中的文本和图形。在这一节里主要学习 Word 2003 的基础知识。

3.1.1 Office 2003 简介

Office 2003 办公套件包括的主要软件如下:

1. Word 2003——文字处理软件

Word 2003 具有强大的文字编辑能力与编排能力。相对于以前的版本,Word 2003 提供了全面的 XML 支持,能更轻松地查看注释和利用不同的方法在公司内跟踪修改和管理注释,可以使用新的"阅读版式"更轻松地阅读屏幕上的文档,而不是将它们打印出来。简化的工具栏也只显示有助于阅读和查看的工具。

2. Excel 2003——电子表格处理软件

Excel 主要用于各种表格数据处理,例如,进行财务、预算、统计、各种清单、数据跟踪、数据汇总、函数运算等的计算和处理工作。Excel 2003 提供了更强的统计功能、深入分析功能和全面的 XML 支持。

3. PowerPoint 2003——演示文稿软件

PowerPoint 可以制作幻灯片、投影片、演示文稿,甚至是贺卡、流程图、组织结构图等。在 PowerPoint 2003 中,可以很方便地将 PowerPoint 2003 文件和任何链接的信息打包,以便从 PowerPoint 2003 中直接保存到 CD,CD 可以制作成自动播放。另外与 Microsoft Windows Media Player 集成,以全屏播放视频、播放流式音频和视频,或从幻灯片内显示视频播放控件。

4. Access 2003——数据库管理软件

利用 Access 应用程序可以建立图书、歌曲、通讯录、客户订单、职工自然情况等方面的小型数据库,并对数据进行管理和维护。Access 2003 也提供了对 XML 的全面支持,另外,也跟 SQL Server 的数据库合并,可用"存储过程设计器"修改数据库文件。它与 Access 2003 格式不兼容。

5. Outlook 2003——收发电子邮件与个人信息管理

Outlook 可以收发与管理电子邮件，包括日历、联系和任务清单等功能，并可将这些功能与电子邮件相结合，加强与外界的结合，轻松完成待办的事情。Outlook 2003 中新增的垃圾邮件过滤器可以帮助您防止垃圾邮件充斥你的邮箱。

3.1.2　Word 2003 的功能

1. 文件管理

Word 2003 可以搜寻需要的特定类型文件，可以打开多个文件，并对这些文件同时进行编辑、打印、删除、标志文件特征等操作。Word 2003 的文件格式转换功能可以打开及存取其他文字处理软件的文件。

实际工作中的文件常常有固定格式，如公文、信函、单据等，这些格式在 Word 2003 中称为模板（template）。Word 2003 提供了丰富的文件格式模板，在创建文件后可随时设定文件格式模板，Word 2003 将根据给定模式进行内容编排。

2. 编辑功能

Word 2003 提供强大的编辑功能，它可以方便快捷地进行各种编辑工作，它的查找功能不仅能对字、词进行查找，还可对样式、某种特定段落进行查找。还可以建立自己的图文词条，将常用的词或图连同格式一同定义在词条中，在工作中随时取用。

3. 版面设计

使用整页"所见即所得"模式，可完整地显示字体及字号、页眉和页脚、图表、图形、文字，并可分栏编排。

4. 表格处理

Word 2003 提供非常方便的表格处理环境，可随时对表格进行调整，并且能方便地生成各种统计图。

5. 图形处理

Word 2003 可在编辑的文档中插入很多不同的应用程序生成的各种不同格式的图形文件，实现图文混排，同时也提供了图形文件格式的转换。

6. 其他新增功能

（1）可读性增强。Word 2003 将使计算机上的文档阅读工作变得前所未有的简单。它可以根据屏幕的尺寸和分辨率优化显示。同时，一种新的阅读版式视图也提高了文档的可读性。

（2）文档保护。在 Word 2003 中，文档保护可进一步控制文档格式设置及内容。例如用户可以指定使用特定的样式，并规定不能更改这些样式等。

（3）并排比较文档。有时查看多名用户对同一篇文档的更改，可以利用 Word 2003 中比较文档的新方法——并排比较文档。其操作方法是首先同时打开两篇或多篇文档，然后选择"窗口"菜单下的"并排比较"命令，这时就可以同时比较这几篇文档之间的差异，如果并排比较的文档超过两篇，则会弹出"并排比较"对话框。如图 3-1 所示，选择相应的文档，单击"确定"按钮即可。

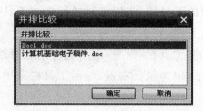

图 3-1 并排比较对话框

（4）支持 XML 文档。Word 允许以 XML 格式保存文档，因此用户可将文档内容与二进制格式定义分开。文档内容可以用于自动数据采集和其他用途。它可以通过 Word 以外的其他进程搜索或修改，如基于服务器的数据处理。

3.1.3 操作界面的认识

1. Word 2003 的窗口组成

启动 Word 2003 后，即可看到如图 3-2 所示的 Word 2003 工作窗口。其组成部分已在图中标明。

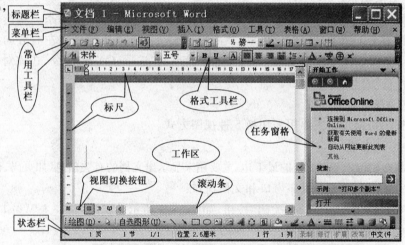

图 3-2 Word 2003 的工作窗口

（1）标题栏

标题栏一般呈深蓝色、位于屏幕最上方，从左到右分别为控制图标、正在编辑文档的名称，右端有三个按钮分别为："最小化"按钮、"最大化"按钮（"还原"按钮）和"关闭"按钮。

（2）菜单栏

位于标题栏的下面，Word 2003 的菜单栏提供了 9 个菜单项，分别是文件、编辑、视图、插入、格式、工具、表格、窗口和帮助菜单项，用户用鼠标单击其中的任意一个菜单项后，将弹出下拉菜单，选择相应的命令完成对文档的操作。

（3）工具栏

对 Word 2003 的各种常用操作，最简单的方法是使用工具栏上的工具按钮，这些工具按钮的功能也可以通过菜单栏上提供的命令来完成。当鼠标指向某一工具按钮时，稍停留片刻，Word 2003 将提示该工具的功能名称。

图 3-2 显示出两种最常用的工具栏:常用工具栏和格式工具栏。如果需要显示更多的工具栏供使用,或隐藏一些工具栏,有下面两种方法:

①通过选择"视图"菜单中的"工具栏"命令,进行相应的选择或设置。

②将鼠标指向任一工具栏上,单击鼠标右键,显示工具栏菜单,再选择所需的工具栏。

(4)任务窗格

Word 2003 新增了任务窗格,其中包括常用的任务,主要有"帮助"、"文档更新"、"搜索结果"和"信息检索"等任务窗格。

(5)工作区

工作区占据 Word 窗口的大部分空间。用户可以在该工作区中对表格、文字和图形进行编辑。工作区中闪烁的"|"称为插入点,表示当前输入文字将要出现的位置。当鼠标在工作区操作时,鼠标指针变成"I"的形状,其作用是可以快速地重新定位插入点。将鼠标指针移动到所需的位置,单击鼠标按钮,插入点将在该位置闪烁。工作区左边包含一个文本选定区,用户可以在文本选定区选定所需的文本。

(6)滚动条

滚动条位于屏幕的下边和右边,包括垂直滚动条和水平滚动条。单击垂直滚动条可以使屏幕上下滚动一定的位移量,单击水平滚动条可以使屏幕在左右方向滚动一定的位移量。要显示或隐藏滚动条,通过"工具"菜单的"选项(O)…"命令,在该对话框的"视图"选项卡的"窗口"框中设置。

(7)视图切换按钮

视图切换按钮主要用来切换 5 种视图方式。

(8)状态栏

状态栏位于工作窗口的最下边,主要用来显示出文档的有关信息(如页码、行号、列号等)。

2. Word 2003 的程序窗口和文档窗口

Word 窗口上有两个"关闭"按钮,如图 3-3 所示。实际上,一个 Word 文档由两个窗口组成:一是 Word 程序;二是当前的文档窗口。

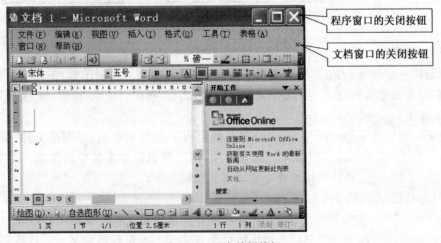

图 3-3 两个关闭按钮

一个程序窗口可能有多个文档窗口,而当前文档窗口是嵌入到程序窗口中的,关闭了文档窗口不一定关闭程序窗口,而关闭了程序窗口则一定会关闭文档窗口。

当一个程序窗口中有多个文档窗口时,可以通过以下方法切换:

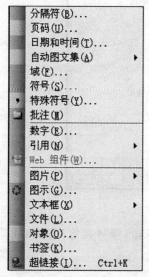

图 3-4　命令的多种形式示例

(1)单击"窗口"菜单,在多个窗口名称中单击某个窗口,就可以将此窗口切换到当前显示。

(2)单击任务栏上的文档按钮来实现切换。

(3)按"Alt+Tab"组合键切换文档窗口。

3. Word 2003 的命令说明

在 Word 2003 中,菜单中的每一条命令对应着一项功能,用鼠标单击这些命令,就可以实现想要进行的操作。如图 3-4 所示的图中,打开"插入"菜单,从此菜单中可以看到命令前面有小图标,有的命令后面有省略号,有的命令后面有外文字符。这些设置的作用是:

(1)按下带下划线的大写字母可以执行该命令,等于用鼠标单击此命令。

(2)单击有省略号的命令会打开一个对话框,而没有省略号的命令则不会打开对话框,而是直接执行了该命令相对应的功能。

(3)命令后有小三角符号时,表明该命令带有其下一级子菜单,只要将光标移到有小三角符号的命令上就会弹出下一级子菜单。

(4)小图标表明该命令与某工具栏中的工具按钮相对应。

3.1.4　文档的创建与打开

当启动 Word 2003 时,如果没有指定要打开的文档,Word 2003 将自动新建名为"文档 1"的空白文档,可以在编辑界面上直接输入文字等,同时可以进行编辑和排版,当选择"文件"菜单中的"保存"命令时可将文档保存,系统在第一次保存新建"文档 1"时会弹出保存文件的对话框,并要求我们选择保存文件的路径和输入文件名才能保存。

图 3-5　"新建文档"任务窗格

1. 创建一个空白文档

具体操作步骤如下:

(1)选择"文件"菜单下的"新建"命令,打开如图 3-5 所示的"新建文档"任务窗格。

(2)在该任务窗格中的"新建"区中单击"空白文档"超链接,即可创建一个空白义档。

2. 根据现有文档新建

具体操作步骤如下:

(1)选择"文件"菜单下的"新建"命令,打开"新建文档"任务窗格。

(2)在该任务窗格中的"新建"区中单击"根据现有文档

…"超链接,弹出"根据现有文档新建"对话框,如图3-6所示。

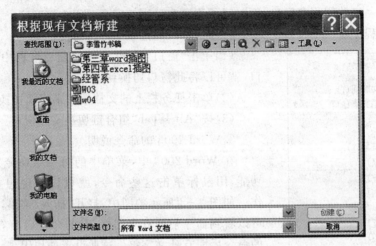

图3-6　"根据现有文档新建"对话框

(3)在该对话框中新建文档所基于的文档,单击"创建"按钮,即可在该文档的基础上创建一个新的Word文档。

3.使用模板新建文档

具体操作步骤如下:

(1)选择文件菜单的"新建"命令,打开"新建文档"任务窗格。

(2)在该任务窗格中的"新建"区中单击"本机上的模板"超链接,弹出模板对话框,如图3-7所示。

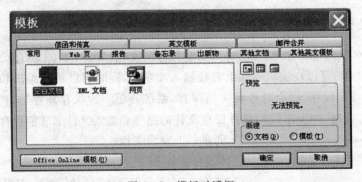

图3-7　模板对话框

(3)在"模板"对话框中打开相应的选项卡,选择用户所需要的模板后单击"确定"按钮即可。

2.打开文档

如果要显示或修改以前保存过的文档,可以选用下面4种途径之一来打开文档。

(1)使用工具栏上的按钮,具体操作步骤如下:

①在如图3-5所示的"常用"工具栏上单击"打开"按钮,弹出如图3-8所示的"打开"对话框。

②在列表框中选择要打开的文档,再单击对话框中的"打开"按钮。单击"打开"按钮上的下拉箭头,可以选择"以只读方式打开"、"以副本方式打开"。如果是 HTML 文件,还可以选择"用浏览器打开"。

Word 2003 的"打开"对话框中提供了丰富的文件查找功能。如果不清楚文档存放的位置,就可以通过对话框中设置查找条件来搜索要打开的文档。图 3-8 中各选项的功能如下:

图 3-8　"打开"文档对话框

查找范围:要打开其他驱动器或活页夹中的文档,可以单击"查找范围"下拉框右边的下箭头,在弹出的列表框中选择查找的驱动器或活页夹。可选的驱动器或活页夹将显示在"查找范围"框的下方。

文件名:输入要查找或打开的文件的具体名称。

"我最近的文档"图标:该图标指向 Recent 文件夹——最多可容纳最近访问过的 20个文档的快捷方式集合。

"我的文档"图标:单击该图标可以打开 Windows 创建的 My Documents 文件夹。

"桌面"图标:单击该图标可打开 Windows 的桌面,并显示其中的内容。

文件类型:在该框中选择要打开的文档的类型,如 Word 文档、文本文件、Web 页等。

工具按钮:"打开"对话框上有一排工具按钮,它们的功能和名称如表 3-1 所示。

(2)选择"文件"菜单中的"打开"命令,弹出如图 3-8 所示的"打开"对话框,后面的操作步骤与方法一相同。

(3)Word 2003 可以把用户最近使用过的若干文件名显示在"文件"菜单的底部,只要所列文件的路径和文件名没有发生改变,就可以选择这些命令直接打开这些文件。默认设置下,Word 2003 在"文件"菜单中列出最近使用过的 4 个文件。

(4)使用"开始"菜单中的"文档"子菜单。

表 3-1　"打开"对话框中按钮的名称和功能

按　钮	名　称		功　能
	上一级		打开活动活页夹的上一级活页夹
	搜索 Web		打开 Internet 浏览器的搜索页面
	删　除		删除选中的文件夹或文件
	新建文件夹		新建一个文件夹并可以自己命名
	视图	列　表	以大图标格式显示文件名称,仅包含文件的名称信息
		详细信息	显示文件的详细,如文件名称、文件类型、长度、最后保存日期等信息
		属　性	显示所选 Office 文件或文件夹的属性,如作者、创建日期、使用的模板、文件夹大小、共享等信息
		预　览	不打开文件,在预览窗口中显示所选文件的预览图片
	工具	查　找	指定附加的搜索条件
		删　除	删除选中的文件夹或文件
		重命名	给选定的文件夹或文件更名
		打　印	打印选中的 Office 文件
		添加到我的位置	在"收藏夹"中创建所选文件或文件夹的快捷方式,实际上并没有移动原文件或文件夹
		映射网络驱动器	将驱动器号映射到网络计算机或文件夹
		属　性	显示所选 Office 文件或文件夹的属性,如作者、创建日期、使用的模板、文件夹大小、共享等信息

3.1.5　文档的保存与关闭

1. 保存

刚刚编辑和排版成功的文档只是存储在计算机内存中的,关机或突然断电都会造成信息的丢失,因此在工作中应注意随时保存文档。对于已经保存的文档,可以随时打开使用。保存文档有以下三种方法:

(1)单击工具栏上的"保存"按钮。

(2)执行"文件"菜单中的"保存"命令。

(3)按快捷键 Ctrl+S。

在保存新建的文档时,Word 2003 会弹出一个如图 3 - 9 所示的"另存为"对话框,可以在该对话框中为要保存的文档取名并指定存放的路径。如果是打开已有的文档,修改后再次保存,系统将自动覆盖修改前的文件,不再提示用户输入文件名。

如果要更名保存,可以使用"文件"菜单中的"另存为"命令。

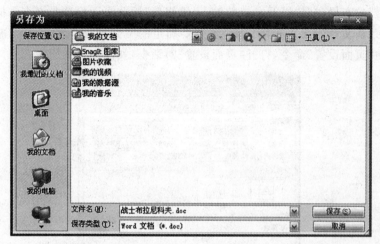

图 3 - 9　保存文件窗口

2. 另存为

想把当前打开的文档用不同的文件名保存或保存到不同的位置上(完全不会影响原文件的内容),就可以执行"文件"菜单中的"另存为"命令,系统将弹出如图 3 - 9 所示的"另存为"对话框。对话框中各选项的使用方法如下:

保存位置:用鼠标单击"保存位置"列表上的下拉按钮,在弹出的驱动器及文件列表中选择文档存放的文件夹。

文件名:单击"文件名"框或按 Tab 键激活该框,为要保存的文档取名。文件名最多可以使用 255 个字符,包括英文字符、汉字、空格等。如果不输入扩展名,系统默认为中文Word 2003 文档,并自动加上扩展名 .doc。

保存类型:系统默认以 Word 文档格式保存,可以通过"保存类型"列表,更改文件的保存类型,如以纯文本(.txt)、丰富格式文本(.rtf)等文件类型保存。

3. 全部保存

如果要在 Word 2003 中同时保存已经打开的多个文档,可以按住 Shift 键,单击"文件"菜单中的"全部保存"命令。

4. 关闭文档

在 Word 2003 中同时打开多个文档编辑时,可能会因存储器空间不足使系统性能降低,这时关闭一些暂不使用的文档,可以提高运行速度。关闭文件的操作如下:

①用 Ctrl＋F4 键,或在窗口菜单中,把需要关闭的文档设置成活动文档。

②执行"文件"菜单中的"关闭"命令。如果按住 Shift 键打开"文件"菜单,"关闭"命令将变成"全部关闭"命令,系统将关闭打开的所有文件。

③如果文档修改后没有保存,Word 2003 会在关闭文件前弹出一个对话框,提示是否

保存文件。

3.1.6　页面设置

页面设置就是对文章的总体版面的设置及纸张大小的选择。页面设置的好坏直接影响到整个文档的布局、结构以及文档的输入、编辑等,因此页面设置是必须掌握的。

一般在每篇文章的录入排版之前,首先要确定的就是该文档的页面设置。单击"文件"菜单中的"页面设置"命令,打开"页面设置"对话框,如图 3-10 所示。

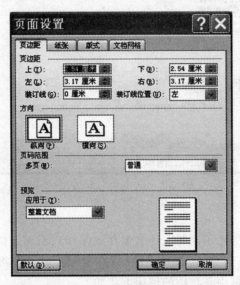

图 3-10　"页面设置"对话框

该对话框提供了页边距、纸张、版式、文档网格四个选项卡。它们的作用分别如下:

页边距:可以设置正文与上、下、左、右边界之间的距离、方向、页码范围等。

纸张:可设置纸张的大小、纸张来源等,纸张大小默认为 A4 纸。

版式:设置页眉、页脚的格式,页眉、页脚与边界的距离,节的起始位置,行号、文档的页面边框等内容。

文档网格:设置文档每页的行数和每行的字数,文档正文的字号、字体、栏数等内容。

3.1.7　打印文档

1. 打印预览

"打印预览"的功能是显示文档打印出来后的版面样式,可以一次查看多页,放大或缩小屏幕上页面的尺寸,检查分页情况,以及对文字和段落格式的设置进行修改。

打印预览的具体操作步骤如下:

(1)选择"文件"菜单中的"打印预览"命令或"常用"工具栏上的"打印预览"按钮,会出现如图 3-11 所示的界面。

(2)如果要同时预览多页,可以单击工具栏上的"多页显示"按钮,然后用鼠标拖动选取要同时显示的页数,如图 3-12 所示。

（3）如果要改变显示比例，可以单击"显示比例"列表旁的下拉按钮，在弹出的列表中选择列出的一些固定缩放比例；如果要自定义预览文档的显示比例，可以在"显示比例"框中输入缩放比例。

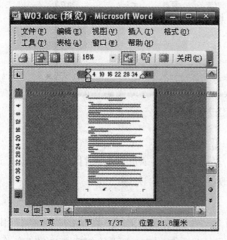
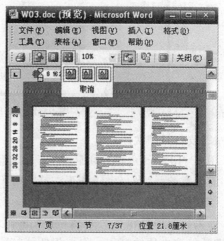

图 3-11　打印预览界面　　　　　　　　　图 3-12　预览多页文档内容

如果需要在打印预览视图中编辑文本，可按以下步骤操作：

①在打印预览状态下显示需要编辑的页面。

②单击需要编辑的范围中的文字，系统会放大显示此区域。

③单击"放大镜"按钮，鼠标指针会由放大镜形状变为 I 形，这时即可开始修改文档。

④再单击文档，可以返回原来的显示比例。

⑤单击"关闭"按钮，可以退出打印预览视图并返回文档原来的视图。

2．文档打印

完成打印设置后，检查一下打印机是否已处于联机状态（如 Online 或 Ready），单击"打印"对话框中的"确定"按钮，就开始打印文档。

如果打印选项不需要重新设置，单击"常用"工具栏上的"打印"按钮，可以跳过"打印"对话框，直接开始打印文档。

注意：打开打印机的文件夹窗口，窗口中显示已经安装的打印机，将要打印的文档拖放到打印机图标，可完成文档打印。为了方便打印起见，可以在桌面上为一种打印机建立快捷方式，此后只要将打印文档拖放到该打印机的快捷方式图标即可。

3．打印控制

实际上 Windows XP 的打印是在后台进行的，前台仍然可做其他工作。因此只要把打印任务交给了打印机，Windows XP 就会自动安排打印，这便形成了一个打印队列。但如果临时决定要取消、暂停或改变打印次序，打印队列也可以控制。

（1）查看打印队列

要查看和控制打印队列有两种方法，其中一种方法为：当正在打印一个文档时，在任务栏的右边靠近时钟的地方会显示一个打印机图标，双击该图标可显示如图 3-13 所示的打印机管理窗口。其中显示该打印机的打印任务队列，显示每个打印任务的文档名、状态、所有者、进度、开始时间。使用"打印机"和"文档"菜单可控制打印过程。

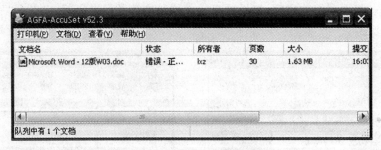

图 3-13　打印机任务管理窗口

（2）改变打印次序

图 3-13 中显示了打印队列，若要调整某个打印任务，则可将该打印任务拖放到前列。需注意的是：当一个任务正在打印时不能改变该任务的次序。

（3）暂停打印

如果想暂停打印某个文档，可单击该文档名，然后单击"文档"菜单的"暂停打印"命令，即暂停该文件的打印。如果想暂停打印机，则可单击"打印机"的"暂停打印"命令，或暂停该打印机的所有打印任务。

（4）取消打印

如果想取消某个文档的打印，则可在图 3-13 的窗口中单击要取消打印的文档名，然后单击"文档"菜单的"取消打印"命令，该文档即从打印机队列中取消。

（5）设置默认打印机

如果安装有多个打印机，则在 Windows XP 中打印文档时，有一个默认打印机型号。一般将常用的打印机设置为默认打印机。要设置默认打印，可以双击该打印机的图标，在打开的窗口中单击"打印机"的"设为默认值"命令。

3.2　Word 2003 的编辑技术

创建文档后，对文档进行排版编辑以得到所需要的版式是重要的内容。Word 2003 提供了强大的文档编辑功能，只有熟练掌握这些编辑技巧，才能高效率地完成文档的编辑工作。下面详细介绍如何在 Word 2003 中对 Word 文档进行编辑。

3.2.1　文本的录入

1. 中文输入法选择

当需要录入英文时，可通过键盘直接输入。当需要录入中文时，可使用鼠标单击任务栏上的输入法指示器"En"，在弹出的菜单中选择一种中文输入法。

也可以按【Ctrl＋Space】组合键在中/英文输入法之间切换，或按【Ctrl＋Shift】组合键选择不同的汉字输入方法，在输入法之间切换。

2. 插入点定位

打开一个文档后，用户可以在不断闪烁的光标处（称为插入点）输入相应的文本。也可以用鼠标点击欲输入或修改的文字处,将插入点定位,然后再输入文本。在输入文本时,插入点自动向右移动。

3. 文本录入

在文本录入到达行的末尾时,不要按回车键,因为 Word 2003 会自动将输入的内容换到下一行,只有到段落结束时才按回车键,产生一个段落标记。录入满一页时 Word 2003 会自动分页,并自动开始录入到新的一页。

4. 删除字符

如果输错了一个汉字或字符,可以直接按【Backspace】键删除插入点左边的字符,按【Delete】键删除插入点右边的字符,然后重新输入正确的汉字或字符。

5. 插入改写方式转换

Word 2003 默认状态是插入方式,按【Ins】或【Insert】键可实现插入和改写的方式转换。在插入状态,状态栏的"改写"呈灰色,输入的文本直接插入到插入点之前。在改写状态,状态栏的"改写"清晰显示,输入的文本直接覆盖插入点后的字符。

6. 即点即输

即点即输是 Word 2003 的新增功能之一,它能够使用户在文档的空白区域随便地插入文本、图形、表格和其他内容。

在使用即点即输功能时,选择"工具"菜单中的"选项"命令,在打开的"选项"对话框中单击"编辑"选项卡,选中"启动'即点即输'"复选框。然后将 I 型鼠标指针移到想要插入文本、图形或者表格的空白区域。此时鼠标指针将支持对齐方式等格式,双击后输入文本、插入图形或表格等内容。

7. 插入日期和时间

插入日期和时间一般用于表格、公文、书信等各种应用文中。在文档中插入日期和时间的操作步骤如下:

(1)先将插入点标记"I"移动到要插入日期和时间的位置。

(2)选择"插入"菜单中的"插入日期和时间"命令,出现如图 3-14 所示的"日期和时间"对话框。

(3)在"语言"下拉列表框中选择一种语言。

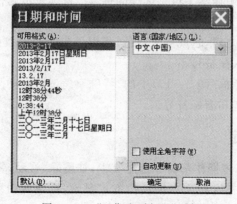

图 3-14　"日期和时间"对话框

（4）在"可用格式"列表框中选择一种日期和时间格式。

（5）如果要以全角字符方式插入选择的日期和时间，那么选择"使用全角字符"复选框。

（6）如果选择"自动更新"复选框，则以域的形式插入当前的日期和时间。该日期和时间是一个可以变化的值，它能够自动地根据打印的日期和时间而变化。如果想要把插入的日期和时间作为文本永久地保留在文档中，则要取消选择"自动更新"复选框。

（7）单击"确定"按钮完成此操作。

8. 插入符号

在一个文档中如果想要输入一些特殊符号，如希腊字母、数学符号、图形符号以及全角字符等，可以利用 Word 2003 提供的插入符号和特殊字符功能，具体操作步骤如下：

（1）将插入点光标"I"移动到要插入符号的位置。

（2）选择"插入"菜单中的"符号"命令，出现如图 3-15 所示的对话框。"符号"对话框中有"字体"和"子集"两个下拉列表框。用户可以选择不同的子集和字体。

图 3-15 "符号"对话框

（3）在"符号"对话框中显示了可供选择的符号。鼠标单击此符号，就可以放大显示该符号。

（4）选择了某个符号之后，它就变成蓝色，可以单击"插入"按钮，也可以双击此符号，这样就可以在插入点插入该符号了。

还可以从"符号"对话框（图 3-15）中的"特殊字符"选项卡中选择插入特殊字符，如长破折号、长划线、短划线和商标符等。

3.2.2　文本的选定

在 Word 2003 中，许多操作都需要选定文本，如删除、移动、复制或排版选定的文本。选定文本时，Word 2003 把这些文本按反白方式显示，即黑底白字而不是标准的白底黑字。在选择的时候应遵循"选中谁，操作谁"的原则。选定文本的常用方法有：

(1)选定一个单词或者词:使用鼠标双击该单词即可。

(2)选定一句:按住【Ctrl】键,再单击句中的任意位置,可选中两个句号中间的一个完整的句子。

(3)选定一行文本:在选定条上(文档编辑区域左侧)单击,箭头所指的行即被选中。

(4)选定连续多行文本:在选定条上单击然后向上或向下拖动鼠标即可选定连续的多行文本。

(5)选定一段:在选择条上双击,箭头所指的段被选中,也可连续三击该段中的任意部分。

(6)选定多段:先选定一段的同时最后一次按键不要松,拖动鼠标向上或者向下移动即可选择多段。

(7)选定整篇文档:按住【Ctrl】键并单击文档中任意位置的选择条或在选择条处单击鼠标三次可选定整篇文档。

(8)选定矩形文本区域:按下【Alt】键的同时,在要选择的文本上拖动鼠标,可以选定一个文本区域。若要取消选定的文本,将鼠标指针移到非选定的区域,单击鼠标即可。常用的快捷键有:

【Shift＋↑】组合键:向上选定一行。

【Shift＋↓】组合键:向下选定一行。

【Shift＋←】组合键:向左选定一个字符。

【Shift＋→】组合键:向右选定一个字符。

【Shift＋Home】组合键:选定内容扩展至行首。

【Shift＋End】组合键:选定内容扩展至行末。

【Ctrl＋A】组合键:全选整篇文档。

3.2.3　文本的复制和移动

1. 复制文本

(1)选定要复制的文本

(2)单击"常用"工具栏中的"复制"按钮或者选择"编辑"菜单中的"复制"命令(快捷键为【Ctrl＋C】),此时选定的文本暂时存放到剪贴板中。

(3)把插入点移动到欲粘贴的位置,粘贴可以支持不同文档之间的切换。

(4)单击"常用"工具栏中的"粘贴"按钮或者选择"编辑"菜单中的"粘贴"命令(快捷键为【Ctrl＋V】),完成复制。

如果要在短距离内复制文本,也可以使用以下鼠标拖放的方法:

(1)选定要复制的文本。

(2)将鼠标指针移动到选定的文本之上,此时鼠标指针由Ⅰ形变为箭头。

(3)按住【Ctrl】键,把选定的文本拖动至一个新位置。拖动时有一个点画线表明要粘贴文本的位置。

(4)到达目的地后,要先松开鼠标左键,再松开【Ctrl】键。

2. 移动文本

如果要将文本从文档的一个位置移到另一个位置,可以按照下述步骤进行。

(1)选定要移动的文本。

(2)单击常用工具栏中的"剪切"按钮或者选择"编辑"菜单中的"剪切"命令(快捷键为【Ctrl+X】)。此时,选定的文本已从原位置处删除,并将它存放到 Windows 的剪贴板中。

(3)在文本将出现的位置处单击以放置插入点。

(4)单击"常用"工具栏中的"粘贴"按钮或者选择"编辑"菜单中的"粘贴"命令(快捷键为【Ctrl+V】)完成复制。

3.2.4　重复、撤销和恢复

每次插入、删除、移动或者复制文本时,Word 都把每一步操作和内容变化记录下来,以后可以进行多次撤销和重复在文档中所做的修改。Word 的这种暂时存储能力使撤销与重复变得十分方便。

如果要重复上一次进行的操作,请选择"编辑"菜单中的"重复"命令或者按【Ctrl+Y】组合键。如果由于错误或其他原因,用户想要撤销刚刚完成的最后一次输入或者执行的一个命令时,可以选择"编辑"菜单中的"撤销"命令或者单击"常用"工具栏中的"撤销"按钮(快捷键为【Ctrl+Z】)。

Word 2003 还有一个"恢复"命令,它可以将用户刚刚撤销的操作恢复。当用户执行"撤销"命令后,"编辑"菜单中的"恢复"命令和常用工具栏中的"恢复"按钮就会变为可用。

3.2.5　查找、替换和定位

1. 查找

在文档的编辑过程中,有时需要修改正文中的某一个词或句子,但如果正文太长,可能一时难以准确地找到,这时可以使用 Word 2003 的"查找"命令先将光标定位到用户指定的文字或句子上,再作相应的修改。

例如,要在如图 3-16 中查找"巴尔扎克"一词,可按以下步骤操作:

①执行"编辑"菜单中的"查找"命令。

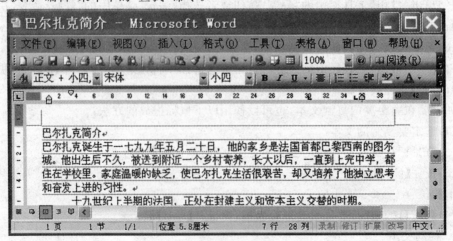

图 3-16　进入插入文字编辑状态

②在"查找"对话框的"查找内容"一栏里输入要查找的文字,如图 3-17 所示。

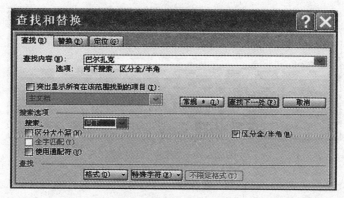

图 3-17　"查找"对话框

③单击"查找下一处"按钮,Word 2003 将在指定的搜索范围内(默认为全文范围)查找"巴尔扎克"一词。当在正文中查找到第一个"巴尔扎克"时,Word 2003 就停止搜索,并将找到的文字用反白亮度标记,如图 3-18 所示。

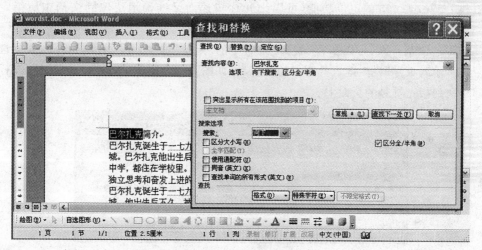

图 3-18　查找操作的结果

④用鼠标单击文档窗口内的任意一处,可以激活文档窗口,在打开"查找"对话框的同时编辑正文。

⑤单击"查找下一个"按钮,Word 2003 将继续向后查找指定的内容。

人们还可以通过设置"查找"对话框中的选项,让 Word 2003 在指定的范围内,按一定的匹配模式来查找文字。

2. 替换

Word 2003 的"替换"命令可以在活动文档中查找并替换指定的文字、格式、脚注、尾注或批注标记。例如,要将图 3-16 所示的"作者"替换为"巴尔扎克",操作步骤如下:

①选择"编辑"菜单中的"替换"命令。

②在"查找内容"框中输入"作者",在"替换为"栏中输入"巴尔扎克",如图 3-19 所

示。如果"替换为"框为空,执行替换操作实际上就成了删除"查找内容"框中的文字。

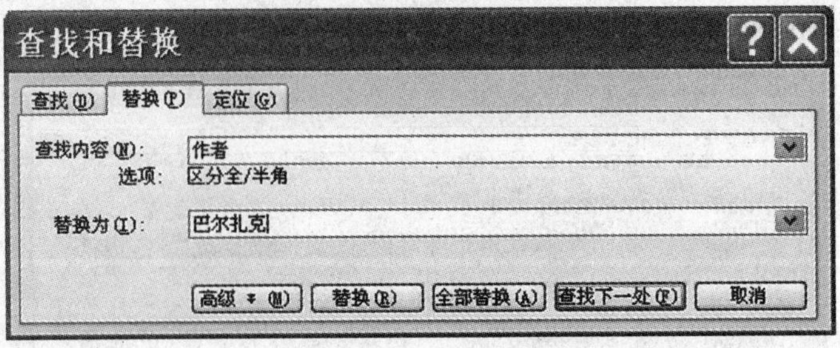

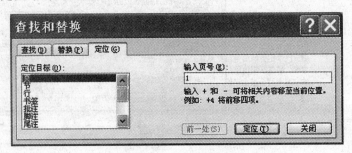

图 3-19　"替换"对话框

③根据需要设置各种选项后,按"查找下一个"按钮,查找并选定"查找内容"框中指定的文字或格式的下一处出现位置。单击"替换"按钮,即停在第一个找到的查找内容上,替换所选搜索条件出现的情况,查找下一处,然后停止。如果希望 Word 2003 自动替换文档中搜索条件出现的所有情况,可单击"全部替换"按钮。

3. 定位

利用 Word 2003 的定位功能,可以把光标快速而又准确地定位到文档中所指定的页、节、书签、批注、脚注、尾注、域、表格、图形、公式或对象上。

若要定位某一页,可以执行"编辑"菜单中的"定位"命令,在"定位内容"列表中选定"页",在"输入页号"栏内键入要定位的页号后,如图 3-20 所示,单击"定位"按钮,光标会立即移动到指定页号的页面上。

图 3-20　"定位"对话框

如果在定位的数字上加符号"＋"或"－",Word 2003 将以光标所在的位置为基准向前或向后移动若干单位。

3.2.6　文本框的使用

文本框属于图形对象,可以利用"绘图"工具栏中的工具对其进行格式设置。

1. 建立文本框

(1)把现有的内容纳入文本框

先选取欲纳入文本框的所有内容:再选择"插入"→"文本框"→"横排"命令或在"绘图"工具栏中单击"插入文本框"按钮,同时选择文字的排列方式。

（2）插入空文本框。

单击"绘图"工具栏中的"文本框"按钮或者"竖排文本框"按钮，鼠标变成十字形；按住鼠标左键拖动文本框所需的大小与形状之后再放开即可。另外，也可以使用"插入"→"文本框"→"横排"→"竖排"命令选择插入文本框。

2. 编辑文本框

文本框具有图形的属性，对其编辑可以如同对图形的格式设置，即可利用"格式"菜单的"设置文本框格式"命令或快捷菜单的"设置文本框格式"命令进行颜色和线条、大小、位置、环绕等设置；也可以利用鼠标拖动文本框的八个方向柄进行缩放、定位等操作。

3.2.7　插入数据

1. 插入日期和时间

如果文档中需要插入系统当前的日期和时间，可以在"插入"菜单中选择"日期和时间"命令。这时将弹出一个"日期和时间"对话框，如图 3-21 所示。

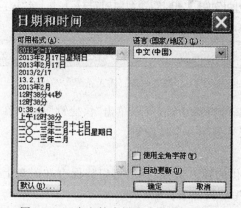

图 3-21　在文档中插入当前时间和日期

在"日期和时间"对话框中，可以根据实际情况需要在"语言"列表中选择需要的语种，在"可用格式"列表中选择所需的日期和时间的表达形式。

选取"使用全角字符"复选框，插入的日期和时间将以全角字符插入正文。用这种方式插入的日期和时间只能用键盘输入字符来修改。

2. 插入数字

图 3-22　"数字"对话框

插入数字也许是 Word 2003 中的一个很不起眼的功能，但是正是这不起眼的功能，给工作带来极大的方便。利用这一功能，可以将阿拉伯数字转换成汉字数字。例如，在填写支票时，按照金融机构的统一规定，支票金额应由汉字书写，如"1235"要写成"壹仟贰佰叁拾伍"，此时只需执行"插入"菜单中的"数字"命令，在如图 3-22 所示的"数字"对话框中输入要转换的数据，然后在"数字类型"中选取汉字数字格式，单击"确定"按钮即可自动完成上述数字的转换。

除此之外，利用插入数字的功能，还可以将输入的阿拉伯数字转换成大写或小写的罗马数字、英文字母等数字类型。

3. 插入特殊符号

在文档的录入过程中,要插入一些键盘无法输入的特殊字符,可以执行"插入"菜单中的"符号"命令,在如图 3-23 所示的"符号"对话框中选取。更改"字体"、"子集"列表内的选项,可以得到多种符号类型,如标点符号、数学符号、希腊符号等。

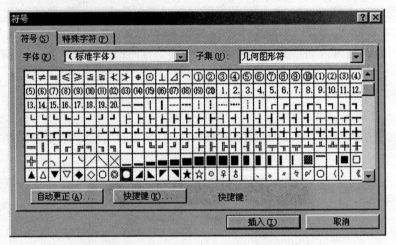

图 3-23 插入符号

对于使用频率特别高的特殊字符,可以单击"快捷键"按钮,在弹出的"自定义"对话框的"键盘"标签中,给该符号分配一个快捷键。

4. 插入文件

利用 Word 2003 提供的插入文件功能,可以将保存在磁盘上的文件插入当前打开的文档中。插入文件的操作步骤如下:

①将光标移动到要插入文档的位置上,执行"插入"菜单中的"文件"命令。在如图 3-24 所示的"插入文件"对话框内,选择文件名。

图 3-24 插入文件对话框

②如果要在插入前查看选定文档的内容,单击对话框中"视图"下拉菜单中的"预览"按钮,在"范围"框中输入一个书签名,可以只插入文件一部分。

③单击"确定"按钮,把文件插在当前文档中。

图 3-25　"分隔符"对话框

5. 插入分隔符

(1)分页和分栏

使用 Word 2003 处理文档,当页面充满文本或图形时,它会插入一自动分页符并生成新页。有时也可以根据实际情况在指定的位置上用快捷键 Ctrl｜Enter 插入分页符来强行分页,还可以在"插入"菜单中执行"分隔符"命令,在如图 3-25 所示的"分隔符"对话框中选择"分页符类型"选项来实现硬分页。在普通视图下,分页符显示包括"分页符"字样的单虚线,它可以像普通字符一样选定、移动、复制和删除,在页面视图下显示分页符的效果。如果在文档中插入分栏符,执行"格式"菜单中的"分栏"命令,它可以将分栏符后的文本设置在新的一栏中。

(2)分节

节是文档中相对独立的部分,各个节可以有自己的页眉、页脚、行号、页号等。在文档中插入分节符,可以结束分节符前面的页眉或分栏数等页面格式,而开始新的一节格式。在普通视图下,分节显示为包含有"分节符"字样的双虚线。

3.2.8　插入图片

没有插图的文章往往是枯燥的,利用 Word 2003"插入"菜单中的"图片"命令,可以轻松地制作一份图文并茂的文档,既增强了文章的趣味性又产生了一定的艺术效果。

1. 插入图片

在文档中插入图片的操作步骤如下:

①将光标定位在要插入图片处,执行"插入"菜单中的"图片"命令。

②在弹出的"插入图片"对话框中,选择要插入图片的文件。由于 Word 2003 默认将图片嵌入并保存在文档中,所以插入图片后的文件长度会大大增加。如果选取"插入图片"对话框中"链接到文件"复选框,就可以创建图片和文件的链接。以链接方式插入图片,Word 2003 在文档中只保存图片的文件名、路径等必需的链接信息,而图片仍单独保存。

③单击"确定"按钮,在文档中插入选定的图形文件,如图 3-26 所示。

2. 编辑图片

在图片上双击鼠标左键,进入图片编辑状态,并显示"绘图"工具栏,Word 2003 在"绘图"和"图片"工具栏里提供了大量实用的绘图工具,利用这些工具,不仅可以修改插入的图片、新建图形图像,还可以格式化图形图像,轻松绘制出各种复杂的图形。单击"绘图"按钮和"自选图形"按钮,将弹出子菜单,其中有些子菜单具有移动控点,拖动控点可以将子菜单移动到屏幕上的任何地方。具体操作如下:

①单击具有移动控点的子菜单。

②拖动子菜单上的移动控点,然后将该子菜单移动到屏幕上的新位置,子菜单变成浮

动工具栏。

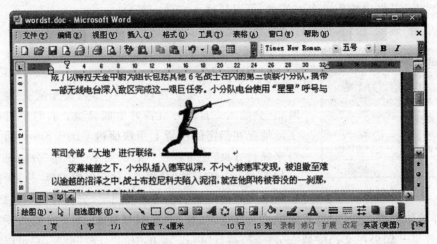

图 3 - 26　在 Word 文档中插入图片

3. 操作图片

刚刚插入的图片往往不符合位置要求,需要对它们进行进一步的操作。操作图片包括移动图片位置、复制图片、删除图片等。

(1)移动图片

如果发现图片的位置不合适,可以移动它。移动图片最简单的方法是将鼠标放在要移动的图片上,当鼠标指针变成十字形箭头时,按住左键并拖动鼠标到新的位置,然后松开鼠标左键。当然也可以使用工具栏按钮或键盘命令选取剪切要移动的图片,然后用鼠标选中新的位置,最后粘贴图片。

(2)复制图片

如果要复制图片,可先选定要复制的图片,然后按住 Ctrl 键,并按住鼠标左键拖动到所需的位置,最后松开鼠标左键和 Ctrl 键,这样完全相同的图片就会复制到指定的位置上。同样也可以使用命令方式完成复制图片的操作。

(3)删除图片

删除图片的方法也很简单,只要选定要删除的图片,然后按 Del 键即可。

3.2.9　绘制图形

在实际应用中,可以利用 Word 2003 提供的"自选图形"工具,来绘制几何图形、星形、箭头、批注等多种图形。除此之外,还可以对这些图形进行调整,比如对图形进行旋转或翻转、为图形添加颜色、改变图形大小、为图形设置阴影及三维效果等。

1. 绘制图形

利用"绘图"工具栏可以绘出多种图形,但在绘制图形时,一是要先启动"绘图"工具栏,二是要注意在页面视图显示方式下工作。

(1)启动"绘图"工具栏

启动"绘图"工具栏的方法是:单击"视图"菜单中的"工具栏"命令,然后从级联菜单中选中"绘图"；或按下"常用"工具栏上的"绘图"按钮；或用鼠标右键单击任一工具栏的空白处，然后从下拉菜单中选中"绘图"。

（2）绘制简单图形

Word 2003 允许在文档中直接绘出图形，如果要绘制直线、箭头、矩形或椭圆，可以按如下步骤操作：

①按下"绘图"工具栏上相应的绘图按钮，然后把鼠标移动到文档窗口，这时鼠标指针变成一个小十字形。

②定好图形的起点，按住鼠标左键并拖动鼠标，当达到所需的大小时松开鼠标左键，这时就绘出需要的图形来。

（3）绘制自选图形

在 Word 2003 中，要绘制直线、箭头、矩形或椭圆等图形也可以在"绘图"工具栏的"自选图形"按钮所在的下拉菜单中找到，同时自选图形下拉菜单中还有很多其他图形，利用这些图形可以拼合、绘制出多种多样的图形。

①单击"绘图"工具栏中的"自选图形"按钮，打开"自选图形"菜单；然后移动鼠标指针到需要的菜单项上，如图 3-27 所示，并在其级联菜单中选择所需的图形。

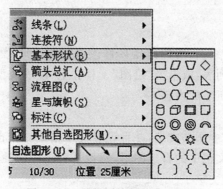

图 3-27　选择要绘制的自选图形

②将鼠标指针移到要绘制图形的位置，按住鼠标左键并拖动鼠标，当达到需要的大小时松开鼠标左键，如果要保持图形的宽与高的比例，可在拖动图形时按下 Shift 键。

2. 编辑图形

图形画好后，如果不满意，还可以进行编辑。比如调整图形大小、改变线型、在图形中添加文字等。

（1）选定图形

如果要对已画好的图形进行调整、修改或者删除，必须先选定该图形。其选定有两种情况：将鼠标移到该图形上，当鼠标指针变成十字形箭头时，单击鼠标左键就可以了，此时图形周围会出现控制点，表明此图形已被选定；如果想同时选定多个图形，可以先按住 Shift 键，然后分别单击每个图形，这时每个图形四周都出现控制点。如果所选图形相对比较多、比较小，那么在选择时就不容易全部选中，也容易出现遗漏。为了更方便地选择多个图形，可以使用"绘图"工具栏上的选择按钮来选择多个图形。其方法是：

①单击"绘图"工具栏上的"选择对象"按钮。

②将鼠标移到文档窗口中,选择一个开始点,按下并拖动鼠标,屏幕上将出现一个单线框。

③当单线框将所要选择的图形对象全部包括之后,松开鼠标,这时单线框内的每个图形都将被选定。

（2）调整图形大小

如果要调整图形的尺寸,可先选定该图形,然后将鼠标放在图形四周的某一个控制点上,当鼠标的指针变为双向箭头时,按住鼠标左键并拖动鼠标,直到大小满意后松开鼠标左键。这种方法调整的图形比较粗糙,如果想精确地调整其大小,可以使用"设置图形格式"对话框。具体操作如下：

①选定需要调整的图形对象。

②单击"格式"菜单中的"自选图形"命令或单击鼠标右键,并从弹出的快捷菜单中选择"设置自选图形格式"命令,打开"设置自选图形格式"对话框,然后单击"大小"选项卡。

③在"缩放"组中调整"高度"和"宽度"的值,如果选中了"锁定纵横比"复选框,那么在调整高度时,宽度也做相应的调整。如果清除了该复选框,可设置不相等的纵向、横向缩放比例。

④单击"确定"按钮。

（3）改变线型

如果想修改已画好的线型,可以选定要修改线型的图形,然后单击"绘图"工具栏上"线型"按钮,打开"线型"列表,或单击"绘图"工具栏上"虚线线型"按钮,打开"虚线线型"列表,最后从列表中选择所需的内容。

（4）图形中添加文字

用户可在自己的图形中添加文字,并且设置文字格式。在自选图形中添加文字的方法是：先用鼠标右键单击文档中的自选图形,然后从弹出的快捷菜单中选择"添加文字",这时就可以在图形中添加文字了。

3. 操作图形

对于画好的图形可能出现位置不合适,或者需要将许多图形合为一个图形,这时就可以对这样的图形进行相应的操作。

（1）移动/复制图形

移动和复制图形的方法与移动和复制图片的方法一样,可以使用鼠标拖放方式操作,也可以使用命令方式操作。

（2）组合/取消组合

对于画好的多个较小图形,如果每次都希望对它们进行一样的操作,比如移动、放大等,分别处理显得很麻烦。实际上 Word 2003 的绘图功能提供了将若干图形组合成一个图形的方法,使用该方法,就可以将许多较小的图形合并为一个图形,也可以将一个图形拆成许多较小的图形。组合图形的方法是：

①选定需要组合的图形。

②单击"绘图"工具栏上的"绘图"按钮,或右击选中的对象。

③在弹出的菜单中选择"组合"命令。

如果要取消图形的组合,可按如下进行操作:

①单击组合的图形。

②单击"绘图"工具栏上的"绘图"按钮,或右击选中的对象。

③在弹出的菜单中选择"取消组合"命令。

4. 修饰图形

图形画好后,还可以对它进行各种修饰。比如设置图形颜色、设置阴影或三维效果、旋转或翻转图形等。

(1)设置图形颜色

多数自选图形都可以设置边框颜色和内部填充颜色,如果图形内部有文本,还可设置文本的颜色。设置自选图形的颜色时,选定要设置颜色的图形,若要设置边框颜色或线条的颜色,单击"绘图"工具栏上的"线条颜色"按钮右边的下三角形按钮,并从弹出的列表中选择其中一种颜色;若要设置图形内部的颜色,则单击"绘图"工具栏上的"填充颜色"按钮右边下三角按钮,并从弹出的列表中选择其中一种颜色;若要设置图形中文本的颜色,则单击"绘图"工具栏上的"字体颜色"按钮右边的下三角形按钮,并从弹出的列表中选择其中的一种颜色。如果所给列表没有所需颜色,可以单击"其他线条颜色"、"其他填充颜色"或"其他颜色"命令按钮,打开相应的对话框,然后从中选择所需要的颜色。线条颜色还可以选带图案线条,填充颜色可以选填充效果。

(2)阴影和三维效果

除了可以设置图形的颜色外,还可以设置图形的显示效果。比如设置图形为阴影显示,三维立体显示等,同时还可以把颜色、阴影和三维效果搭配起来,使文档更加漂亮。

设置图形阴影或三维效果的方法如下:

①选定要设置阴影和三维效果的图形。

②若要设置阴影,则单击"绘图"工具栏的"阴影"按钮,然后选择所需的阴影效果;若要设置三维效果,则单击"绘图"工具栏上的"三维效果"按钮,然后选择所需的三维效果。

(3)设置旋转和翻转

自选图形与插入图片相比,最大的区别就是可以进行旋转和翻转。可以按任一方向旋转任意角度,也可以按 90% 增量旋转,无论是旋转图形还是翻转图形都应先选定要旋转或翻转的图形,然后再进行相应的操作。

若要按 90% 的增量旋转图形,可单击"绘图"工具栏上的"绘图"按钮,然后在弹出的菜单中选择"旋转或翻转"命令,再选择级联菜单上的"左转"或"右转"命令。

若要任意旋转图形,则单击"绘图"工具栏上的"自由旋转"按钮,这时图形四周会出现绿色的控制点,将鼠标放在任一控制点上,按住并拖动鼠标根据需要进行任意角度的旋转。在旋转图形时应注意,只能旋转图形对象,对图形中的文本不能旋转,但可以通过横排或竖排来实现,也可以通过使用艺术字来任意旋转文本。

若要翻转图形,单击"绘图"按钮,然后在弹出的菜单中选择"旋转或翻转"命令,再选择子菜单上的"水平翻转或垂直翻转"命令。

如果要同时对多个图形进行旋转或翻转,那么使用前面介绍的方法先选多个图形,然后再执行相应的命令,就可以同时旋转或翻转它们了。

3.2.10　使用艺术字

在建立文档的过程中,有时候为了增强文档的视觉效果,美化文档,需要对文字进行一些修饰处理,比如设置一种特殊的艺术字,并使它弯曲、倾斜、旋转、扭曲、带阴影等。中文 Word 2003 提供了一个"艺术字"库,用户可以根据需要进行选择。

1. 插入艺术字

艺术字就是有特殊效果的文字,可以有各种字体,可以带阴影,可以倾斜、旋转和延伸,还可以变成特殊的形状。当文档中需要艺术字时,其操作步骤如下:

①单击"绘图"工具栏上的"插入艺术字"按钮,或单击"插入"菜单中的"图片"命令,并从其级联菜单中选择"艺术字"命令,打开"艺术字库"对话框,如图 3-28 所示。

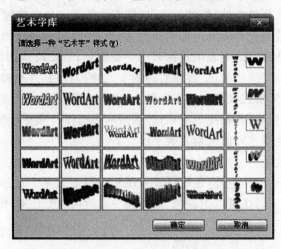

图 3-28　"艺术字库"对话框

②在"艺术字库"对话框中选择所需的艺术字样,比如选择最后一行右数第二种,然后单击"确定"按钮,这时屏幕显示"编辑'艺术字'文字"对话框,如图 3-29 所示。

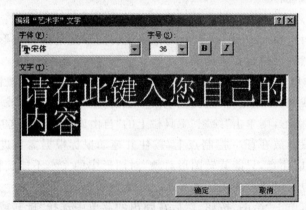

图 3-29　编辑"艺术字"文字对话框

③在"编辑'艺术字'文字"对话框中,输入所需的文字,例如输入"艺术字",然后为文字设置字体、字号和字形,最后单击"确定"按钮。

这时 Word 2003 会按照选择艺术字样式和内容生成艺术字对象,并显示"艺术字"工具栏。

2. 编辑艺术字

在文档中插入艺术字后,如果不满意,还可以进行修改,比如重新选择艺术字样式,改变艺术字的字体、调整艺术字的大小、对齐和排列方式等。

(1)选定艺术字

在对艺术字进行编辑和修饰之前,必须先选定它。选定艺术字的方法非常简单,只要将鼠标放在艺术字上,当指针变为┃字形箭头时,单击鼠标左键即可,这时艺术字四周会出现 8 个控制点。

(2)更改艺术字的样式

当对已确定的样式不满意时,可以重新选择,操作方法是:

①选定要改变样式的艺术字。

②单击"艺术字"工具栏中的"艺术字库"按钮,可打开"艺术字库"对话框。

③在对话框中选择所需的样式,然后单击"确定"按钮。

(3)改变艺术字字体

①选定要改变的艺术字。

②单击"艺术字"工具栏中的"编辑文字"按钮,打开"编辑'艺术字'文字"对话框。

③单击"字体"下拉列表框右边的下三角形按钮,然后从列表中选择所需字体。

④单击"确定"按钮。

(4)调整艺术字的大小

调整艺术字的大小可以有多种方法。

方法一:可使用"艺术字"工具栏中的"编辑文字"按钮,打开"编辑'艺术字'文字"对话框,然后在"字号"下拉列表框中选择所需的文字号。

方法二:使用"艺术字"工具栏中的"设置艺术字格式"按钮,打开"设置艺术字格式"对话框,然后在"大小"选项卡下的"尺寸和旋转"组中调整"高度"和"宽度"的值,在"缩放"组中调整"高度"和"宽度"的值。

方法三:使用鼠标直接拖动艺术字四周控制点。在使用这些方法之前,需要先选定艺术字,然后再使用这些方法中的任何一种。

(5)设置艺术字的形状

对于每一种样式的艺术字,还可以设置其形状,不合适的形状也可以修改。其操作步骤是:选定艺术字,然后单击"艺术字"工具栏中的"艺术字形状"按钮,这时屏幕上弹出艺术字形状列表,从列表中选择所需的形状。

(6)旋转艺术字方向

艺术字也是一种图形对象,因此可以对其进行旋转操作。旋转的方法是:先选艺术字,然后单击"艺术字"工具栏中的"自由旋转"的按钮,这时艺术字四角会出现绿色的控制点,将鼠标放在某一控制点上,按住并拖动鼠标旋转艺术字,这时就可以使艺术字产生旋转效果。

（7）对齐和排列艺术字

Word 2003 对于多行的艺术字，可以设置多种对齐方式。

要调整艺术字的对齐方式，可按如下步骤操作：

选定艺术字，单击"艺术字"工具栏中的"艺术字对齐方式"按钮，打开艺术字对齐方式列表，在列表中选择所需的对齐方式。

除了可以设置对齐方式外，还可以转换排列方式。艺术字的排列方式有横排和竖排两种，这两种排列方式之间可以相互转换。转换的方法是：先选定艺术字，然后单击"艺术字"工具栏中的"艺术字竖排文字"按钮。这时可以发现，如果所选艺术字原来是横排，则现在变为竖排；如果原来为竖排，则现在变为横排。

3. 修饰艺术字

在文档中插入艺术字后，还可以进行进一步的修饰。比如设置艺术字阴影、设置艺术字的三维效果等。

（1）设置艺术字阴影

①选定艺术字。

②单击"绘图"工具栏中的"阴影"按钮，这时屏幕上弹出阴影列表。

③从列表中选择所需的阴影样式。

（2）设置艺术字的三维效果

①选定艺术字。

②单击"绘图"工具栏中的"三维效果"按钮，这时屏幕上弹出三维效果列表。

③从列表中选择所需的三维效果样式。

3.2.11　公式编辑

在科技文档或论文中，经常要用到数学公式、数学符号，利用公式编辑器可方便地在文档中插入公式。在 Word 2003 中，公式编辑的一般方法是：

（1）将光标放置到相应位置。

（2）选择"插入"菜单中的"对象"命令，出现"对象"对话框，如图 3-30 所示。

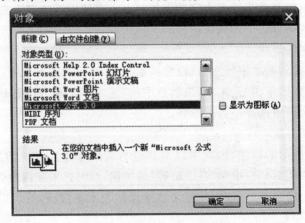

图 3-30　插入"对象"对话框

在"对象"对话框中选择"Microsoft 公式 3.0"选项,单击"确定"按钮后进入公式编辑状态,显示"公式"工具栏和菜单栏,如图 3 - 31 所示。

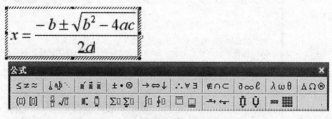

图 3 - 31　公式编辑框和"公式"工具栏

"公式"工具栏上一行是符号,可以插入各种数学字符;下一行是模板,模板有一个或多个空插槽,可插入一些积分、矩阵等公式符号。

(3)在公式编辑框中编辑公式,编辑结束后,在公式编辑框以外的地方单击以退出公式编辑状态。

若要对建立的公式进行图形编辑,则单击该图形,出现带有八个方向的句柄的虚框,可以进行图形移动、缩放等操作;双击该公式,进入该图形公式编辑器环境,可重新对公式修改。

3.3　Word 2003 的排版技术

Word 2003 内置丰富的排版命令。运用这些命令,不仅可以对选定的文字或段落进行格式修饰,还可以设计出美观的文档版式。为了简化排版操作,Word 2003 把一些最常用的格式修饰命令以按钮的形式放在"格式"工具栏中。

3.3.1　工作视图的选择

Word 的最大的特色是"所见即所得",可以直接在屏幕上看到设置的效果。文档的排版就是要改变文本的外观,如改变字体、段落设置以及页面设置等,以使文档具有更漂亮的外观,便于阅读。

Word 提供了不同的视图方式,可以根据自己的不同需要来选择最适合自己的视图方式来显示文档。例如,可以使用页面视图来观看与打印效果相同的页;使用大纲视图来查看文档结构等。

1. 普通视图

在该视图方式下,可以完成大多数的文本输入和编辑工作。在普通视图方式中,可以显示字体、字号、字形、段落缩进以及行距等格式,正文连续显示,页与页之间用一条虚线表示分页符;节与节之间用双行虚线表示分节,使文档阅读起来更连贯。缺点是只能将多栏显示成单栏格式,页眉、页脚、页号以及页边距等并不显示出来。

要切换到普通视图方式,可以选择"视图"菜单中的"普通"命令,或者单击水平线滚动条左侧的"普通视图"按钮。普通视图方式如图 3 - 32 所示。

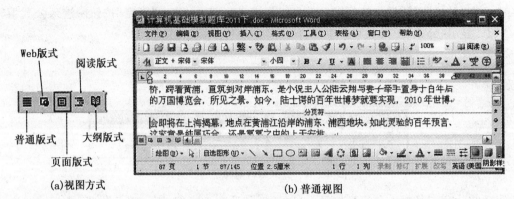

图 3-32　普通视图

2. Web 版式视图

Web 版式视图主要用来创建 Web 页，它能够仿真 Web 浏览器来显示文档。在 Web 版式视图方式下，可以看到给 Web 文档添加的背景，文本将自动适应窗口的大小。

要切换到 Web 版式视图方式，可以选择"视图"菜单中的"Web 版式"命令，或者单击水平滚动条左侧的"Web 版式视图"按钮，Web 版式视图如图 3-33 所示。

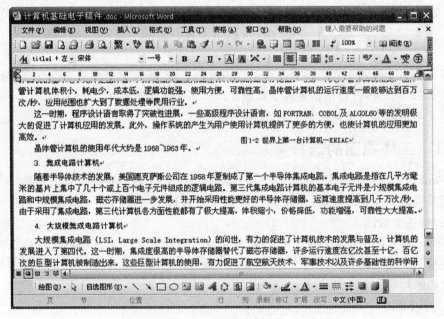

图 3-33　Web 版式视图

3. 页面视图

在页面视图中，可以查看与实际打印效果相同的文档。用户还可以看到正文之外，诸如页眉、页脚以及页边距等项目。与普通视图不同的是，页面视图还可以显示出分栏、环绕固定位置对象的文字。页面视图也是编辑、排版最常用的视图之一。

要切换到页面视图方式，可以选择"视图"菜单中的"页面"命令，或者单击水平滚动条左侧的"页面视图"按钮。页面视图如图 3-34 所示。

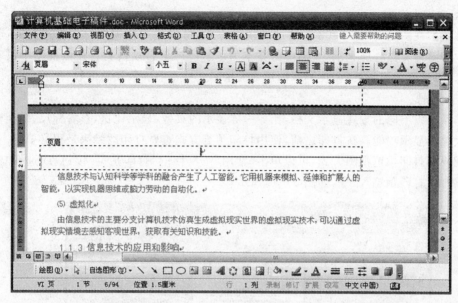

图 3-34　页面视图

4. 大纲视图

大纲视图能够帮助用户确定写作思路,合理地组织好文档的结构。在大纲视图中,可以折叠文档,只查看标题,或者展开文档,这样可以更好地查看整个文档的内容,移动、复制文字和重组文档都比较方便。

要切换到大纲视图方式,可以选择"视图"菜单中的"大纲"命令,或者单击水平滚动条左侧的"大纲视图"按钮。大纲视图如图 3-35 所示。

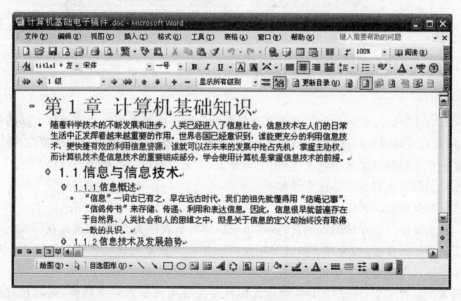

图 3-35　大纲视图

5. 阅读版式视图

阅读版式视图是 Word 2003 新增加的视图方式,可以使用该视图对文档进行阅读。该视图中把整篇文档分屏显示,文档中的文本为了适应屏幕自动折行。在该视图中没有页的概念,不显示页眉与页脚,在屏幕的顶部显示了文档当前屏数和总屏数。

6. 打印预览

打印预览以不同的方式显示文档,比如一屏显示的页数、显示比例、查看标尺、缩至整页和放大缩小显示功能。在打印之前,使用打印预览方式查看打印的结果是很必要的。

要切换到打印预览视图方式,可以单击"常用"工具栏中"打印预览"按钮,或选择"文件"菜单中的"打印预览"命令,如图 3-36 所示。

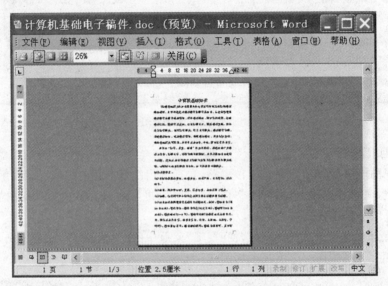

图 3-36 "打印预览"对话框

3.3.2 标尺、段落标记和网格线

1. 标尺

Word 2003 的标尺有水平标尺和垂直标尺两种。水平标尺是横穿文档窗口上部的刻度条,可用来查看和设置段落缩进、设置制表位、调整页边界以及修改表格中的宽度;垂直标尺是显示在文档窗口左侧的刻度条,用于调整上、下页边距以及表格中的行高。

在标尺上设置制表位的操作步骤如下:

①选定需要设置制表位的段落。

②单击水平标尺最左端的制表符,直到出现所需的制表符类型后,用鼠标在标尺上单击要设置制表位的位置,相应对齐方式的定位符图标就会放置到标尺的相应位置上。如果要在水平标尺上精确放置定位符图标,可以执行"格式"菜单的"制表位"命令。

③制表位设置完毕,可以按 Tab 键让光标从左至右地在制表位间跳转,同时在对应的位置上输入内容。如果要清除制表位,只要按住鼠标左键制表符脱离水平标尺即可。

在水平标尺上有 4 个常用的控制块,如图 3-37 所示,它们可显示光标所在段落的各种设置。

拖动这些控制块可调整缩进量、页边距和表格列宽的设置。

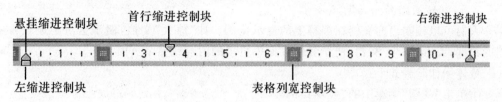

图 3-37　水平标尺上的控制块

如果要改变左右页边距,可将鼠标指向水平标尺上的页边距边界,待鼠标箭头变成双向箭头后拖动页边距边界。若要改变上下页边距,可将鼠标指向垂直标尺上的页边距边界,待鼠标箭头变成双向箭头后拖动页边距边界。

2. 显示段落标记

"视图"菜单上的"显示段落标记"命令用于显示非打印字符,如制表符、段落标记和隐藏文字等。其中段落标记即通常所说的硬回车符,它是一个段落的结束标志。在"视图"菜单中选择"段落标记"命令或单击"常用"工具栏的"显示/隐藏"按钮,可以显示或隐藏文档中所有的段落标记。

3. 网格线

在 Word 2003 的页面视图中,可以通过在文档编辑窗口中添加一组等距的水平线来模仿平时在稿纸上进行文字处理的工作环境。

添加坐标线的具体操作如下:

①切换到"页面视图"

②在"视图"菜单中选取"网格线"命令。添加坐标线后文档编辑窗如图 3-38 所示。

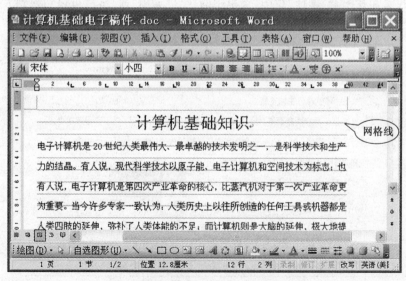

图 3-38　给文档编辑窗口添加坐标线

3.3.3　设置显示比例和全屏显示

1. 设置显示比例

人们可以控制当前文档在屏幕上的显示比例。如"放大"文档,便于更清楚地查看文档的细部;或者"缩小"文档,便于看到页面中更多的内容或整个页面。

具体操作步骤如下:

①单击"视图"菜单中的"显示比例"。

②在如图 3-39 所示的对话框中,设置显示比例或在百分比框中输入一个在 10%～500%之间的比例数,Word 2003 将根据该数据缩小或扩大活动文档的显示。

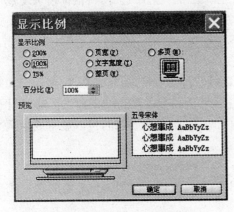

图 3-39　"显示比例"对话框

③如果在文档窗口中显示两页或多页,可单击"多页"按钮,再单击需要显示的页数,此选项只能在页面视图或打印预览状态下使用。

此外单击"常用"工具栏上的"显示比例"框图旁边的箭头,在其中可以设置所需的显示比例。

2. 全屏显示

要在屏幕上尽可能多地显示文档内容,可以切换到全屏显示。在这种模式下,Word 2003 移去分散的屏幕组件,例如工具栏和滚动条等。

全屏显示,既可以是普通视图的全屏显示,也可以是页面视图或大纲视图下的全屏显示。只要在页面视图下,选择"视图"菜单中的"全屏显示"命令,就可以切换到大纲视图的全屏显示画面,如图 3-40 所示。

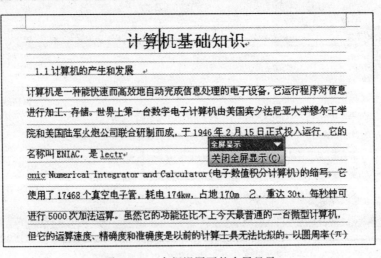

图 3-40　大纲视图下的全屏显示

要关闭全屏显示,并切换到以前的视图,可以在"全屏显示"工具栏中单击"关闭全屏显示"工具按钮,或者按 Esc 键。在全屏显示时,许多标准窗口元素,如标题栏、菜单栏、格式工具栏等将被自动隐藏,这样可以尽可能多地浏览到文档的内容。

3.3.4　设置字符格式

Word 2003 字符格式化功能包括设置文字的字体、大小,给文字设置粗体、斜体和下划线,应用阳文、阴文、提纲或阴影格式,设置字符间距以及在联机版式的文档中设置动态文字等。

1. 设置字体

字体格式修饰的一般操作步骤是:

①选定要修饰字体的文字,它可以是文档中的一个或几个字,也可以是若干行、若干段甚至整个文档。选取文字后,文字所在的区域将被反白标记。

②单击"格式"菜单中的"字体"命令,弹出如图 3-41 所示的"字体"对话框,该对话框上有"字体"、"字符间距"和"文字效果"三个选项卡。用鼠标单击"字体"选项卡即可打开"字体"选项卡。

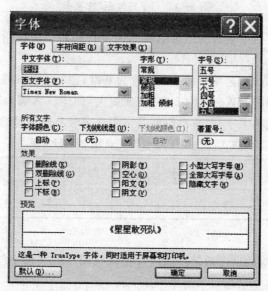

图 3-41　设置"字体"选项卡

在"字体"选项卡中,可以设置字体、字号、字形以及多种特殊的文字效果,如阴影、空心、阳文、阴文以及上下标、下划线等,在设置这些选项的同时就能立即通过"字体"对话框中的预览框查看到所设选项对文字修饰的效果。

③设置完毕,单击"确定"按钮,就可以用设置的字体选项来修饰所选定的文字。

2. 设置字符间距

用鼠标单击"字符间距"选项卡,出现图 3-42 所示的对话框。

框内各选项的功能如下:

"缩放":保持字符的高度不变,将字符横向按比例缩放。Word 2003 的默认值为

100％,即不对文字作任何缩放,可直接输入 100％～600％范围内的缩放比例。

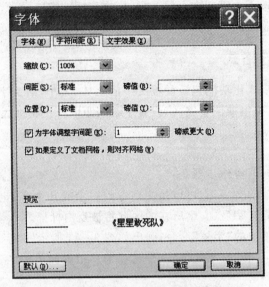

图 3-42　"字符间距"选项卡

"间距":按"磅值"框中输入的值扩展或压缩字符间距。字符间距的磅值可以是 0～1548 之间的任何数值。

"位置":以选择"标准"选项时的文字位置为基准,相对于基线提升或降低所选文字。

"为字体调整字间距":Word 2003 在"磅或更大"框中输入需为其调整字符间距的最小字号,对于该字号或更大字号,自动调整其字距。字号与磅值对照见表 3-2。

表 3-2　部分"字号"与"磅值"的对应关系

字号	初号	一号	二号	三号	四号	五号	六号	七号
磅值	42	26	22	16	14	10.5	7.5	5.5

3. 文字的动态效果

Word 2003 中新增的动态效果功能可以在联机阅读的文档中创建动态文字效果(可移动或闪烁)。设置文字动态效果的操作如下:

①选中要创建动态效果的文字或单词。

②单击"格式"菜单中的"字体"命令,再单击"动态效果"选项卡。

③在"动态效果"框中单击所需的效果。

3.3.5　设置段落格式

1. 设置段落的缩进和间距

单击"格式"菜单中"段落"命令,将弹出如图 3-43 所示的"段落"对话框。选取"缩进和间距"选项卡,即可设置段落的缩进和间距。

"缩进"选项用于设置段落相对于左、右页边距的设置及首行缩进等特殊格式。"缩进"决定段落从版心左边界缩进或右边界的距离。

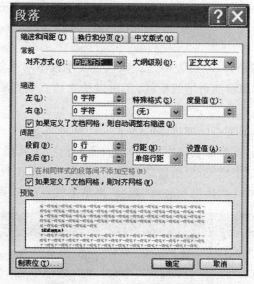

图 3-43　"缩进和间距"选项卡

"特殊格式"中,单击"首行缩进",将按"度量值"框里输入的值缩进段落首行;单击"悬挂缩进"则可以缩进段落除首行外的所有行;单击"无"可取消特殊缩进格式。

"间距":"段前"和"段后"选项可设定选定段落的首行之上和末行之下留出的间距。

"行距":表示文本行之间的垂直距离。在默认情况下,采用单倍行距。在设置行距时,将影响所选段落或包含插入点的段落中的所有文本行。

注意:如果某行包含大字符、图形或公式,将自动增加行距。如要使所有的行距相同,请单击"行距"框中的"固定值"选项,然后在"设置值"框中输入能容纳最大字体或图形的行距。如果字符或图形只能显示一部分,可在"设置值"框中选择更大的行距值。

单击"视图"菜单的"工具栏"子菜单中的"其他格式"命令,将显示"其他格式"工具栏。

"对齐方式":确定段落中的文字或其他内容相对于缩进结果的位置,在对齐方式下拉列表中,有"左对齐"、"居中"、"右对齐"、"两端对齐"、"分散对齐"等五种方式可供选择。

2. 正文排列

单击"段落"对话框中的"换行和分页"选项卡,可以进行分页、断字等处理。

"孤行控制":防止在页面顶端打印段落末行或在页面底端打印段落首行。

"段前分页":在所选段落前插入人工分页符,使设置成"段前分页"格式的段落总出现在新页的顶端。

"与下段同页":防止在所选段落与后面　段之间出现分页符,使设有"与下段同页"格式的段落始终与下一段保持同一页。

"段中不分页":防止在段落之中出现分页符,使设置成"段中不分页"格式的段落始终保持在同一页。

"取消行号":去掉文档中选定的段落行号,会自动调整其余编号的顺序。

"取消断字":取消段落的自动断字。当文章中的英语单词或短语位于行末时,其"自动断字"功能会把一个词分成两部分并用字符连接。

3.3.6　设置边框和底纹

1. 设置边框

在 Word 2003 文档中,可以给表格、段落、选定文本或图形对象(包含文本框、自选图形、图片或导入图形)四周添加边框或框线,还可以给文档页面四周或任意一边添加各种边框。

(1)表格、段落或选定文本添加边框

要给表格添加边框,可单击表格中任意一处;要给指定单元格添加边框,则仅选定这些单元格,包括单元格结束标记;要给段落四周添加边框,可单击该段中任意一处。

①单击"格式"菜单中的"边框和底纹"命令,再单击"边框"选项卡,如图 3-44 所示。

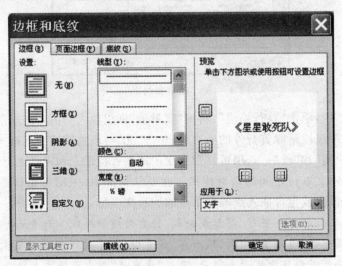

图 3-44　"边框和底纹"对话框

②选择所需选项,并确认在"应用于"下选择正确的选项。

③要指定只在某些边添加边框,则单击"设置"下的"自定义",并在"预览"下单击图表中的这些边,或者用按钮来设置或删除边框。

④要指定边框相对于文档的精确位置,可单击"选项"再选择所需的选项。

"边框和底纹"选项说明:

"边距":可以输入边框的上、下、左、右边与正文之间的距离。对于页面边框,可单击"度量依据"方框中的"文字",使本方框的设置与页面边距关联。

"度量依据":单击"文字",页面边框的内边关联于页边距;单击"页边"、页面边框的外边关联于页边。

"段落边框和表格边界与页面边框对齐":使整个活动文档中页面边框与段落边框和表格对齐。

"总在前面显示":将页面边框置于与页面边框相交的任何正文或对象的前面。

"环绕页眉":让页眉包含在页面边框之内。如果不包含页眉,则清除此复选框。

"环绕页脚"：选中此复选框，可让页脚包含在页面边框之内。

（2）为文档页面添加边框

要给文档页面添加边框，可按以下步骤进行：

①单击"格式"菜单中的"边框和底纹"命令，再单击"页面边框"选项卡。

②选择所需选项。

③要指定在页面的某一边添加边框，可单击"设置"下的"自定义"，并在"预览"下单击要添加的位置。

④要指定边框出现的特定页面或节，可在"应用于"下单击所需的选项。

⑤要指定边框在文档中的精确位置，可先单击"选项"，再单击所需的选项。

2. 设置底纹

在 Word 2003 文档中可用底纹填充表格、段落或选定的文本的背景，操作方法如下：

要给表格添加底纹，可单击该表格的任意一处；要给指定的单元格添加底纹，则仅选定这些单元格，包括单元格结束标记；要给段落添加底纹，可单击该段中任意一处；要给指定文字添加底纹，则选定所需文字。

①单击"格式"菜单中的"边框和底纹"命令，再单击"底纹"选项卡，出现对话框。

②在"填充"选项栏中单击底纹的填充颜色，在"填充"下单击"无填充颜色"，则可取消底纹颜色。

③单击"样式"框，可选择填充颜色之上使用的底纹类型。如果只使用填充颜色（无图案颜色），单击"清除"；若只使用图案颜色，单击"原色"。

④单击"颜色"框，可选择底纹图案中线条和点的颜色。如果"样式"框中选择了"清除"，则无法使用"颜色"方框。

⑤在"应用于"下，单击要设置底纹的文档部分。

3.3.7　设置文字的显示

1. 设置文字的排列方向

在 Word 2003 中，可以用文字方向命令旋转正文或表格单元格中选定的文字，以便从上到下阅读这些文字。设置文字排列方向的操作如下：

①选择"格式"菜单中的"文字方向"命令，将弹出如图 3－45 所示对话框。

图 3－45　设置文字排列方向

②单击"方向"栏里下面的文字框,可以将所选文字从上向下或从下向上纵向排列。

③单击"确定"按钮,将指定的文字方向应用于所选文字。

如果要将整篇文字设为竖排,请单击文档正文的任意位置,然后单击"格式"菜单中的"文字方向"命令;如果只需要改变部分文字的排列方向,则先通过"插入"菜单中的"分隔符"命令将其设为单独的一节,然后选定该节再单击"文字方向"命令;如果只需要改变少数文字的排列方向,请先将其置于文本框中,然后选定文本框,再单击"文字方向"命令。

图 3-46　设置首字下沉

2. 首字下沉

所谓首字下沉,即增大插入点所在段落首行的第一个字符(字母或汉字)的字号,使其产生"下沉"效果。"下沉"的字既可以位于左页边框中,也可以从段落首行的基准线开始下沉。

设置首字下沉的步骤如下:

①选定需要作首字下沉的段落。

②单击"格式"菜单中的"首字下沉"命令,将出现如图 3-46 所示的对话框。

③在对话框中可进行字体的有关设置,然后单击"确定"按钮即可。

3.3.8　设置分栏

如果要对整个文档或文档中的部分内容进行分栏,可以按照下述操作进行:

(1)选定整个文档或要进行分栏的文本。

(2)选择"格式"→"分栏"命令,出现如图 3-47 所示。

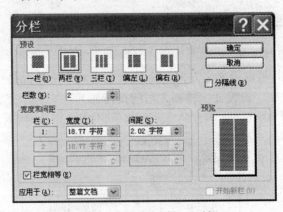

图 3-47　格式"分栏"对话框

(3)在"预设"选项区域中单击要使用的分栏样式,例如,单击"两栏"选项。若选择"一栏"选项,将取消分栏效果。

(4)在"宽度和间距"选项区域中,可以设置栏的宽度以及栏与栏之间的距离。

(5)"分隔线"复选框确定是否在栏间加上分隔线,选择该复选框以在栏间加上分隔线。

(6)在"应用于"下拉列表框中选择"所选文字"选项。

(7)单击"确定"按钮,即可得到分栏效果。

3.3.9 项目符号和编号

在编排论文、报告等文档时,借助于项目符号和编号,可使文档系统化、条理化,让读者更容易抓住要点。

1. 创建项目符号和编号

创建项目符号和编号的操作步骤如下:

(1)选中要添加项目符号或编号的段落。

(2)单击"格式"工具栏中的"项目符号"按钮,可添加项目符号;单击"编号"按钮,可添加编号。

如果不习惯 Word 2003 提供的自动创建项目符号和编号功能,可以单击"工具"菜单中的"自动更正选项"命令,在"键入时自动套用格式"选项卡中,取消"自动编号列表"复选框。

2. 更改项目符号和编号的格式

改变项目符号或编号的格式,或者改变项目符号或编号与文本之间的间距的操作方法如下:

(1)选中要更改格式的列表项。

(2)单击"格式"菜单中的"项目符号和编号"命令,弹出如图 3 - 48 所示的"项目符号和编号"对话框。

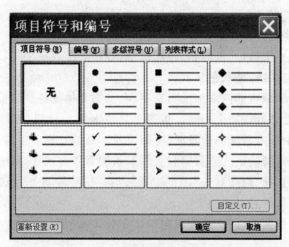

图 3 - 48 "项目符号和编号"对话框

(3)单击"项目符号"或"编号"选项卡,选择所需项目符号或编号列表的样式,选定一种样式后,再单击"自定义"按钮,可在如图 3 - 49 所示的对话框中改变所选定项目符号或编号样式的预设选项,在下一次单击"项目符号"或"编号"时,系统将自动应用所做的修改。

Word 2003 中还允许选取图片作为项目符号,丰富了 Web 文档的创作。如果要将所

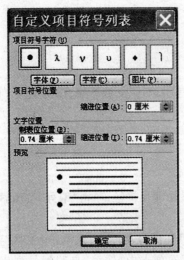

图3-49　"自定义项目符号列表"对话框

选项目或编号样式重设为默认选项,可单击"重新设置"按钮,所选项目符号或编号样式不是自定义的,该按钮无效。

图3-49中选项的说明:

①"项目符号字符":选择所需的项目符号字符。

②"字体":单击"字体"按钮,打开"字体"对话框,改变所选项目符号的字体样式。

③"字符":单击"字符"按钮,可打开"符号"对话框,在其中选择所选项目符号字符。

④"项目符号位置缩进位置":设置所选项目符号或编号的对齐方式和位置。

⑤"文字位置缩进位置":输入项目符号或列表编号终止处与正文起始位置的间距。

3.3.10　页眉、页脚、页码和批注

页眉是文档中处于每页顶部的文本区,典型的页眉内容可以包括章节名、页码、作者名、书名、文档生成日期等信息,还可以在页眉中插入图片或者直接在页眉中使用绘图工具。页脚的特性与页眉相似,只是它位于每一页的底部,多数情况下,页脚区用于设置页码信息。

1. 创建页眉和页脚

要在文档中创建页眉和页脚,可按以下步骤进行:

(1)在"视图"菜单中执行"页眉和页脚"命令,屏幕上出现一个"页眉/页脚"工具栏,同时正文区域的文字会变浅,呈灰色显示。

(2)在页眉和页脚编辑框内添加说明文字、自动图文集及各种域信息。添加文字的方法与正文窗口中的处理方法完全相同。单击工具栏上插入日期、时间、页码按钮,可以在页眉和页脚编辑框中插入系统当前日期、时间以及本页的页码等信息。

(3)设置页眉和页脚的格式。页眉和页脚默认的对齐方式是"居中",可以根据实际需要,在格式工具栏上选择"两端对齐"、"左对齐"、"右对齐"等对齐方式。此外还可以用字体、字号命令格式化页眉和页脚的文字。

(4)单击"关闭"按钮,返回文档编辑窗口。在页面视图下,可以看到页眉和页脚。

2. 页眉和页脚的设置

要在奇数页和偶数页上创建不同的页眉和页脚,如本书的页眉,可按以下步骤对页眉和页脚进行设置:

(1)执行"视图"菜单中的"页眉和页脚"命令。

(2)单击"页眉/页脚"工具栏上的"页面设置"按钮,在"页面设置"对话框中选择"版式"选项卡,如图3-50所示。

(3)在"页眉和页脚"中选取"奇偶页不同"复选框,在"应用于"框中选取"整个文档"

后,单击"确定"按钮。

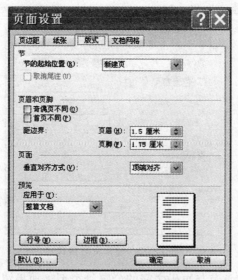

图 3 - 50　"页面设置"对话框

(4)单击"页眉和页脚"工具栏中的"显示前一项"或"显示下一项"按钮,移动到奇数页上创建一个页眉或页脚。然后,在偶数页创建一个页眉和页脚。

(5)单击"关闭"按钮,返回文档编辑窗口,可以在页面视图中查看到奇偶页上有不同的页眉和页脚。如果选取"页面设置"对话框中的"首页不同"复选框,在首页和第二页上各建一个不同名字的页眉或页脚,就可以区别文档首页和以后各页的页眉或页脚。

3. 页码的设置

在文档中添加页码,可按以下步骤操作:

(1)执行"插入"菜单中的"页码"命令,在如图 3 - 51 所示的"页码"对话框中,设置页码在文档中的位置及对齐方式。

图 3 - 51　"页码"设置对话框

(2)单击"页码"对话框中的"格式"按钮,在如图 3 - 52 所示的"页码格式"对话框中设置页码的格式。

"页码格式"对话框中各选项的作用如下:

"数字格式":供用户选择要应用的页码格式类型。

"包含章节号":在页码中包含章节序号,例如,5-1 和 5-2 分别表示第五章第一页和第二页。

"章节起始样式":选择文档中章节标题样式。此章节标题样式只能用于标题,而不能将其用于文档中其他元素。

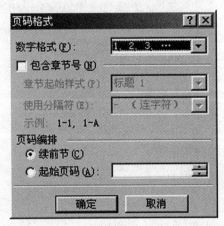

图 3-52　设置页码格式

"使用分隔符":选定章节与页码之间的分隔符类型。如果清除了"包含章节号"复选框,则此列表无效。

"续前节":沿前节的页码编排顺序继续排。如果前一节的页码是 5,那么下一节页码从 6 开始。

"起始页码":输入将出现在所选章节的起始页码。

4. 批注

批注是添加在一独立批注窗口中的带编号的注释文字。如果在审阅他人的文档时,只想在某些地方加入个人的评语而又不修改正文,就可以使用插入批注来实现。

(1)插入批注

插入批注的方法如下:

①选定想要插入的文本或项目,或将光标定位在文本的末尾。

②单击"插入"菜单中的"批注"命令,将以隐藏文字格式在文档中插入批注标记,同时打开批注窗口和"审阅"工具栏。批注标记由作者的姓名缩写和编号组成,在审阅者查看批注时,选定的文字和批注标记将突出显示。

③此时可以在批注窗口中输入批注文字。如果计算机上安装有声卡和麦克风,单击批注窗口中的"声音对象"按钮还可以将录制的声音作为批注插入文档中。

(2)查看批注

将鼠标指针移到批注上,会弹出一个显示批注内容的文字框,此外也可以按以下步骤操作:

①执行"视图"菜单中的"批注"命令,该命令只有在文档中至少包含一个批注时才有效。

②在批注窗口顶部的"审阅者"框中选择审阅者的批注。

③若要收听声音批注,可双击所需批注的声音符号。

(3)删除批注

在要删除的批注上单击鼠标右键,然后执行快捷菜单中的"删除批注"命令;还可以选择要删除的批注后,单击"审阅"工具栏上的"删除批注"按钮。

3.4　Word 2003 的表格操作

在使用 Word 2003 建立文档时,常常要用表格或统计图来表示一些数据,比如职工基本情况表、学生成绩单、预算报告、财务分析报告等。表格是一种简明扼要的表达方式,它以行和列的形式组织信息。表格结构严谨、效果直观,往往一张简单的表格就可以代替大量的文字叙述,而且可以直接表达意图。Word 2003 提供了极强的表格制作功能,可以很轻松地制作出各种各样实用、美观的表格来。

3.4.1　建立和删除表格

表格是由行和列组成的,一行和一列的交叉处是一个单元格。表格中的信息包含在各个单元格中。要使用表格,就要先建立表格。在 Word 2003 中,可以使用菜单命令或工具栏命令按钮先建立表格,然后再向表格中输入数据,也可以将现有的文本段落直接转换成表格。

1. 直接建立表格

直接建立表格有以下两种方法:

(1)使用工具栏可以建立结构比较简单的表格

例如,建立一个 3 行 4 列的表格,可按如下步骤进行操作:

①将插入点移到要建立表格的位置。

②单击"常用"工具栏上的"插入表格"按钮,这时屏幕上显示出一个下拉窗口。

按住鼠标左键,将下拉窗口向下向右拖动,拖动时下拉窗口在横向上和纵向上增值,直到窗口值变为 3 行 4 列,松开鼠标左键。

这时在文档窗口中就会显示一个 3 行 4 列的表格,如图 3-53 所示。

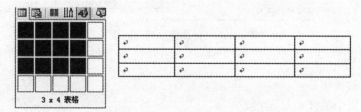

图 3-53　使用工具栏建立表格

使用工具栏插入表格十分简单,但美中不足的是,表格中的列宽是平均分配的,而不能由用户定义,无论几列的表格都要占满整行,这样当对表格的列宽提出具体的要求时,就无法达到目的。

(2)使用菜单

使用菜单建立表格的方法虽然复杂一些,但它的功能更完美、设置更精确、操作更灵活。例如,建立一个 5 行 6 列的表格,要求每行的宽度为 2 厘米,具体操作步骤如下:

①将插入点移到要建立表格的位置。

②单击"表格"菜单的命令,然后在其级联菜单中选择"插入"、"表格"命令,弹出"插入表格"对话框,如图 3-54 所示。

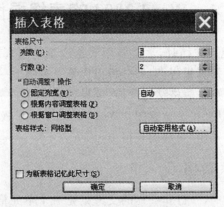

图 3-54　"插入表格"对话框

③在"表格尺寸"组中的"行数"框中输入"5",在"列数"框中输入"6"。

④单击"自动调整"操作组中的"固定列宽"单选项,并在右边的框中选择 2 厘米。固定列宽的默认状态为自动模式,即表格总体宽度占满整行,每一列的宽度平均分配。如果要使表格的宽度根据窗口的情况自动调整,可以选中"根据窗口调整表格"单选项。如果要使表格的宽度根据内容的多少自动调整,可以选中"根据内容调整表格"单选项。

⑤单击"确定"按钮,建立结果如图 3-55 所示。

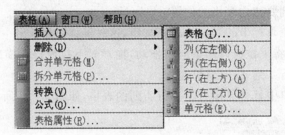

图 3-55　使用菜单建立表格

2. 删除表格

删除表格的操作是:

①单击表格中的任一单元格。

②选择"表格"菜单下"删除"子菜单中的"表格"命令,这将一次删除整个表格。

3. 在表格中输入数据

首先要选择单元格,选择单元格可以单击鼠标来实现。单击哪个单元格,文档的插入点便在哪个单元格出现,此时便可以输入需要的数据。

在输入完一个单元格中的数据后,还可以使用键盘上的光标移动键来移动插入点,继续输入数据。

3.4.2　编辑表格

表格建立好后,为了使表格看起来更美观、更清晰,结构更合理,有时还需要对其进行修改。比如调整表格的行高和列宽,插入行、删除行、移动表格位置等。

1. 在表格中移动和选定

对表格无论进行怎样的修改操作,都需要先移动插入点到相应位置,或选中要修改的对象。因此在表格中的移动和选定操作是编辑表格的基础,应熟练掌握。

(1)在表格中移动

使用鼠标在表格中移动非常简单。一般情况下,当表格比较小时,表格会全部显示在屏幕上,这时使用鼠标更方便。但如果表格比较大,那么屏幕上就不能显示表格的所有内容,此时若用鼠标,需要先通过滚动条显示出表格的移动位置,因此使用键盘则更方便。

(2)在表格中选定

在表格中选定文本的方法与编辑文档时选定文本的方法一样,这里只介绍如何选定表格中的单元格、行和列。表 3-3 列出了如何使用鼠标在表格中进行选定操作。

表 3-3　选定表格的鼠标操作

操　　　作	结　　果
将鼠标指针移到单元格的左边界,单击鼠标左键	选定一个单元格
将鼠标指针移到某行的左边,单击鼠标左键	选定一行
将鼠标指针移到某列的顶端,当鼠标指针处在合适的位置时,显示一个向下的箭头,这时单击鼠标左键	选定一列
在要选定的单元格、行或列上拖动鼠标或先选定某一单元格、行或列,然后再按下 Shift 键的同时单击其他单元格、行或列	选定多个单元格、行和列
将鼠标指针移至表格内,当表格左上角出现表格移动手柄时,单击表格移动手柄	选定整个工作表

使用"表格"菜单命令也可以选定行、列或整个表格,其操作步骤如下:

①将插入点移到要选定的行、列或表中。

②单击"表格"菜单中的"选定"命令。

③从弹出的级联菜单中选择"行"、"列"或"表格"命令。

2. 调整表格的行高和列宽

在编辑表格时,常常可以看到,由于表格中行太高,或者表格中的列太窄,而使得表格结构不合理,表格内容显示不美观。因此需要对表格的行高或列宽进行调整。

(1)调整行高

一般情况下,在 Word 2003 中,表格行高是默认 5 号字高,当要改变单元格的字号时,相应的行高度会自动变化。也就是说,当单元格的字号增大时,其高度自动增加,但有时会出现这样的情况,想让行高一些,文本放在行中间,并使其与单元格四周留有空隙,这时就要调整表格中行的高度。

在 Word 2003 中,调整行高有两种方法:鼠标和菜单。

方法一,在 Word 2003 中,可以使用鼠标直观地调整行高,步骤是:①将鼠标指针移动到需要调整行高的表格框线上;②当鼠标指针变成上下箭头时,按下鼠标左键;③拖动其到目的位置;④松开鼠标左键。使用鼠标调整行高,虽然比较直观、方便,但不能精确调整。

方法二,若要精确调整行的高度,应该使用菜单,并按如下步骤操作:①选中要调整行高的一行或数行;②单击"表格"菜单中的"表格属性"命令,打开"表格属性"对话框,再单击"行"选项卡;③选中"指定高度"复选框,然后在其右边框中键入或选择所需的值;④单击"确定"按钮。

(2)调整列宽

与调整行高类似,调整列宽也有两种方法:鼠标和菜单。使用鼠标调整列宽是将鼠标指针移动到需要调整列宽的表格框线上,当鼠标指针形状变成左右箭头时,按下鼠标左键,拖动其到目的位置,然后松开鼠标左键。使用菜单调整列宽的操作步骤如下:

①选中要调整列宽的一列或数列。

②单击"表格"菜单中的"表格属性"命令,打开"表格属性"对话框,再单击"列"选项卡。

③选中"指定宽度"复选框,并在其右边框中键入或选择所需的值。

④单击"确定"按钮。

3. 插入单元格、行和列

在制作表格时,一般情况下,不可能一次就编出符合要求的表格,有时会缺少行、有时会缺少列,此时就要将缺少的行或列插入到表格中。

(1)插入行的方法有两种:工具栏和菜单。

方法一,使用工具栏插入行。其步骤是:

①选定要插入行位置上的一行或数行。

②单击"常用"工具栏的"插入行"按钮。

这时就会在插入点位置插入与选定行数相同的行。

方法二,使用菜单插入行。其步骤是:

①将插入点移动到要插入行的位置上。

②单击"表格"菜单中的"插入"命令。

③选择其级联菜单中的"行(在上方)"命令,则在插入点上方插入一行;选择其级联菜单中的"行(在下方)"命令,则在插入点下方插入一行。

如果要在表格末尾添加一行,更简单的方法是单击最后的一行的最后一个单元格,然后按 Tab 键,或将插入点移到最后一行最后一列的表格外侧紧靠着它的地方,按 Enter 键。

(2)插入列有两种方法:用工具栏或菜单插入。

方法一,使用工具栏插入列。其步骤如下:

①选定要插入列位置上的一列或数列。

②单击"常用"工具栏上的"插入列"按钮,就会在插入点位置插入与选定列数相同的

列。方法二,使用菜单插入列。其步骤是:

①将插入点移到要插入的位置上。

②单击"表格"菜单中的"插入"命令。

③选择其级联菜单中的"列(在左侧)"命令,则在插入点左侧插入一列;选择其级联菜单中的"列(在右侧)"命令,则在插入点右侧插入一列。

若要在表格外右侧添加新的一列,其操作步骤如下:

①将插入点移到最后一列的外侧紧靠着它的地方。

②单击"表格"菜单中的"选定"命令中的"选定列"命令。

③单击"常用"工具栏上的"插入列"按钮,或单击"表格"菜单中的"插入"命令,然后选择其下级菜单中的"列(在右侧)"命令。

(3)插入单元格

在实际的编辑操作中,除需要插入行和列以外,有时也需要插入单元格,插入单元格的操作可以使用工具栏按钮和菜单命令完成。

方法一,使用工具栏插入单元格。其操作步骤如下:

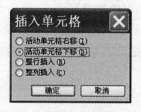

图 3-56　"插入单元格"对话框

①选定要插入位置上的单元格。

②单击"常用"工具栏上的"插入单元格"按钮,这时屏幕上显示如图 3-56 所示的"插入单元格"对话框。

③如果要在选中的单元格位置插入新单元格,原单元格右移,则选中"右侧单元格右移"单选按钮;如果要在选中的单元格位置插入新单元格,原单元格下移,则选中"活动单元格下移"单选按钮;如果要在选定的单元格上方插入一整行,则选中"整行插入"单选按钮;如果要在选定的单元格左侧插入一整列,则选中"整列插入"单选按钮。

④单击"确定"按钮,在原位置会插入一个新单元格,并自动被选定,可在其中输入新内容。原来被选定的单元格将根据用户选择右移或左移,同时引起相关单元格移动。

方法二,使用菜单插入单元格。其操作步骤如下:

①将插入点移到要插入位置上的单元格。

②单击"表格"菜单中的"插入"命令,并选择其级联菜单中的"单元格"命令,打开"插入单元格"对话框。后续的操作与使用工具栏操作完全相同。

4. 删除单元格、行和列

如果对已建成的表格不满意,可进行修改。例如将不需要的单元格、行或列删除。删除行或列的操作与使用菜单插入行或列的操作基本相同,先将插入点移到要删除的行或列上,或者选定要删除的行或列,然后单击"表格"菜单上的"删除"命令,并从其级联菜单中选择"行"或"列"命令。

删除单元格与插入单元格的操作类似,操作步骤如下:

①将插入点移到要删除的单元格的位置上,或选定要删除的单元格。

②单击"表格"菜单中的"删除"命令,并选择其级联菜单中的"单元格"命令,这时屏幕上出现"删除单元格"对话框。

③如果要使被删除的单元格右侧的单元格移到被删除单元格的位置。应选中"右侧单元格左移"单选按钮;如果要使被删除的单元格下面的单元格移到被删除单元格的位置,则应选中"下方单元格上移"单选按钮;如果要删除一整行,则选中"整行删除"单选按钮;如果要删除一整列,则选中"整列删除"按钮。

④单击"确定"按钮。

5. 移动和缩放表格

Word 2003 为表格制作提供了一个新的工具,这就是表格移动手柄和表格缩放手柄。表格移动手柄允许使用鼠标移动表格到页面的其他位置,而表格缩放手柄允许改变整个表格的大小,同时保持行和列比例不变。

(1)移动表格

当需要将整个表格从一处移动到另一处,可以使用表格移动手柄。使用方法是:将鼠标指针移到表格内任意位置,当表格左上角出现表格移动手柄后,再将鼠标放在该手柄上,按下鼠标左键拖动表格移动手柄到新的位置,然后松开鼠标左键。

(2)缩放表格

如果对已建表格的大小不满意时,可以使用表格缩放手柄更改表格的大小,更改后的表格行列比例不变。具体操作方法是:将鼠标指针移到表格内任意位置,当表格右下角出现表格缩放手柄后,再将鼠标放在该手柄上,并按下鼠标左键拖动表格缩放手柄到新的位置,然后松开鼠标左键。

3.4.3　设置表格框线

在默认情况下,生成的表格均带有内外框线,而实际文档中,可能需要设置某些框线不显示,而某些框线又需要调整其粗细或线型。

1. 显示和隐藏框线

框线是指构成表格的横线、竖线和斜线等。这些线可以显示,也可以不要。若要隐藏表格中的所有竖线,以及第一行上下框线和表格最下面的框线,操作步骤如下:

①选定整个表格。

②单击表格工具栏中的框线按钮右边的向下箭头,打开框线列表。在这个列表中,呈按下状态的按钮对应的框线是当前显示的,反之为隐藏的框线,如图 3-57 所示。

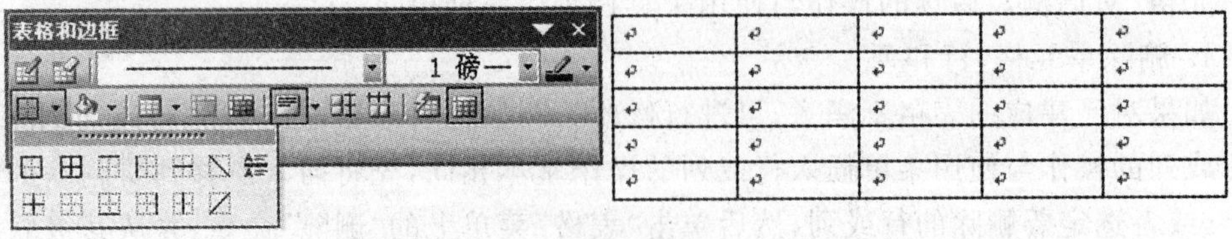

图 3-57　框线按钮列表

③单击左框线按钮隐藏表格最左边的框线。

④重复第二步,再单击右框线按钮隐藏最右边的框线。

⑤重复第二步,再单击内部竖线按钮,去掉表格内部的竖框线。

⑥下面的过程是隐藏横线,首先选定第二行到第四行之间的行。

⑦单击框线按钮右边箭头打开框线列表。

⑧单击下框线按钮隐藏第四行的下框线。

⑨重复第七步,然后单击内部横框线按钮隐藏横框线,在本例中,也就是隐藏第二和第三行的下框线。

2. 调整框线的粗细

现在将表 3-4 所示的表格上端和最下端的框线调粗些,操作如下:

①单击表格工具栏中的粗细按钮右边的向下箭头,从打开的框线粗细列表中选择 3 磅,此时绘制表格按钮将处于选择状态,鼠标光标变成铅笔形状。

②在第一行最左边的线段开始拖动到最右边的线段释放鼠标,此线段将变成粗线。

③在最后一行最左边的线段开始拖动到最右边的线段释放鼠标键,此线段将变成粗线,结果参见表 3-5 所示。

表 3-4　学生成绩表

姓名	语文	物理	数学
张青	77	87	87
李明	86	77	76

表 3-5　学生成绩表

姓名	语文	物理	数学
张青	77	87	87
李明	86	77	76

3. 调整框线的线型

要将表 3-4 所示的表格第二条横线改为双线,操作如下:

①单击表格工具栏上的线型按钮右边的向下箭头,从打开的线型列表中选择双线,此时绘制表格按钮处于选择状态,鼠标光标变成了铅笔形状。

②在第二行最左边的线段开始拖动,到最右边的线段释放鼠标,此单线变成双线,结果如表 3-6 所示。

表 3-6　学生成绩表

姓名	语文	物理	数学
张青	77	87	87
李明	86	77	76

3.4.4　处理表格内容

在完成了表格的建立和编辑后,还需要对表格的内容进行处理。比如编辑表格中的文本内容、计算表格中的数据、对表格中数据进行排序整理、设置表格显示格式等。

1. 表格中文本的编辑

建立一个表格只是表格处理的开始。但要完成一个表格的制作,还需要将文本输入到表格中,并对输入的内容进行必要的编辑。

（1）向表格中输入文本

向表格中输入文本与在表格外的文档中输入文本一样简单,只要将插入点移动到要输入的单元格内,然后输入具体内容就可以了。输入完一个单元格后,可以通过前面介绍的在表格中移动的方法,将插入点移动到下一个要输入文本的单元格中,继续输入即可。

（2）清除表格中的文本

在表格的单元格中编辑文本的方法与在表格外的文档中基本相同,但对于单元格、行或列的内容的复制、移动、清除等操作则与表格外文本的操作有所不同。要清除某一个或

某几个单元格、某一行或某几行、某一列或某几列中的内容,可以按以下步骤进行操作:

①选定要清除内容的单元格、行或列。

②单击"编辑"菜单中的"清除"命令,或按 Del 键。

(3)移动/复制表格中的文本

有时需要将表格中某一单元格、行或列的文本移动或复制到其他单元格,这有许多方法可以实现,如使用鼠标、剪贴板或剪贴板工具栏。其中使用剪贴板工具栏移动或复制单元格、行或列的内容与移动或复制文本的操作相同。使用鼠标操作的方法如下:

①选定要移动或复制的单元格、行或列。

②将鼠标指针指向所选单元格、行或列的下边沿。

③若要移动选定的单元格、行或列,按住鼠标左键,拖动到新的位置,然后松开鼠标左键;若要复制选定的单元格、行或列,先按住 Ctrl 键,再按住鼠标左键,当鼠标指针变成带"✦"的左上箭头时,拖动鼠标到新的位置,松开鼠标左键,最后放开 Ctrl 键。

2. 数据的计算

在制作表格时,可能经常遇到这样的情况,所建表格中有些单元格中的数据应该通过计算得到。如表 3-7 所示的表格中,总分、平均分及各科成绩的总分等数据就可以通过计算得到。

表 3-7　学生成绩表

姓名	语文	物理	数学	总分
张青	77	87	87	
李明	86	77	76	
王晓	76	77	65	

(1)单元格的引用

在进行数据计算时,往往要使用一些单元格中的数据,因此在计算公式中就要指出参与计算的单元格,也就是说,需要引用单元格。表格中的单元格是用 A1、A2、B1、B3 这样的形式来引用的,其中字母代表列,数字代表行。如 B3 就表示第 2 列第 3 行的单元格。

在公式中引用独立单元格时,用逗号分开;而引用选定区域时,第一个单元格和最后一个单元格之间,用冒号分开。如公式 SUM(A1、B1、C1)是对 A1、B1、C1 这 3 个单元格求和,而 SUM(A1:C2)表示对选定区域单元格 A1、A2、B1、B2、C1、C2 求和。

(2)在表格中计算

在表格中进行计算,应先将插入点移动到要存放计算结果的单元格中,然后单击"表格"菜单中的"公式"命令,打开"公式"对话框;在"公式"对话框中的"公式"文本框内输入相应的公式;最后单击"确定"按钮。

3. 数据的排序

Word 2003 提供的排序功能,能够实现对表格中的数据排序。下面通过一个实例来介绍排序的方法。将表 3-7 中的学生次序按语文成绩降序排列,其操作步骤如下:

①选中表格第 1 行到第 4 行。

②单击"表格"菜单中的"排序"命令,打开"排序"对话框。

③单击"主要关键字"框下边的下三角形按钮,并从弹出的列表中选择"语文"项。

④单击"类型"下拉列表框右边的下三角形按钮,并从弹出的列表中选择"数字"项。

⑤选中"降序"单选项。如果要按递增顺序排列,则应选中"升序"单选项。

⑥单击"确定"按钮,这时表格中数据将按语文成绩递减排好,结果如表 3-8 所示。

表 3-8　学生成绩表

姓名	语文	物理	数学	总分
李明	86	77	76	
张青	77	87	87	
王晓	76	77	65	

4. 表格中文本格式的设置

在完成表格内容的处理后,为使表格某些数据醒目和突出,使整个表格看上去更为整齐,常常还需要对表格中的文本进行格式设置。比如设置字体、颜色、对齐方式等。

(1)设置文本字体

当需要设置单元格中文本的字体时,在选定了要设置的文本或单元格后,直接按"格式"工具栏相应的按钮即可。如果要设置更复杂的字体则可使用"格式"菜单中的"字体"命令,设置方法与在文档中的设置方法相同。

(2)修饰文本

Word 2003 可对表格中的文本、单元格进行修饰。修饰的内容包括:设置字符颜色、为单元格添加底纹等。

当需要修饰单元格中的文本时,在选定了要修饰的文本或单元格后,使用"格式"工具栏中的"字体颜色"按钮为文本添加颜色;使用"表格和边框"工具栏上的"底纹颜色"按钮为单元格添加底纹等。如果窗口中没有"表格和边框"工具栏,可按前面介绍的方法将该工具框显示出来。也可以执行"表格"菜单中的"绘制表格"命令,显示出"表格和边框"工具栏。如果修饰的内容比较复杂,可以使用"格式"菜单中的"字体"命令和"边框和底纹"命令。

(3)对齐文本

如果要使单元格中的文本两端对齐、靠右对齐、居中对齐或是分散对齐,均可以像对文档中的文本一样,直接通过单击"格式"工具栏中相应的工具栏按钮实现。但是使用"格式"工具栏上的对齐按钮实现的是水平对齐,如果表格行较高,使用它无法将文本内容显示在中间。Word 2003 提供了非常丰富的对齐方式,不仅可以水平对齐,而且还可以将单元格中的文本靠上两端对齐、中部居中、靠下右对齐等。

例如,要将表 3-8 所示表格第 1 行文本靠下右对齐,可按如下步骤进行操作:

①选中表格第 1 行。

②单击"表格和边框"工具栏中的"对齐"按钮右边的下三角形按钮,或者在选中的行上单击鼠标右键,然后在弹出的快捷菜单中选择"单元格对齐方式"命令,这时就可以执行"对齐"列表,如表 3-9 所示。

表 3-9　学生成绩表

姓名	语文	物理	数学	总分
李明	86	77	76	
张青	77	87	87	
王晓	76	77	65	

③选择"靠下右对齐"按钮。

（4）设置单元格边框

设置单元格的边框线同样可以使用两种方法完成。

第一种方法是使用工具栏。在选定了要设置的单元格或表格后，按"格式"工具栏"边框"按钮右边的下三角形按钮，打开"边框"列表，然后从中选择一个所需要的边框线即可。

第二种方法是使用菜单。使用"格式"工具栏进行边框设置有很大的局限性，这种局限性主要表现在边框线线条的样式上。使用菜单可以解决这一问题。

使用菜单添加边框的操作步骤如下：

①选中添加边框的单元格或表格。

②单击"格式"菜单中的"边框和底纹"命令，并在弹出的"边框和底纹"对话框中单击"边框"选项卡，这时屏幕上出现如图 3-58 所示的对话框。

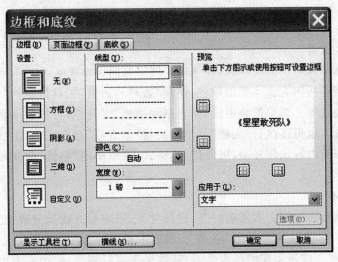

图 3-58　"边框和底纹"对话框

③根据对话框中提示内容进行必要的选择，然后单击"确定"按钮。

3.4.5　创建复杂的表格

实际应用中，需要建立的表格有时比较复杂，如表 3-10 所示的表格。事实上，Word 2003 提供了许多建立复杂表格的方法。

表 3-10　学生成绩统计表

成绩 姓名	第一学期		第二学期		第三学期		第四学期	
	半期	学期	半期	学期	半期	学期	半期	学期
张　青	56	66	77	66	66	66	66	67
王　明	66	65	65	76	76	76	77	77
李　明	76	66	76	57	76	56	77	88

1. 合并单元格

在制作比较复杂的表格时,常常有像"第一学期"这样的单元格。要想得到这样的单元格可以使用 Word 2003 提供的合并单元格命令,将一行的若干个单元格合并起来,或将一列中若干个单元格合并起来。合并单元格的方法比较简单,只要先选中要合并的多个单元格,然后执行"表格"菜单中的"合并单元格"命令,或单击"表格和边框"工具栏上的"合并单元格"按钮即可。

2. 拆分单元格

Word 2003 不仅可以将若干个单元格合并起来,而且还可以将一个单元格拆分为若干个单元格。在制作表格时,可以细画再合,也可以粗画再拆。拆分单元格的方法也非常简单,可以先选中要拆分的单元格,然后执行"表格"菜单中的"拆分单元格"命令,或单击"表格和边框"工具栏上的"拆分单元格"按钮。

3. 自由绘制复杂表格

前面介绍的所有表格制作方法都是通过命令完成的,制作出的表格一般都比较规范,但有时要建立的表格并不规范,比如表 3 - 10 所示表格的表头中就出现了斜线。这时最简单的方法是使用 Word 2003 提供的绘制表格工具。

使用制表工具绘制复杂表格,首先要显示出"表格和边框"工具栏;然后可以使用工具栏上的按钮完成各种操作。例如要绘制表格线,可以单击"表格和边框"工具栏上的"绘制表格"工具,然后像使用一支画笔一样,从单元格的一个角画到另一个角,从而画出一个表格外框来。又如要取消一条单元格线或表格线,单击"擦除"按钮,然后单击框线并且沿着线条拖动橡皮擦。

4. 表格对齐

对于制作好的表格,如果要将其放在中间,可以使用"表格属性"对话框,设置表格的对齐位置,具体操作方法如下:

①将插入点放在表格中任意位置。

②单击"表格"菜单中的"表格属性"命令,打开"表格属性"对话框,然后单击"表格"选项卡。

③在"对齐方式"组中选择"居中"。

④单击"确定"按钮。

3.4.6　文本与表格的转换

Word 2003 不仅提供了创建和编辑表格的功能,而且还提供了表格与文本相互转换的功能。

图 3 - 59　表格转换为文本

1. 将表格转换为文字

有时需要将表格框线完全删除,转换为文字格式。其操作如下:

①选定表格。

②选择"表格"菜单中的"转换"子菜单中的"表格转换为文本"命令,此时将出现"将表格转换成文本"对话框,如图 3 -

59 所示。

③在对话框中选择文字分隔符,也就是表格各单元格之间的分隔符号,如逗号等。

④单击"确定"按钮完成。

2. 将文字转换为表格

对于要转换为表格的文字,操作步骤如下:

①用分隔符将同一行中将要放置到不同单元格的文字分隔,如使用制表符或逗号分隔;对不在同一表行的文字使用回车分隔。

②选择要转换为表格的所有文字。

③选择"表格"菜单下"转换"子菜单中的"文本转换为表格",此时将出现"将文字转换成表格"对话框,如图 3-60 所示。

④在这个对话框中选择文字分隔位置,如制表符。

⑤单击"确定"按钮完成。

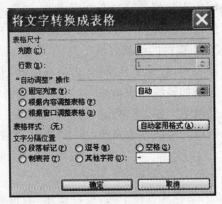

图 3-60　文字转换为表格

3. 在表格中插入表格

在绘制好的表格的单元格中,还可以插入表格,操作如下:

①单击要插入表格的单元格。

②选择"表格"菜单"插入"子菜单下的"表格"命令。

③在出现的"插入表格"对话框中设置新插入表格的行数和列数。

④单击"确定"按钮。

练习题

一、单项选择题

1. 在 Word 2003 中要复制字符格式而不复制文字,需用_____按钮。

A. 格式选定　　　　B. 格式刷　　　　C. 格式工具框　　　D. 复制

2. 在编辑 Word 2003 文档时,如果输入的新字符总是覆盖文档中插入点处已输入的字符,原因是_____。

A. 当前文档正处于改写的编辑方式　　　B. 当前文档正处于插入的编辑方式

C. 文档中已有字符被选择　　　　　　　D. 文档中有相同的字符

3. Word 2003 中,_____视图方式可以显示出分页符,但不能显示出页眉和页脚。

A. 普通　　　　　　B. 页面　　　　　　C. 大纲　　　　　　D. Web 版式

4. Word 2003 下的"快速保存文件"是将_____存盘。

A. 整个文件内容　　　B. 变化过的内容　　C. 选中的文本内容　　D. 剪贴板上的内容

5. 在 Word 2003"窗口"菜单底部显示的打"N"的文件名所对应的文档是_____。

A. 当前正在操作的文档　　　　　　　　B. 当前已经打开的所有文档

C. 扩展名是 .doc 的所有文档　　　　　　D. 最近被 Word 操作过的文档

6. 在 Word 2003 的编辑状态,选择四号字后,按新设置的字号显示的文字是_____。

A. 插入点所在的段落中的文字　　　　　B. 文档中被选择的文字

C. 插入点所在行的文字　　　　　　　　D. 文档的全部文字

7. 在 Word 2003 的编辑状态,已经设置了标尺,可以同时显示水平标尺和垂直标尺的视图方式是_____。

A. 大纲视图　　　　　B. 普通视图　　　　C. 全屏显示　　　　　D. 页面视图

8. 在 Word 2003 编辑的内容中,文字下面有红色波浪下划线的表示_____。

A. 已修改过的文档　　　　　　　　　　B. 对输入的确认

C. 可能的拼写错误　　　　　　　　　　D. 可能的语法 错误

9. 在 Word 2003 中,可以通过_____菜单中的"选项"命令来指定标尺的刻度单位。

A. 编辑　　　　　　　B. 格式　　　　　　C. 工具　　　　　　D. 视图

10. 直接启动 Word 2003 时,系统自动建立新文档窗口,此时标题栏显示的文档名为_____。

A. 你的计算机名称　　B. "BOOK1"　　　C. "新文档 1"　　　D. "文档 1"

11. 在 Word 2003 的编辑状态,使插入点快速移到行尾的快捷键是_____。

A. End 键　　　　　　B. Shift+End 键　　C. Ctrl+End 键　　D. Alt+End 键

12. 在 Word 2003 中,要求在打印文档时每一页上都有页码,_____。

A. 已经由 Word 根据纸张大小分页时自动加上

B. 应当由用户执行"插入"菜单中的"页码"命令加以指定

C. 应当由用户执行"文件"菜单中的"页面设置"命令加以指定

D. 应当由用户在每一页的文字中自行输入

13. 在 Word 2003 中,一个文档有 200 页,定位于 112 页的最快方式是_____。

A. 用垂直滚动条快速移动文档定位于第 112 页

B. 用向下或向上箭头定位于第 112 页

C. 用 Page Down 或 Page Up 定位于第 112 页

D. 用"定位"命令定位于 112 页

14. 在 Word 2003 中,页码与页眉页脚的关系是_____。

A. 页眉页脚就是页码

B. 页码与页眉页脚分别设定,所以二者彼此毫无关系

C. 不设置页眉和页脚,就不能设置页码

D. 如果要求有页码,那么页码是页眉或页脚的一部分

15. 在 Word 2003 中,将文字转换为表格时,需放入不同单元格的同一行文字间_____。

A. 必须用逗号分隔开

B. 必须用空格分隔开

C. 必须用制表符分隔开

D. 可以用以上任意一种符号或其他符号分隔开

16. Word 2003 工具栏中的"格式刷"按钮可用于复制文本或段落的格式,若要将"格式刷"重复应用多次,应该_____。

A. 单击"格式刷"按钮　　　　　　B. 双击"格式刷"按钮

C. 右击"格式刷"按钮　　　　　　D. 拖动"格式刷"按钮

17. 在 Word 2003 中,段落对齐方式中的"分散对齐"指的是_____。

A. 左右两端都要对齐,字符少的则加大间隔,把字符分散开以使两端对齐

B. 左右两端都要对齐,字符少的则靠左对齐

C. 或者左对齐或者右对齐

D. 段落的第一行右对齐,未行左对齐

18. 在 Word 2003 的编辑状态,当前插入点在表格中某行的最后一个单元格内,按 Enter(回车)键后,_____。

A. 插入点所在的行加高　　　　　B. 对表格不起作用

C. 在插入点下增加一表格行　　　D. 插入点所在的列加宽

19. 在 Word 2003 中,表格拆分指的是_____。

A. 从某两行之间把原来的表格分为上下两个表格

B. 从某两列之间把原来的表格分为左右两个表格

C. 从表格的正中间把原来的表格分为两个表格,方向由用户指定

D. 在表格中由用户任意指定一个区域,将其单独存为另一个表格

20. 从一页中间分成两页,正确的命令是_____。

A. "插入"菜单中的"页码"　　　　B. "插入"菜单中的"分隔符"

C. "插入"菜单中的"自动图文集"　　D. "格式"菜单中的"字体"

21. 使用 Word 2003 的绘图工具中的"矩形"或"椭圆"工具按钮绘制正方形或圆形时,应同时按_____键。

A. Tab　　　　B. Alt　　　　C. Shift　　　　D. Ctrl

22. 在 Word 2003 的文本与表格转换中,正确的描述是_____。

A. 只能将文本转换成表格　　　　B. 只能将表格转换成文本

C. 不能互相转换　　　　　　　　D. 可以互相转换

23. 在 Word 2003 中,关于打印预览叙述错误的是_____。

A. 打印预览是文档视图显示方式之一

B. 无法对打印预览的文档编辑

C. 预览的效果和打印出的文档效果相匹配

D. 在打印预览方式中可同时显示多页文档

24. 在 Word 2003 中,当前编辑的文档是 C 盘中的 dl. doc 文档,要将文档送到 U 盘保存,应当使用_____。

A."文件"菜单中的"另存为"命令

B."文件"菜单中的"保存"命令

C."文件"菜单中的"新建"命令

D."插入"菜单中的相关命令

25. 在 Word 2003 的编辑中,若把当前文档进行"另存为"操作,当输入新文件名并确定之后,则_____。

A. 原文档被当前文档所覆盖

B. 当前文档与原文档互不影响

C. 当前文档与原文档互相影响

D. 以上说法均不对

26. 在 Word 2003 的编辑文档中选取对象后,再按下 Delete(或 Del)键,则可以删除_____。

A. 插入点所在的行　　　　　　　　B. 插入点及其之前的所有内容

C. 所选对象　　　　　　　　　　　D. 所选对象及其后的所有内容

27. 在 Word 2003 下,选定矩形文本块一般是通过鼠标拖放与_____键配合操作。

A. Alt　　　　　　B. Shift　　　　　　C. Ctrl　　　　　　D. Numlock

28. 在 Word 的编辑状态下,执行"文件"菜单中的"关闭"命令,_____。

A. 将正在编辑的文档丢弃

B. 将关闭当前窗口中正在编辑的文档

C. 将结束 Word 工作,返回到 Windows 桌面上

D. 将关闭 Word 主窗口,屏幕上不再显示

29. 在 Word 文档编辑中,"撤销"命令的功能是_____。

A. 关闭已打开的当前文档　　　　　B. 退出 Word 窗口

C. 撤销上一步进行的操作　　　　　D. 删除选定的内容

30. 在中文 Word 2003 的编辑状态下,执行"文件"菜单中的"保存"命令后,_____。

A. 将所有打开的文档存盘

B. 只能将当前文档存储在已有的原文件夹内

C. 可以将当前文档存储在已有的任意文件夹内

D. 可以先建立一个新文件夹,再将文档存储在该文件夹内

31. 在中文 Word 2003 主窗口的右上角,可以同时显示的按钮是_____。

A. 最小化、还原和最大化　　　　　B. 还原、最大化和关闭

C. 最小化、还原和关闭　　　　　　D. 还原和最大化

32. 在中文 Word 2003 的编辑状态下,执行"编辑"菜单中的"粘贴"命令后,_____。

A. 被选择的内容移到插入点处

B. 被选择的内容移到剪贴板

C. 剪贴板中的内容移到插入点

D. 剪贴板中的内容复制到插入点

33. 在 Word 2003 中，当前已打开一个文件，若想打开另一文件，则_____。

A. 首先关闭原来的文件，才能打开新文件

B. 打开新文件时，系统会自动关闭原文件

C. 可直接打开另一文件，不必关闭原文件

D. 新文件的内容将会加入原来打开的文件

34. 在 Word 2003 中，若要设定某一段与其前后段之间的间距，最好的解决方法是_____。

A. 在每两行之间用按回车键的办法添加空行

B. 通过段落格式设定行距

C. 通过段落格式设定段距

D. 用字符格式设定间距

35. 在中文 Word 2003 中，变换视图模式可以通过"视图"菜单选择其相应命令来实现，但最快的方法是用鼠标单击_____按钮。

A. 垂直滚动条上方相关按钮　　　　　　B. 垂直滚动条下方相关按钮

C. 水平滚动条左侧相关按钮　　　　　　D. 水平滚动条右侧相关按钮

36. 在中文 Word 2003 窗口的工作区里，闪烁的小垂直条表示_____。

A. 光标位置　　　　B. 按钮位置　　　　C. 鼠标图标　　　　D. 拼写错误

37. 在以下 4 种操作中，_____可以在中文 Word 2003 窗口中的文档内选取整行。

A. 将鼠标指针指向该行，并单击鼠标左键

B. 将鼠标指针指向该行，并单击鼠标右键

C. 将鼠标指针指向该行外的最左端，并单击鼠标左键

D. 将鼠标指针指向该行外的最左端，按下 Ctrl 键的同时单击鼠标左键

38. 在中文 Word 2003 的编辑状态下，可以按 Delete 键来删除光标后面的一个字符，按_____键删除光标前面的一个字符。

A. Backspace　　　　B. Insert　　　　C. Alt　　　　D. Ctrl

39. 在中文 Word 2003 文本编辑状态中，查找的快捷键是_____。

A. Ctrl＋C　　　　B. Ctrl＋V　　　　C. Ctrl＋F　　　　D. Enter

40. 在中文 Word 2003 中，为了修饰表格，用户可以_____，也可以利用"表格"菜单中的"表格自动套用格式"命令。

A. 单击"格式"菜单中的"边框和底纹"命令

B. 单击"插入表格"按钮

C. 单击常用工具栏的"格式刷"按钮

D. 调用附件中的"画图"程序

二、操作题

1. 小说《复活》节选

尽管在一小块地方聚集的好几十万人，竭力把土地糟蹋得面目全非；尽管他们随意把

石头砸进地里,不让花草树木生长;尽管他们除尽刚出土的小草,把煤炭和石油烧得烟雾腾腾;尽管他们滥伐树木,驱逐鸟兽,但在城市里,春天毕竟还是春天。

阳光和煦,青草又四处生长,不仅在林荫道上,而且在石板缝里。凡是青草没有锄尽的地方,都一片翠绿,生意盎然。桦树、杨树和李树纷纷抽出芬芳的粘稠嫩叶,菩提树上鼓起一个个胀裂的新芽。

寒鸦、麻雀和鸽子感到春天已经来临,都在欢乐地筑巢。就连苍蝇都被阳光照暖,在墙脚下嗡嗡地骚动。

花草树木也好,鸟雀昆虫也好,儿童也好,全都欢欢喜喜,生气蓬勃。唯独人,唯独成年人,却一直在自欺欺人地折磨自己,也折磨别人。他们认为神圣而重要的,不是这春色迷人的早晨,不是上帝为造福众生所创造的人间,那种使万物趋向和平、协调、互爱的美;而是他们自己发明的种种手段。

(1)将标题文字改为黑体、三号字、加粗,标题居中,段后间距2行。

(2)将正文的第二段"阳光和煦……"分成两栏,并添加分隔线。

(3)将正文中的文字"树"全部替换为"tree"。

(4)将正文第三段"寒鸦、麻雀和鸽子……"加蓝色双线段落边框。

(5)添加页眉"前苏联长篇小说《复活》节选",右对齐。

(6)将第四段"花草树木也好……"中的一段文字"花草树木也好,鸟雀昆虫也好,儿童也好,全都欢欢喜喜,生气蓬勃"添加绿色底纹。

(7)设置整篇文档为 16 开纸(18.4 厘米×26 厘米),上边距和左边距分别为 2 厘米和 2.5 厘米。

(8)在正文后添加一个 3×3 的表格。

2. 软件工程方法论

采用软件工程方法论开发软件的时候,从对任务的抽象逻辑分析开始,一个阶段一个阶段地进行开发。前一个阶段任务的完成是开始进行后一个阶段工作的前提和基础,而后一阶段任务的完成通常是使前一阶段提出的解法更进一步具体化,加进了更多的物理细节。

每一个阶段的开始和结束都有严格标准,对于任何两个相邻的阶段而言,前一阶段的结束标准就是后一阶段的开始标准。在每一个阶段结束之前都必须进行正式严格的技术审查和管理复审,从技术和管理两方面对这个阶段的开发成果进行检查,通过之后这个阶段才算结束;如果检查通不过,则必须进行必要的返工,并且返工后还要再经过审查。审查的一条主要标准就是每个阶段都应该交出"最新式的"(即和所开发的软件完全一致的)高质量的文档资料,从而保证在软件开发工程结束时有一个完整准确的软件配置交付使用。

文档是通信的工具,它们清楚准确地说明了到这个时候为止,关于该项工程已经知道了什么,同时确立了下一步工作的基础。此外,文档也起备忘录的作用,如果文档不完整,那么一定是某些工作忘记做了,在进入生存周期的下一阶段之前,必须补足这些遗漏的细节。在完成生存周期每个阶段的任务时,应该采用适合该阶段任务特点的系统化的技术方法——结构分析或结构设计技术。

（1）设置标题为黑体、三号字、加粗，居中对齐。

（2）将整篇文档设置为 16 开纸（18.4 厘米×26 厘米），上边距为 3 厘米，左边距为 2 厘米。

（3）将正文第一段分为两栏，其中第一栏栏宽为 20 个字符，第二栏栏宽为 15 个字符。

（4）为第二段添加红色 3 磅的单线段落边框。

（5）添加页眉"软件工程学"，设为两端对齐。

（6）用菜单命令在文档右下角插入页码。

3. 高保真音乐格式揭秘

DVD－Audio：DVD－Audio 是以 DVD（Digital Versatile Disc，数字多用途光盘）作为储存介质的新音乐媒体，于 1999 年 3 月出台。采样方式为 LPCM（Linear Pulse Code Modulation，线性脉冲编码调制），可选择采用 MLP（Meridian Lossless Packing，无损压缩音频）技术减少庞大的信息容量。DVD－Audio 的采样率有 44.1KHz、48KHz、88.2KHz、96KHz、176.4KHz 和 192KHz 等，可以 16Bit、20Bit、24Bit 精度量化，使用立体声录制时最大信息流量可达 192KHz、24Bit，当采用 5.1 声道录制时最大采样率可达 96KHz。DVD－Audio 如此高的采样率最大的好处在于不需要繁复的超采样运算就可以得到正确的音乐信号波形，另一个好处是减少 Jitter 对音质的影响。DVD－Audio 碟片目前的价位大概也在数百元左右。

Delta－Sigma Modulation 可以用较低的成本和比较少的数字滤波器达到较高品质的声音水准，因此大受欢迎，飞利浦的 Bitstream（比特流）也属此类技术。索尼将其改良的 Delta－Sigma Modulation 技术命名为 DSD（Direct Stream Digital，直接流数字）。PWM 不同于 PCM 采样，是以信号振幅大小为主，而且改为记录目前信息数值大于或是小于前一个信息，是相当复杂的技术。

SACD 使用 DSD 的最大好处是从录音到播放全部都以 Delta－Sigma Modulation 处理数字信号，不用在录音时先用 PWM 采样再转回 PCM 储存，放音时又要把 PCM 经过 PWM 处理再经转回模拟信号的层层手续（听起来很笨，可是绝大部分的 CD 都是这样工作的），因此可以降低失真。

SACD 同样也有立体声和 5.1 声道的规格。由于 SACD 并非 PCM 编码，不需要多 Bit 储存振幅，只要 1 个 Bit 就够了，且采样率高达 2822400Hz。SACD 如同 DVD－Audio 有单面单层和单面双层的规格，比较特殊的是混合光盘（Hybrid Disc），此种格式第一层信息与普通 CD 相同，可以放到 CD 播放器中播放，第二层则是存放正宗的 DSD 信号，供 SACD 播放器播放。

（1）设置标题文字为黑体，二号字，字符间距加宽 4 磅，并给文字添加浅黄色的底纹。

（2）设置纸张为 16 开纸（18.4 厘米×26 厘米），上下边距分别为 2 厘米和 3 厘米。

（3）将正文第二段行距设置为 1.5 倍，段前间距 2 行，首字下沉 2 行。

（4）将正文第三段文字字体设置为红色。

（5）在文章最后添加一个 3 行 4 列的表格，设置表格的外框线为红色双线。

4. 巴尔扎克简介

巴尔扎克诞生于一七九九年五月二十日，他的家乡是法国首都巴黎西南的图尔城。

他出生后不久，被送到附近一个乡村寄养，长大以后，一直到上完中学，都住在学校里。家庭温暖的缺乏，使巴尔扎克生活很艰苦，却又培养了他独立思考和奋发上进的习性。

十九世纪上半期的法国，正处在封建主义和资本主义交替的时期。作为社会生活的写照，巴尔扎克的《人间喜剧》艺术地再现了封建贵族的衰落，描写了资产阶级的发迹史，揭露了他们一开始就暴露无遗的唯利是图、金钱至上的本质。对于受剥削的劳苦群众，作家则寄予了深切的同情。在这些作品中，《欧也妮·葛朗台》、《高老头》、《幻灭》、《农民》、《驴皮记》、《夏倍上校》、《高利贷者》、《纽沁根银行》等，都是影响极大的传世之作，成了世界文坛的共同财富。

《欧也妮·葛朗台》的主人公葛朗台是一个暴发户。他把金钱作为生活的唯一目标，不惜一切手段去达到目的，同时又十分吝啬，他把和周围人（包括妻子和女儿）的关系变成了纯粹的金钱关系。他的侄子查理则有着更强的能力和更大的野心，不但参加了资本主义的对外掠夺和奴役，还同封建统治者勾搭起来，爬上了上层社会。葛朗台和查理，一个守财奴一个野心家，生动形象地显示了资本主义上升时期资产阶级的特性。

至于欧也妮，她是作者心目中的理想人物，纯洁、善良、乐于助人。但是在那个社会环境里，她没有反抗，只是把痛苦藏在心里，靠着虚幻的宗教信仰支撑，默默地度过一生。

(1)将标题"巴尔扎克简介"居中，并将标题设为黑体、二号字、加粗，标题段前距设为1行、段后距设为2行。

(2)将正文各段均设为首行缩进2个字符。

(3)将整篇文档设为16开纸(18.4厘米×26厘米)，上、下边距均为2.6厘米。

(4)将正文第二段"十九世纪上半期的法国……"分为两栏，其中第一栏宽度14字符，第二栏宽度16字符。

(5)在文后插入一个4行5列的表格。

(6)在页眉处插入文字"法国文豪——巴尔扎克"，要求右对齐。

5. 碳分子与纳米技术

碳60分子每十个一组放在铜的表面组成了世界上最小的算盘。随着纳米技术的广泛运用，今后的生活、军事等领域还将发生重大的变化。

不怕生化武器

塔西纳里是美国马萨诸塞州内蒂克军事基地的一名科学家。他的研究目标是有一天为士兵提供一种能够防止各种伤害的智能战斗服。塔西纳里介绍说，为了提高士兵在各种环境下的生存能力，他们目前正在研制新一代的战斗服。即通过运用纳米技术，他们改变了原子和分子的排列，从而使纤维具有化学防护特性。经过纳米技术处理的纤维在让清新的空气通过的同时，可以将生化武器释放的毒素挡在身体之外。

塔西纳里从事纳米技术研究已经有很长一段时间，他表示，纳米技术主要是通过将原子和分子的重新排列来制造新的产品。这种技术说起来简单，真正做起来却不容易。塔西纳里估计至少在10年以内，纳米技术还不会应用到计算机处理器和微型机械等产品上，但在新材料领域却是大有可为。人们可以改变塑料、石油、纺织物的原子和分子的排列，使它们具备透气、耐热、高强度和良好的弹性等特征。塔西纳里预计，他们研究、设计的具有化学防护功能的战斗服有望在两年内面世。

轻松避开子弹

美国科学家运用纳米技术研制智能战斗服已经有 10 个年头。他们除了希望战斗服的面料具有化学防护功能外，还设想在战斗服内安装微型计算机和高灵敏度的传感器。这样，士兵将及时地得到警报，轻松避开射来的子弹。在他们的设想中，智能战斗服还能监控周围环境的重要变化，像变色龙一样具有伪装能力，与周围环境融为一体。

（1）设置整篇文档的纸张为 16 开（18.4 厘米×26 厘米）。

（2）请将标题"不怕生化武器"的格式复制到小标题"轻松避开子弹"上。

（3）将正文第一段"碳 60 分子每十个……"首行缩进 2 个字符。

（4）请将正文第二段"塔西纳里是美国马萨诸塞州……"分两栏，两栏间添加一个分隔线。

（5）为正文第三段"塔西纳里从事纳米技术研究……"添加红色段落边框，文本距离框线上下左右各 4 磅。

（6）请将全文中的"纳米"替换为拼音"NaMi"（请注意大小写）。

（7）添加页眉"碳分子技术"，设为右对齐。

第4章 电子表格处理软件 Excel 2003

Excel 2003 的主要功能是制作各种电子表格。它可用公式对数据进行复杂的运算，并将数据以各种统计图表的形式表现出来，直至可以进行数据分析，与前面介绍的 Word 2003 一样，已成为广大计算机用户普遍欢迎的软件。

4.1 Excel 2003 概述

Excel 2003 是集成在 Office 中的重要组件，可单独运行，也可与 Office 其他组件相互调用数据进行数据交换。本章从使用 Excel 2003 必备的基础知识入手，介绍了 Excel 2003 的基本使用方法。

4.1.1 Excel 2003 的功能

1. 表格编辑功能

Excel 2003 的首要功能是编辑表格（称为工作表 Worksheet）。表中的每个方格为单元格(Cell)。从建立工作表，到向单元格输入数据，以及对单元格内容的复制、移动、插入、删除与替换，Excel 2003 提供了一组完善的编辑命令，操作十分方便。

2. 表格管理功能

表格管理包括对工作表的查找、打开、关闭、重命名等多种功能。Excel 2003 总是把若干相关的工作表组成一本工作簿(Workbook)，并提供命令，支持对工作簿中的工作表进行插入、删除、移动、复制等操作。

3. 设置工作表格式

该功能的目的是改进工作表的外观，使之更加美观，重点突出。在 Excel 提供的初始工作表中，所有单元格采用相同的格式，形式单调，主次不分。使用 Excel 2003 的格式设置命令，可对表格的字体、边框等进行美化，也可对单元格的格式进行设置。

4. 绘制统计图表

Excel 2003 支持多类统计图，可将表格中的数据以直观的图表形式表现，更有利于数据的分析和处理。

5. 数据列表管理

对于具有关系数据表形式的工作表，Excel 2003 提供一种称为"数据列表管理"的功能，支持对这些数据清单进行类似于关系数据表的数据操作，如排序、筛选等。

以上是 Excel 2003 的基本功能，相对于以前的版本它还对二十几个功能做了改进或扩充，如"剪贴板"工具栏可为用户保存 12 份剪贴内容，日期格式采用 4 位数字等。

4.1.2　Excel 2003 窗口界面

　　Excel 2003 的编辑界面与前面介绍的 Word 有所不同,启动 Excel 2003 后进入如图 4-1 所示的窗口,下面结合该窗口介绍其窗口组成。

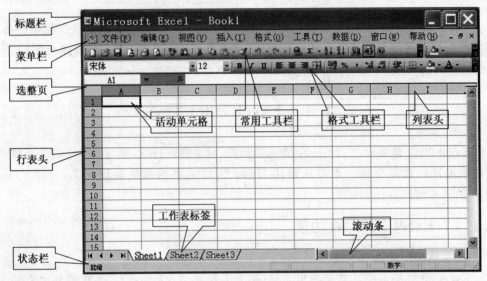

图 4-1　Excel 2003 窗口组成

　　1. 标题栏

　　窗口标题栏是对此窗口最直接的定位标志,此行中显示出当前使用程序的名称与当前打开的文件名称。标题栏中缺省的标题为"Microsoft Excel Book 1",其中"Book1"是缺省的空白工作簿的名称,如果打开第二个,则缺省为 Book2,依次类推。同时,标题栏中还提供了"控制菜单"图标、"最小化"按钮、"最大化"按钮、"关闭"按钮,可对窗口控制。

　　2. 菜单栏

　　Excel 2003 与大多数 Windows 应用程序一样,以菜单的方式管理程序中的命令。

　　3. 工具栏

　　工具栏以直观的图形按钮方式代表并执行菜单中列出的常用命令,以简化操作。Excel 2003 最常用的工具栏是:"常用工具栏"和"格式工具栏"。当鼠标指针停留在某个按钮上时,系统会给出相应的功能解释。

　　4. 公式编辑栏

　　用于输入与编辑单元格的内容或运算式。左边下拉框内一般显示当前单元的地址或所选区域的大小或名字,右边公式栏长条中显示当前单元格的内容或公式,公式就是对工作表中的数值进行计算的等式。在一个单元格输入内容时,可以在长条中看到输入情况,单击其中内容或按功能键 F2 就转为编辑状态,长条左边出现 3 个图标分别是:取消、输入、插入函数。

　　5. 列标与行标

　　列标通常用英文字母依次由左至右排列。即从"A"开始到"IV",总计 256 列。如果单击某一列标,则可选中此列中的全部单元格。

行标通常用阿拉伯数字自上向下排列,从 1 至 65536 行。如果单击某一行标,则可以选中此行汇总的单元格,单击第一行行标上方(第一列列标左方)的“全选”按钮则可选中整页。

6. 单元格(表项)

在电子表格中,“单元格”只有一个用途:就是存储数据,而且一个单元格中只能保存一个数据,包括数字、文字或表达式。

7. 表格工作区

制作表格的主工作区,由 256 列、65536 行组成。每个单元格间以灰色横、纵网格分隔,可通过“工具”菜单中“选项”设置不显示网格线,注意:此网格的网格线通常是不能打印的,若打印可通过“格式”设置“边框”。

8. 工作表标签

可通过工作表标签切换工作表。

4.1.3　Excel 2003 中的基本概念

1. 单元格

单元格是指表格中的一个格子,单元格中可存放文字、数字和公式等信息。单元格的引用一般通过指定其坐标来实现。通过列号＋行号来指定单元格的相对坐标(列号在前,用字母标识;行号在后,用数字标识),例如:B2,D5 等。指定单元格的绝对坐标只需在行、列号前加上符号“$”,例如 $B2,$E,$5(加“$”符号的快捷方法是选定单元格后,按功能键 F4)。另外也可先对单元格命名,通过名字引用该单元格。

给单元格命名的步骤如下:

(1)激活“插入”菜单。

(2)单击“名称”命令。

(3)单击“定义”,在“定义名称”对话框中的“当前工作簿的名称”文本框中键入名字,在“引用位置”文本框中输入名字所对应单元格的绝对坐标,最后单击“确认”按钮。

2. 活动单元格

活动单元格是指目前正在操作的单元格。此时可以对单元格进行输入新内容、修改或删除旧内容等操作。活动单元格的边框线会变成粗线,Excel 2003 同时使该单元格的行号、列号突出显示。

3. 工作簿

一个 Excel 文件称为一个工作簿,其文件的扩展名为 .XLS,一个工作簿中可包括含最多 255 个工作表。一张工作表相当于工作簿中的一页,最多包含有 65536 行、256 列。

4. 工作表

工作簿中的每一张表称为工作表。工作表的名称显示于工作簿窗口底部的工作表标签上,第一张工作表默认的标签为 Sheetl,第二张为 Sheet2,以此类推。要切换工作表,只需单击工作表标签。

5. 表格区域

表格区域是指工作表中的若干矩形块。可以对选定的区域进行各种各样的编辑,如拷贝、移动、删除等。引用一个区域可以用它的左上角单元格坐标和右下角单元格来表示,中间用冒号作分隔符。如 B2:E5。与单元格相同,也可以对区域命名后通过名字引用。

6. 数据类型

数据类型是一个十分重要的概念,因为只有相同类型的数据才能在一起运算。Excel 中将数据类型分为文本型、数值型、字符型、日期时间型、逻辑型。

7. 公式和函数

公式是指通过运算符连接数值、单元格引用、名字、函数构成的式子。运算符有算术运算符、字符串运算符、关系运算符、引用运算符等,如表 4—1 所示。

函数在 Excel 中可理解为已定义好的可进行某种运算的公式。如 SUM(3,A2,4)将返回“3+A2+4”的累加和。

表 4—1　各种运算符示例

类　别	运算符	示例
算术运算符	+、-、×、/、\、%	=3*5/(-2+20%)
字符串运算符	&	=“姓名”&“张三”
关系运算符	〉、〈、〉=、〈=、〈〉、=	=“姓名”&“张三”
引用运算符	:、、空格	=SUM(A2:B4)

4.2　Excel 2003 的基本操作

Excel 2003 的基本编辑操作包括创建工作簿,创建工作表,单元格内容的输入及单元格与工作表的插入、复制和删除等编辑操作。

4.2.1　创建工作簿

启动 Excel 2003 后,Excel 将自动产生一个新的工作簿 book. xls。工作簿包括三个工作表,标签名分别是 Sheet1、Sheet2、Sheet3。用户可以选择“工具”→“选项”命令,打开“选项”对话框里的“常规”选项卡,在其中重新设置新建工作簿中工作表的数量。

图 4-2　“新建工作簿”任务窗格

创建工作簿的操作步骤如下:

(1)选择“文件”→“新建”命令,打开“新建工作簿”任务窗格,如图 4-2 所示。

(2)选择“空白工作簿”选项,将创建一个空白的工作簿,工作簿的文件名为 book * . xls。“ * ”代表数字,Excel 将自动按顺序给新工作簿命名。如 book1. xls、book2. xls、book3. xls…,单击“常用”工具栏中的“新建”按钮,Excel 将快速创建空白工作簿,操作更快捷;除了空白的工作簿外,Excel2003 还提供了丰富的电子表格模板,利用这些模板,用户可以方便快捷地创建适合要求的工作簿。选择"本机上的模板"选项,用户可以在弹出的"模板"对话框中根据自己需要选择合适的模板,在预览窗口中将给出所选模板的样式,如图 4-3 所示。

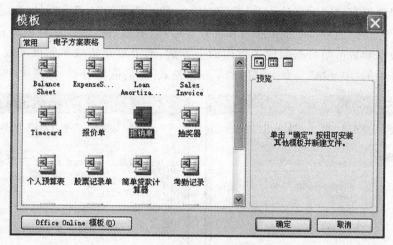

图 4-3　"电子方案表格"选项卡

电子表格文件的打开、保存与关闭的方法同 Word 类似,在此不再重复。

4.2.2　输入数据

1. 数据的录入

当完成一个新建的工作簿文件后,即可在其某一工作表的单元格中输入数据,Excel允许从工作表的任何位置开始输入,但每个单元格最多可容纳 32000 个字符。

为简单起见,我们一般本着先创建表格的"表头"、后输入内容的原则。方法是先单击欲输入数据的单元格,使它进入编辑状态(活动单元格),然后键入数据。如图 4-4 所示,键入的数据在单元格和编辑栏中同时显示。

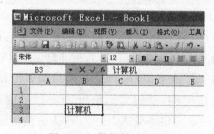

图 4-4　数据输入图例

实际上,单击选定单元格后,将鼠标移至公式编辑栏,按鼠标左键定位插入点光标,并在公式编辑栏中键入数据,也可以实现单元格数据的输入。

在输入过程中,使用 Tab 键进入下一列;使用 Enter 键或单击公式编辑栏左侧的"输入"按钮,光标定位到下一行。取消输入使用 Esc 键或单击公式编辑栏左侧的"取消"按钮。

在实际应用中待输入的数据可能有多种类型。

(1)文本型数据的输入

文本型数据的输入通常有三种方法,即在编辑栏中输入、在单元格中输入和选择单元格输入,文本型数据输入后默认是左对齐。

(2)数值型数据的输入

数值型数据有效的数字输入为:数字 0~9、表示负号的"一"或括号"( )"、小数点
".",表示千分位的逗号",",货币符号和百分号等,数值型数据输入后默认是右对齐。其
中小数型数据和货币型数据的输入可用如下方法:选中单元格或单元格区域,然后选择
"格式"菜单中的"单元格"子命令,打开"单元格格式"对话框如图 4-5、图 4-6 所示。

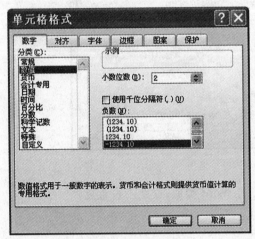
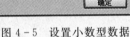
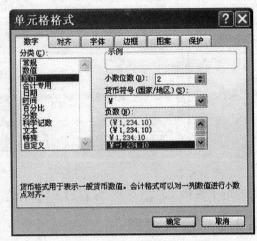

　　　　图 4-5　设置小数型数据　　　　　　　　　图 4-6　设置货币型数据

注意:

①如果输入数字后,单元格中显示的是"##########",或用科学计数法表示如:1.2E
+04,表示当前的单元格宽度不够,可以拖动列表头中该列的右边界到所需位置即可。

②如果希望数字符号输入后做文本型数据,可用如下方法:先输入单引号,再输入数
字符号。

(3)日期型数据的输入

日期和时间的输入可以用斜杠或减号分隔日期的年、月、日部分,例如:2009-04-
01;用":"分隔时间的时、分、秒部分,如 9:30。若按 12 小时制输入时间,请在时间数字后
空一格,并键入字母 a(上午)或 p(下午),否则,如果只输入时间数字,Excel 将按 AM(上
午)处理。若要输入当前系统时间,使用 Ctrl+Shift+冒号键;如果输入系统日期,使用
Ctrl+分号键。注意:如果在单元格中输入"3/4",确认后会显示 3 月 4 日,即看作日期时
间型数据。如果想在单元格中输入分数"3/4",可用如下方法:先输入 0,再输入一个空
格,最后输入 3/4。

(4)特殊符合的输入

选择"插入"菜单下的"特殊符号"命令打开如图 4-7 所示的"插入特殊符号"对话框
进行选择设置。

2. 数据录入技巧

(1)填充序列

Excel 为方便用户,提供了许多自动填充的功能,帮助用户避免重复的操作。自动填充

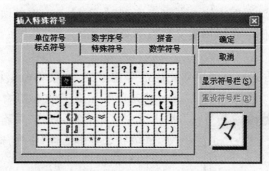

图 4-7　"插入特殊符号"对话框

是根据初始值决定以后的填充项,选中初始值所在的单元格,将鼠标指针移到该单元格的右下角,指针变成十字形(填充柄),按下鼠标左键拖曳至需填充的最后一个单元格,即可完成自动填充。

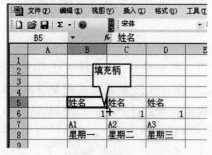

图 4-8　填充序列

填充分以下几种情况:

①初始值为纯字符或纯数字,填充相当于数据复制。如图 4-8 所示第 5、6 行。

②初始值为文字数字混合体,填充时文字不变,最右边的数字递增。图 4-8 所示第 7 行。

③初始值为 Excel 预设或用户自定义的自动填充序列中的一员,按预设序列填充。如图 4-8 所示第 8 行。

对于一些常用的序列,用户可将其事先定义好,以后要输入这些序列时,只需要将序列中的任一项输入到单元格,然后选定此单元格,并拖动填充柄,就可以将序列的剩余部分自动填充到表中。欲自定义序列,可以使用"工具"菜单中的"选项"命令,在"自定义序列"选项卡中进行设置,如图 4-9 所示。

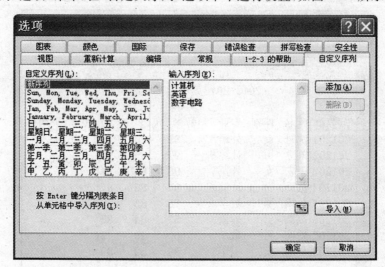

图 4-9　自定义序列

在图 4-9 所示的对话框中输入自定义序列时,可输入一项敲回车,也可在同一行上输入多个数据项,但中间一定要用英文的逗号分隔。

(2)产生一个序列

用拖动填充柄的方式填充的序列往往是等差序列,用菜单命令可产生等比序列。方法:首先在单元格中输入初始值并回车;然后鼠标单击选中该单元格,选择"编辑"菜单中的"填充"命令,从级联菜单中选择"序列"命令,出现如图 4-10 所示的对话框。

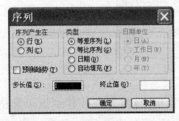

图 4-10　填充序列的产生

①"序列产生在"指示按行或列方向填充。

②"类型"选择序列类型,如果选日期,还得选"日期单位"。

③"步长值"可输入等差、等比序列递增、相乘的数值,"终止值"可输入一个序列终值,即不能超过的数值。若在填充前已选择了所有需填充的单元格,终止值也可不输入。

3. 使用公式和函数

如果 Excel 的表格处理功能像 Word 中的表格处理功能一样单一,就没有了存在的必要。在大型数据报表中,计算、统计工作是不可避免的,Excel 的强大功能正是体现在计算上,通过在单元格中输入公式和函数,可以对表中数据进行总计、平均、汇总以及其他更为复杂的运算,从而避免用户手工计算的繁杂和易出错,数据修改后,公式的计算结果也自动更新,这更是手工计算无法企及的。

(1)使用公式

Excel 中的公式最常见的是数学运算公式,此外它也可以进行一些比较运算、文字连接运算。它的特征是以"="开头,由常量、单元格引用、函数和运算符组成。如图 4-11 所示单击"H5",再输入"=E5+F5+G5",最后按回车键就会得到结果。

学号	姓名	性别	专业	数学	英语	计算机	总分	平均分
			2012-2013第一学期成绩表					
201201	沈丹	女	外语	87	90	49	226	
201202	刘立	男	计算机	92	95	90		
201203	王宏	女	外语	96	87	94		
201204	张玲	男	计算机	84	88	87		
201205	杨帆	男	数学	76	85	55		
201206	高浩	男	外语	57	64	86		
201207	贾明	男	数学	60	90	49		
201208	吴远	女	电子	88	52	89		

图 4-11　使用公式计算

(2)单元格引用和公式复制

公式的复制可避免大量重复输入公式的工作,当复制公式时,单元格引用将根据所引用类型而变化。若在公式中使用单元格或区域,则在复制过程中应根据不同的情况使用不同的单元格引用。单元格引用分相对引用、绝对引用和混合引用等。

①相对引用

Excel 中默认的单元格引用为相对引用。相对引用是当公式在复制或移动时会根据移动的位置自动调节公式中引用单元格的地址。例如在图 4-11 中可单击"H5"单元格,用填充柄向下拖出其余同学的总分。其实这就是复制公式,单击"H6"单元格,在编辑栏会发现公式自动变为"=E6+F6+G6"。用同样方法可求出每个同学的平均分。

②绝对引用

在行号和列号前加"$"符号,则代表绝对引用。公式复制时,绝对引用单元格将不随公式位置变化而改变。

③混合引用

混合引用是指单元格的行号或列号前加上"$"符号,当公式单元格因复制或插入而引起行列变化时,公式的相对地址部分会随之改变,而绝对地址仍不变化。

如图 4-12 所示,求"合计"时用相对引用,而求"比例"时则必须使用混合引用。

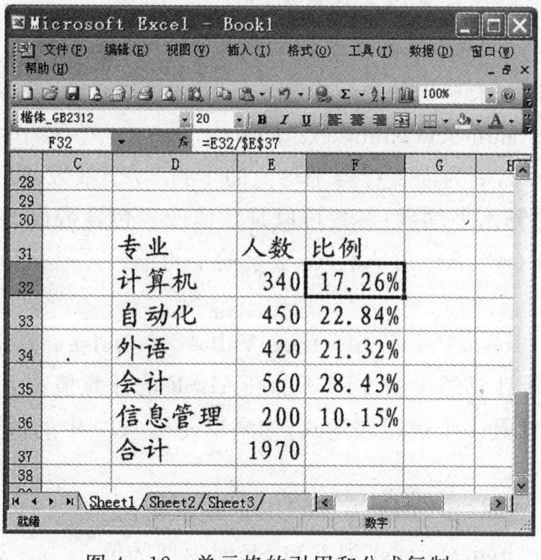

图 4-12　单元格的引用和公式复制

(3)使用函数

Excel 提供了丰富的内置函数,为用户对数据进行运算和分析带来了极大方便。函数的语法形式为"函数名称(参数 1,参数 2…)",其中的参数可以是常量、单元格、区域、区域名或其他函数,常用函数有以下几种:

①SUM 函数:求和

格式:SUN(number1,number2,…)

Number1,number2,…为 1 到 30 个需要求和的参数。

作用:返回单元格区域中所有数值的和。

例如:SUM(A2:A4)将 A 列中 A2 至 A4 的三个数相加。SUM(A5,A6,2)将 A5,A6 和 2 这三个值相加。

②COUNT 函数

格式:COUNT(value1,value2,…)

Value1,value2,…为包含或引用各种类型数据的参数(1 到 30 个),但只有数字类型的数据才被计算。

作用:计算参数表中的数字参数和包含数字的单元格的个数。

例如:COUNT(A2:A8)计算数据中包含数字的单元格的个数。

COUNT(A2:A8,2)计算 A2 至 A8 数据中包含数字的单元格以及包含数值 2 的单元格的个数。

③MAX 和 MIN 函数

格式:MAX(number1,number2,…)

MIN(number1,number2,…)

Number1,number2,…是要从中找出最大值或最小值的 1 到 30 个数字参数。

作用:分别用于返回一组数值中的最大值和最小值,忽略逻辑值和文本字符。

例如:MAX(A2:A6)一组数字中的最大值。

MAX(A2:A6,30)A2 至 A6 的一组数字和 30 之中的最小值。

④AVERAGE 函数:求平均值

格式:AVERAGE(number1,number2,…)

Number1,number2,…为需要计算平均值的 1 到 30 个参数。

作用:计算参数的算术平均数;参数可以是数值或者包含数值的名称、数组和引用。

例如:AVERAGE(A2:A6)求 A2:A6 数字的平均值。

⑤IF 函数

格式:IF(Logical_test,Value_if_true,Value_if_false)

Logical_test 表示计算结果为 TRUE 或 FALSE 的任意值或表达式。

例如,A10=100 就是一个逻辑表达式,如果单元格 A10 中的值等于 100,表达式即为 TRUE,否则为 FALSE。

Value_if_true logical_test 为 TRUE 时返回的值。

Value_if_false logical_test 为 FALSE 时返回的值。

作用:执行真假值判断,根据指定条件进行逻辑评价的真假而返回不同的结果。可以使用函数 IF 对数值和公式进行条件检测。

例如:IF(A2<=100,"Within budget","Over budget")如果 A2 的数字小于等于 100,则公式将显示"Within budget"。否则,公式显示"Over budget"。

⑥SUMIF 函数

格式:SUMIF(Range,Criteria,Sum_range)

Range 为用于条件判断的单元格区域。

Criteria 为确定哪些单元格将被相加求和的条件,其形式可以为数字、表达式或文本。

Sum_range 是需要求和的实际单元格。

作用：根据指定条件对若干单元格求和。

例如：SUMIF(A2：A5,"＞160000",B2：B5)计算 A2：A5 中满足超过 160,000 的 B2：B5的和。

⑦COUNTIF 函数

格式：COUNTIF(Range,Criteria)

Range 为需要计算其中满足条件的单元格数目的单元格区域。

Criteria 为确定哪些单元格将被计算在内的条件，其形式可以为数字、表达式或文本。例如，条件可以表示为 32、"32"、"＞32"或"apples"。

作用：计算某个区域中满足指定条件的单元格数目。

例如：COUNTIF(B2：B5,"＞55")计算 B2：B5 中值大于 55 的单元格个数。

⑧LEFT 函数

格式：LEFT(Text,Num _ chars)

Text 是包含要提取字符的文本字符串。Num _ chars 指定要由 LEFT 所提取的字符数。Num _ chars 必须大于或等于 0。如果 num _ chars 大于文本长度，则 LEFT 返回所有文本。如果省略 num _ chars，则假定其为 1。

作用：从一个文本字符串的第一个字符开始返回指定个数的字符。

例如：LEFT(A2,4)求 A2 字符串中的前四个字符。

⑨RIGHT 函数

格式：RIGHT(Text,Num _ chars)

Text 是包含要提取字符的文本字符串。Num _ chars 指定希望 RIGHT 提取的字符数。

作用：根据所指定的字符数返回文本字符串中最后一个或多个字符。

例如：RIGHT(A2,5)A2 字符串的最后 5 个字符。

函数输入可以使用如下方法：在菜单栏中选择"插入"菜单中"函数"命令，打开"插入函数"对话框后根据要求找到对应的函数，然后设置相关的函数参数即可。下面以求图 4 -11 工作表中的平均分为例说明如何插入函数。

①选择要输入函数的单元格(如 I5)。

②选择"插入"菜单的"函数"命令，出现如图 4-13 所示"插入函数"对话框。

图 4-13　利用插入函数

③在"函数分类"列表中选择函数类型（如"常用函数"），在"函数名"列表框中选择函数名（如 Average），单击"确定"按钮，出现如图 4-14 所示对话框。

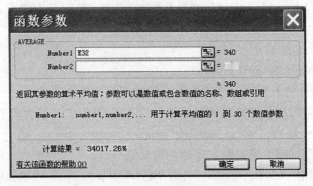

图 4-14　Average 函数参数对话框

④在参数框中输入参数，一般系统会给出系统默认的参数。如果对单元格或区域无把握时，可单击参数右侧"折叠对话框"按钮，以暂时折叠起对话框，显露出工作表，用户可选择单元格区域（如 E5:G5），最后单击折叠后的输入框右侧按钮，恢复参数输入对话框。

⑤输入完参数后，单击"确定"按钮。在单元格中显示计算结果，编辑栏中显示公式。

4.2.3　选择编辑区

不管是对单元格还是对工作表的操作，都要首先确定操作对象，例如：一个单元格，多个连续或不连续的单元格、行、列，一个或多个工作表等。

1. 选择单元格

选择单元格主要有三种方法：

（1）最简单的方法是直接单击该单元格。被选中的单元格外面有一个黑框，并且在公式编辑栏的"名称框"中显示该单元格的名称。

（2）选择"编辑"→"定位"命令，在弹出的"定位"对话框中输入要选择单元格或单元格区域的名称，单击"确定"按钮即可。

（3）在公式编辑栏的"名称框"中直接输入单元格的名称，然后按回车键也可以选中该单元格。

2. 选择单元格区域

单元格区域是指多个单元格，可以是连续的或不连续的，选择的方法与选择一个单元格的方法类似，共有四种方法。

（1）最简单的方法是直接用鼠标拖动可以选择一个连续的单元格区域。

（2）在"定位"对话框中输入单元格区域的表达形式，如 A1:B5。

（3）在编辑栏的"名称框"中直接输入单元格区域的表达形式。

（4）首先选择一个单元格，然后按住【Ctrl】键，利用鼠标选择其他不连续的区域。结合【Shift】键，可以选择一个连续的区域。首先选择一个单元格，然后按住【Shift】键，利用鼠标单击单元格区域右下角的单元格即可。

3. 选择整行或整列

利用鼠标在行标题或列标题上直接单击,即可选中该行或该列。在行标题或列标题上拖动鼠标可以选择多行或多列。结合【Ctrl】键可以选择不连续的多行或多列。

4. 选择整个工作表

选择整个工作表可以利用【Ctrl+A】组合键实现全选。但最常用的方法是单击行标题和列标题交叉处的"全选"按钮,可以快速地选择整个工作表。

当需要同时选择多个工作表,如复制多个工作表的操作中需要选择多个工作表,Excel 提供了以下几种方法:

(1)先选定某个工作表,然后按住【Ctrl】键,再分别单击其他工作表的标签。

(2)先选定某个工作表,然后按住【Shift】键不放,再单击另一个工作表标签,这样,这两个工作表之间的所有工作表将被选中。

(3)在任一工作表标签处右击,然后从快捷菜单中选择"选定全部工作表"命令,则工作簿中的所有工作表被选中。

多个工作表被选定后,单击另外未被选定的工作表标签,将取消对多个工作表的选定;如果所有工作表被选定,则单击任一工作表标签都会取消对所有工作表的选定。

4.2.4　编辑单元格

单元格的基本编辑操作包括单元格的插入、删除、复制和移动,以及设置单元格格式等。

1. 插入单元格

选择"插入"→"单元格"命令,弹出"插入"对话框,如图4-15 所示。

在该对话框中可以选中"活动单元格右移"、"活动单元格下移"、"整行"或"整列"单选按钮,用户可以根据需要选择某一选项。选择"插入"→"行"或"插入"→"列"命令,可以直接在选定的单元格的上方插入行或左方插入列。如果选定的单元格是多个连续的单元格,如 A1:A3 单元格区域,则插入的行为三行,如果选择的是 A1:D1,则插入的列是四列。

图4-15　"插入"对话框

2. 调整单元格的行高和列宽

为了适应数据的长度以及排版美观,调整单元格的行高和列宽是最常用的编辑操作。有三种调整方法,具体操作步骤如下:

(1)最简单的方法是直接用鼠标拖动行标题或列标题的边界,当鼠标处在边界位置时,鼠标变成一个双向箭头,此时按住鼠标左键拖动即可改变行的高度或列的宽度。如果在边界位置双击,Excel 将自动调整行高或列宽以适应单元格中内容的长度或高度;如果选中多行或多列,再用鼠标拖动最下边或最右边的边界时,Excel 将同时调整全部所选的行或列的大小。

(2)首先选择需要调整的行或列,然后选择"格式"→"行"→"行高"命令或"格式"→"列"→"列宽"命令,弹出的对话框如图 4-16 所示。

在"行高"对话框或"列宽"对话框中输入具体的值,单击"确定"按钮即可。

（3）在选定的整行或整列上右击,在弹出的快捷菜单中选择"行高"或"列宽"命令,同样会弹出"行高"对话框或"列宽"对话框,输入合适的值确定即可。

图 4-16　调整行高和列宽

3. 移动和复制单元格

单元格的复制与移动同 Word 2003 中文本的复制与移动操作方法类似,都有菜单方法、快捷菜单方法、鼠标拖动法和快捷键方法,单元格的移动和复制可以在一个工作表中进行,也可以在不同的工作表或工作簿之间进行。

具体的操作步骤如下:

（1）选择需要移动或复制的单元格或单元格区域。

（2）利用菜单方法、快捷菜单方法或快捷键（【Ctrl＋X】或【Ctrl＋C】）选择"剪切"或"复制"命令。

（3）选中目标位置的单元格。同样利用菜单方法、快捷菜单方法或快捷键（【Ctrl＋V】）选择"粘贴"命令。如果移动或复制的是单元格区域,则目标位置是所移动或复制区域的左上角单元格的位置。

利用鼠标拖动法实现移动或复制与 Word 中文本的移动或复制只有一点不同,即鼠标的形状,在 Excel 中,鼠标的形状通常是空心十字形,当鼠标移到被选中单元格区域的边缘时,鼠标的形状变成箭头形状时,按住鼠标左键拖动即可实现单元格区域的移动,如果是复制操作,在拖动的过程中要按住【Ctrl】键。

选择"编辑"→"粘贴"命令,可以复制整个单元格,包括公式、数值、批注和单元格格式等。用户可以有选择地进行粘贴。选择"编辑"→"选择性粘贴"命令,打开"选择性粘贴"对话框,如图 4-17 所示。

图 4-17　"选择性粘贴"对话框

在"选择性粘贴"对话框中,用户可以选择粘贴的内容,可以是"数值",也可以是"公式"和"数字格式",或进行表格的转置。

4. 删除或清除单元格数据

在编辑过程中,如果要删除单元格数据,首先选择需要删除内容的单元格区域,然后按【Del】键或选择"编辑"→"清除"→"全部"命令,或者选择"编辑"→"删除"命令,都可以删除单元格中的所有内容。如果只想清除格式、内容或批注等,可以选择"编辑"→"清除"命令,实现有目的的清除,如图 4-18 所示。

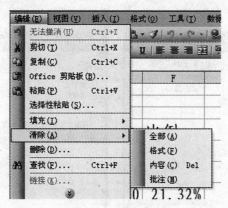

图 4-18　"清除"子菜单

5. 设置单元格格式

单元格格式包括数字类型、对齐样式、字体样式、边框样式、单元格底纹和单元格保护。设置单元格格式操作步骤如下:

(1)选中需要进行格式设置的单元格区域。

(2)选择"格式"/"单元格"命令,打开"单元格格式"对话框,如图 4-19 所示。

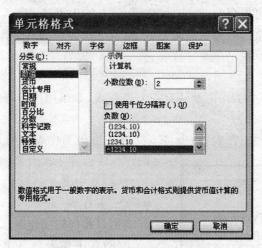

图 4-19　单元格"格式"对话框

(3)在"单元格格式"对话框中有六个选项卡,分别是"数字"选项卡、"对齐"选项卡、"字体"选项卡、"边框"选项卡、"图案"选项卡和"保护"选项卡。

"数字"选项卡如图 4-19 所示,用户可以选择各种 Excel 提供的数值格式或货币格式等。

　　"对齐"选项卡如图4-20所示。在"对齐"选项卡中,用户可以设置单元格内容的对齐方式、文本方向、"自动换行"、"合并单元格"等文本控制。

　　"字体"选项卡中的内容同Word中对文字的设置类似,"边框"选项卡和"图案"选项卡中的内容同Word中的"边框和底纹"对话框类似,在此不再重复。

　　"保护"选项卡如图4-21所示。在"保护"选项卡中,锁定单元格和隐藏公式只有在工作表被保护的前提下才有效。

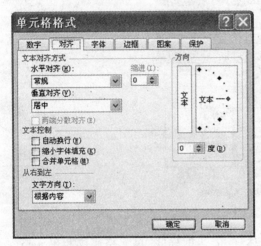
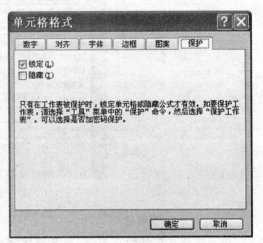

图4-20　"对齐"选项卡　　　　　　　　　图4-21　"保护"选项卡

4.2.5　编辑工作表

　　一个工作簿最多可以包含255个工作表,每个工作表可以输入不同的内容,并且一个工作表也可以分成多个部分分别编辑数据,编辑工作表包括对工作表的编辑以及对工作表中数据的编辑。

　　1. 添加工作表

　　Excel 2003中,一个工作簿默认有三个工作表,如果用户需要添加更多的工作表,操作方法有三种。

　　(1)选择"插入"→"工作表"命令,Excel将在当前工作表前插入一个工作表,被插入的工作表标签依次命名为Sheet4、Sheet5…

　　(2)选中多个连续的工作表,然后选择"插入"→"工作表"命令,Excel将插入和选中的工作表数目相同的工作表。

　　(3)在工作表标签上直接选择一个工作表或多个连续的工作表,在选定的标签上右击,在弹出的快捷菜单中(见图4-22),选择"插入"命令,弹出"插入"对话框,如图4-23所示。

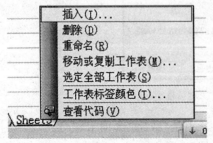

图4-22　"清除"子菜单

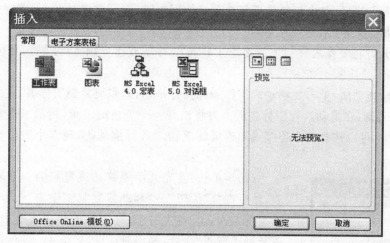

图 4-23　"插入"对话框

在"插入"对话框中,选择要插入的类型是"工作表",然后单击"确定"按钮即可在当前选定工作表标签之前插入一个或多个工作表。

2. 删除工作表

如果要删除某个或多个工作表,可以通过以下操作步骤进行。

(1)选中需要删除的一个或多个连续或不连续的工作表,在工作表标签上右击,在弹出的快捷菜单中选择"删除"命令,将弹出一个警告提示,如图 4-24 所示。

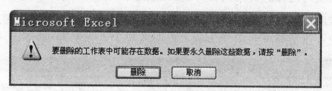

图 4-24　"删除"工作表的警告提示

如果确定删除,单击"删除"按钮,否则单击"取消"按钮。

(2)选中需要删除的一个或多个连续也可不连续的工作表,选择"编辑"→"删除工作表"命令,在弹出的警告提示框中,单击"删除"按钮即可。

3. 重命名工作表

当编辑的工作表较多时,使用 Sheetl、Sheet2 作为工作表名称很难区分不同的工作表,如果给每个工作表一个有意义的名称,这个问题便解决了。重命名工作表的操作步骤如下:

(1)双击工作表标签,或在工作表标签上右击,在弹出的快捷菜单中选择"重命名"命令,此时标签名处于反白显示状态,如图 4-25 所示。

　Sheet3 　Sheetl　　　　　Sheet3 　销售情况

图 4-25　重命名前后的工作表名称

(2)直接输入新的工作表名称,例如,"2005—2006 第一学期成绩"、"销售情况"等。

（3）输入完毕后，单击标签外任何位置或按回车键，即可完成对一个工作表的重命名。

4. 移动和复制工作表

Excel 允许将工作表在一个或多个工作簿中移动或建立副本（复制），具体操作步骤如下：

（1）鼠标拖动法：单击要移动的工作表标签并拖动，如果要复制工作表，在拖动过程中要按住【Ctrl】键，在拖动过程中标签的上方将出现一个黑色的三角，提示工作表要插入的位置。用户也可以选择多个连续或不连续的工作表进行拖动，实现多个工作表的移动或复制。

图 4-26　移动或复制工作表

（2）菜单法：首先选中要移动或复制的一个或多个工作表，然后选择"编辑"→"移动或复制工作表"命令，或者在被选定的工作表标签上右击，在弹出的快捷菜单中选择"移动或复制工作表"命令，弹出对话框，如图 4-26 所示。

在"移动或复制工作表"对话框中，选择要移至的工作簿和插入位置，如果要复制工作表，选中"建立副本"复选框即可，最后单击"确定"按钮完成工作表的移动或复制。

5. 工作表窗口的拆分与冻结

（1）工作表窗口的拆分：拆分窗口一般适用于列数、行数较多的表格，它可以在不隐藏行或列的情况下使相隔很远的行或列移动到相近的地方进行编辑，以便更准确地输入数据。

先激活需要进行窗口拆分的工作表，选择"窗口"→"拆分"命令，或拖动工作表中水平滚动条最右边左右拉动和垂直滚动条最上边的滑块上下拉动即可，如图 4-27 所示。

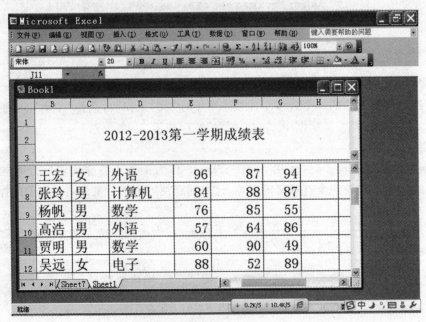

图 4-27　"拆分"窗口

　　用户可以根据需要将编辑区拆分为两个窗口或四个窗口,拖动拆分条,可以调节窗口的大小。如果取消拆分,选择"窗口"→"取消拆分"命令或双击拆分条,即可取消拆分。

　　(2)工作表窗口的冻结:冻结窗口是为了在移动滚动条的时候,始终保持某些行/列在可视区域,以便对照或操作。被冻结的部分一般是标题行/列,即表头部分。

　　激活要进行窗口冻结的工作表,选定一个单元格,选择"窗口"→"冻结窗口"命令,可以将该单元格上方的行和左方的列冻结,如图 4-28 所示,选择 C2 单元格,则冻结的是行1 和列 A~B。

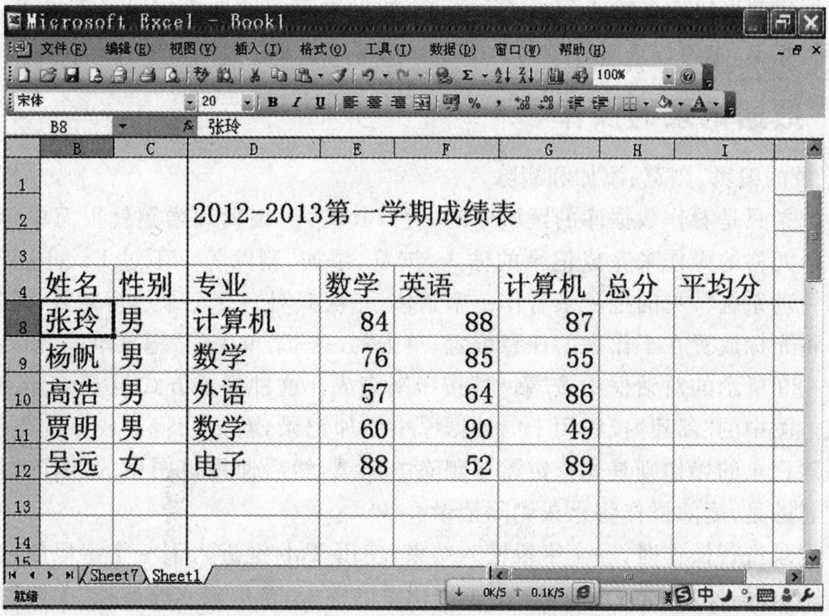

图 4-28　"冻结窗口"对话框

4.3　Excel 2003 的数据管理

　　Excel 2003 作为电子表格处理软件,它的功能远远不只是制作一个普通的表格,而是如何对表中的数据进行处理。

　　数据库是指以一定方式组织存储在一起的相关的数据的集合,有一类计算机软件是专门用来对数据库进行管理和操作的,称为数据库管理系统。Excel 不是一个专门的数据库管理系统,但如果工作表中的一个矩形区域内的数据符合数据库的要求,则 Excel 也能将它看作一个数据库,并提供相应的操作,如数据的浏览、添加、删除、检索、排序、汇总等。

　　通常,数据库由若干个记录(表中的行)组成,每个记录都包含若干个字段(表中的列),且各个记录中的相应字段都有相同的数据类型和同一字段名。Excel 工作表中的一个矩形区域,如果满足下列条件,就符合数据库的要求,并可以进行相应的操作。

　　(1)第一行必须为字段名。

(2)每行形成一个记录。

(3)数据区域不能有空行或空列。

(4)同一列数据类型相同。

4.3.1　数据库的建立

在 Excel 2003 中建立一个数据库非常简单,只要在一页表的空白域或一页空白表的第一行输入每个字段的字段名即可。此时的数据只有字段名,没有记录,称为空数据库。有了空数据库就可以逐条输入记录了。当然,如果原来的数据表中已经有了可以看作记录的若干行数据,也可以通过在顶行补上字段名形成。

4.3.2　数据记录的操作

1. 记录的编辑、浏览、添加和删除

既然记录只是看作数据库的区域中的一行,其输入、编辑和增删就很简单,可以利用前面的对单元格的操作来完成记录的输入、浏览、添加、删除等。不过 Excel 还提供了其他数据库管理系统常见的把记录看作一个整体,一次只对一个记录进行输入、编辑和增删的操作。将光标放置在工作表的任意位置,单击"数据"菜单中的"记录单…"命令后,在弹出的图 4 - 29 所示的对话框中按"新建"按钮来完成。这种显示方式与 FoxPro 中的 Edit命令相似。图中的"新建"按钮用于向数据库中添加记录,新记录将被放置在数据库的尾部。而删除记录的操作则是先选定需要删除的记录,然后使用该图中的"删除"按钮。在这里要注意的是,删除操作将永久删除记录。

在对记录进行操作时,一个字段输入结束,使用 Tab 键进入下一个字段的输入;一条记录输入结束后,使用 Enter 键进入下一条记录的输入;全部输入完毕按"关闭"按钮。

2. 记录的排序

在输入数据的时候,记录的排列可能是无序的,而实际应用中,往往希望数据按一定的顺序排列,便于查询和分析。所以,数据库记录的排序是数据重新组织的一种常用方法。

如果希望按数据库中某个字段进行排序,首先用鼠标激活表格中该列的任意单元格,然后,使用升序按钮或降序按钮对该列进行排序。

图 4 - 29　记录单的建立

图 4 - 30　排序对话框

Excel 2003 提供多个字段的排序，即当主要关键字相同时，可以按次要关键字排序，直至第 3 关键字（只有当主要关键字值相同的时候才会考虑次要关键字，第 3 关键字）。排序时首先用鼠标激活表格数据区域中的任何一个单元格，然后选择“数据”菜单中的“排序…”命令，在弹出如图 4－30 所示“排序”的对话框中填写需要排序的字段名称，并选择是升序排列，还是降序排列。

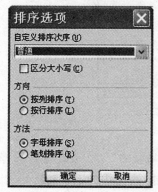

排序选项
自定义排序次序(U)
普通
区分大小写(C)
方向
按列排序(T)
按行排序(L)
方法
字母排序(S)
笔划排序(R)
确定
取消
图 4－31　排序选项对话框

在对话框中点击“选项”按钮打开如图 4－31 所示“排序选项”对话框对排序的方向、排序的方法可以进行相关设置。

3. 记录的检索

检索满足条件的记录，即筛选，也是数据库的常见操作。筛选是查找和处理区域中数据子集的快捷方法。筛选区域仅显示满足条件的行，该条件由用户针对某列指定。Microsoft Excel 提供了两种筛选区域的命令：自动筛选和高级筛选。

自动筛选包括按选定内容筛选，它适用于简单条件。高级筛选，适用于复杂条件。

与排序不同，筛选并不重排区域。筛选只是暂时隐藏不必显示的行。

(1)自动筛选

使用“数据”菜单的“筛选”命令子菜单中的“自动筛选”，此时，如图 4－32 所示，在每个字段名旁边，都出现一个下拉箭头。分别使用下拉出的列表框，从中挑选需要满足的筛选条件。每挑选一个条件，Excel 就将不满足条件的记录剔除，直至选择完条件，表格中保留的记录就是完全符合条件的记录。

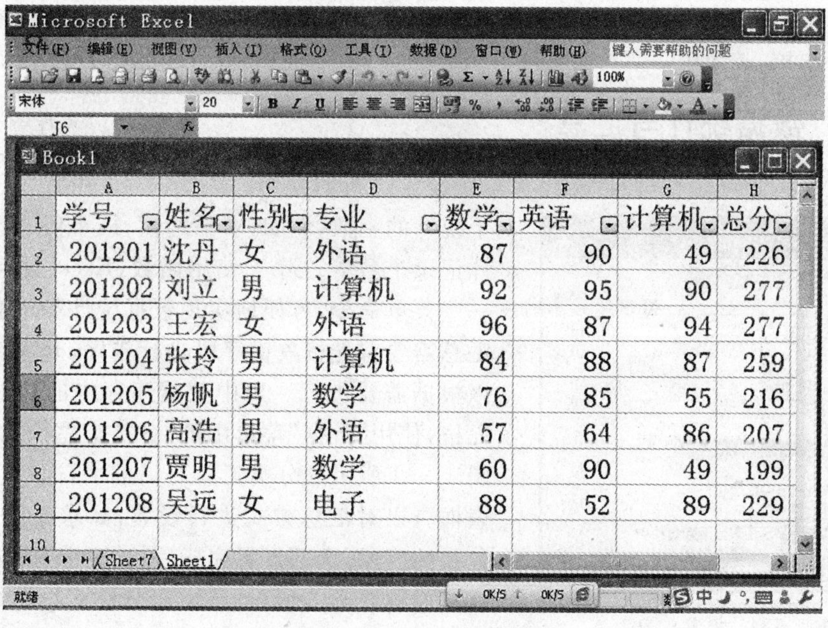

Microsoft Excel
文件(F) 编辑(E) 视图(V) 插入(I) 格式(O) 工具(T) 数据(D) 窗口(W) 帮助(H)
键入需要帮助的问题
Book1
学号 姓名 性别 专业 数学 英语 计算机 总分
201201 沈丹 女 外语 87 90 49 226
201202 刘立 男 计算机 92 95 90 277
201203 王宏 女 外语 96 87 94 277
201204 张玲 男 计算机 84 88 87 259
201205 杨帆 男 数学 76 85 55 216
201206 高浩 男 外语 57 64 86 207
201207 贾明 男 数学 60 90 49 199
201208 吴远 女 电子 88 52 89 229
Sheet7 Sheet1
就绪
图 4－32　记录的自动筛选

如果筛选的条件不是具体的数据,而是一个范围。例如,要求总分在220—280之间。对某个字段的筛选条件不止一个,它们之间可以是"与"的关系,也可以是"或"的关系。此时,可以使用下拉列表框中的"自定义"进行筛选条件的设置如图4-33所示。

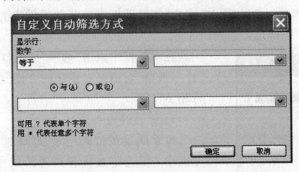

图4-33 自定义自动筛选的方式

进行完"自动筛选"操作后,如果希望恢复到原来的表格状态,那么可以重新选择"自动筛选"命令。将"自动筛选"命令左边的选中标志(√)撤销,表格中的记录又恢复成原来的显示。

(2)高级筛选

如果数据清单中的字段比较多,筛选的条件也比较多,自动筛选就不能满足,这时可以使用高级筛选来完成。"高级筛选"命令可像"自动筛选"命令一样筛选区域,但不显示列的下拉列表,而是在区域上方单独的条件区域中键入筛选条件。条件区域允许根据复杂的条件进行筛选。

使用高级筛选功能,必须先建立一个条件区域,用来指定筛选的数据所需要满足的条件。条件区域的第一行是所有作为筛选条件的字段名,这些字段名与数据清单中的字段名必须完全一样。条件区域的其他行则输入筛选条件。需要注意的是,条件区域和数据清单不能连接,必须用一空行将其隔开。

4.3.3 数据统计与汇总

对记录按某些条件进行统计、汇总是经常进行的操作。Excel 2003中提供了许多用于统计的函数,例如,求平均值、最小值、最大值、统计记录个数等。除了使用函数,Excel还可以使用一些菜单命令,方便地实现数据统计与汇总。分类汇总需要首先按关键字段进行排序,升序或降序可以根据需要进行。选中数据库存中的任意一个单元格,使用"数据"菜单中的"分类汇总…"命令。如图4-34所示的分类汇总对话框中,通过下拉的列表框可以对汇总方式进行设置,如求平均值、选择分类的字段,全部设置完毕后按"确定"按钮。

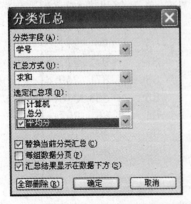

图4-34 设置汇总方式

如图4-35所示,给出了分类汇总的结果。从图中可以看到,不仅求出各专业同学三门课的平均分,还给出了总计平均值。图中的按钮可以将表格中的原始数据隐藏起来,而只显示平均值或总计平均值等。分类汇总的数据是随着数据的变化而自动更新的。如果需要取消分类汇总,则使用图中的"全部删除"按钮。

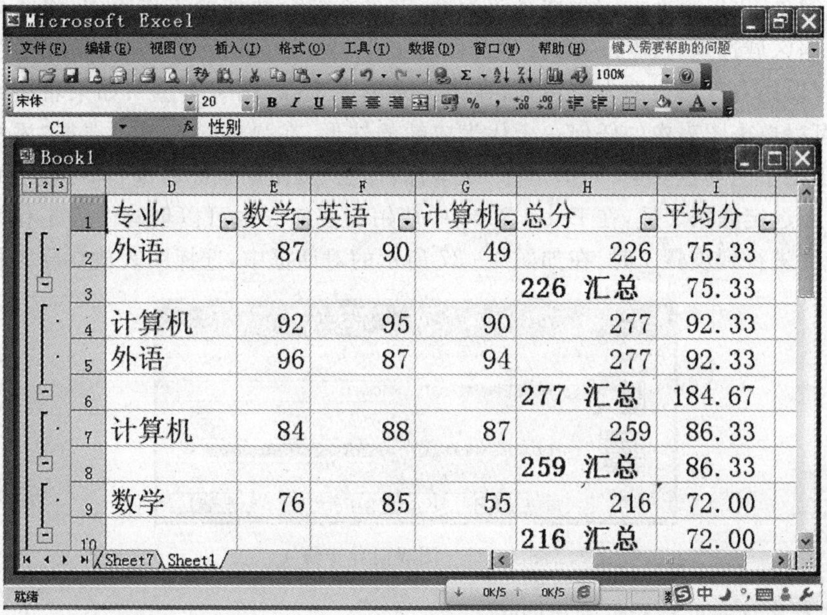

	专业	数学	英语	计算机	总分	平均分
1						
2	外语	87	90	49	226	75.33
3					226 汇总	75.33
4	计算机	92	95	90	277	92.33
5	外语	96	87	94	277	92.33
6					277 汇总	184.67
7	计算机	84	88	87	259	86.33
8					259 汇总	86.33
9	数学	76	85	55	216	72.00
10					216 汇总	72.00

图 4 - 35　分类汇总结果

4.3.4　数据图表

Excel 2003 提供了丰富的图表功能,可以将数据库中的数据直观地表现出来。如果将图表插入工作表数据的附近,可以创建嵌入图表;在工作簿的其他工作表上插入图表,应创建图表工作表。嵌入图表和图表工作表与创建它们的工作表数据相链接。当工作表数据改变时,这两种图表都会随之更新。还可以在不相邻的单元格区域创建图表,但此时非相邻区域必须是一个矩形。

1. 创建嵌入图表

这种图表与数据在同一工作表之中,位置和图表大小可以由用户自己设置。假设我们要为前面例子中的表生成图表,以查看各学生成绩情况的变化。

创建的方法是:在选定了要表示的数据区域后,使用图表向导按钮。然后,向导会引导你一步步地完成图表的

图 4 - 36　图表向导对话框

创建工作。如图 4-36 所示。

2. 创建图表工作表

图表工作表是将图表放置在一个新的工作表中,不与数据同时显示。创建图表工作表也非常简单,仍以前面的同学成绩表为例,首先在包含数据的工作表中,将需要用图表表示的数据区域选定,按 F11 键,产生的图表工作表在最前面,系统默认格式是柱形图格式,用户可以用右键单击图表空白处,在弹出菜单中选择"图表类型";如果希望在图中显示数据,可以单击图表中的任何一个代表成绩的柱形,在弹出的菜单中选择"添加数据标志"。对于图中的其他对象,如横坐标、纵坐标、标题等,使用鼠标右键,都可以实现对它们的操作。在选定数据之后,在 Excel 2003 中使用图表向导也可以创建图表工作表。只是在根据向导进行到步骤 4 时,在如图 4-37 所示的对话框中,选择图表放在新工作表里。

图 4-37　图表向导步骤 4

3. 选择不连续区域数据制作图表

可以选择一些不连续的区域制作图表,选择的办法就是在选择了第一块区域之后,按住 Ctrl 键,再继续选择其他的一块或多块数据区域。至于创建图表方法与前面讲述的一样。当工作表中的数据发生修改的时候,图表中相关图示就会跟随变化,而无论图表是与数据处于同一个工作表,还是在其他工作表中,这是因为源数据与图表之间有链接关系。

4. 有关图表区的操作

在嵌入了图表的工作表中,当鼠标进入图表区时,单击鼠标右键,可进入"图表"菜单如图 4-38 所示。

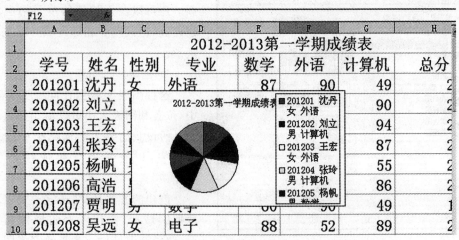

图 4-38　嵌入图表的工作表

（1）单击"图表区格式"命令，进入图所示"图表区格式"对话框。按"图案"按钮，可以设置图表区的边框及图表区域的色彩；按"文字"按钮，可设置图表区域的文字，如字体、字形、颜色等。

（2）单击"清除"命令，可将图表区域删除，屏幕只留下工作表。

（3）若图表选择三维图形，如圆柱、圆锥或棱锥等，图表菜单允许"设置三维视图格式"，单击它可进入"三维视图格式"对话框。

4.4　Excel 2003 的其他功能

4.4.1　数据的显示和保存

1. 数据的显示

工作表有时具有很多的列和行，以致屏幕不能将它们全部显示。可以用工具栏中的缩放控制来控制显示比例；使用滚动条是查看屏幕以外的列和行的最简便的方法。在使用滚动条查看数据时，常常会希望表格的部分内容在滚动时保持不动，Excel 将不进行滚动的部分称为冻结部分，可以方便地将工作表分成冻结和非冻结部分：首先选定不需要冻结区域左上角的单元格，然后使用"窗口"菜单中的"冻结窗格"命令，则在工作表中冻结部分与非冻结部分之间有明显的粗黑线将它们分隔开来，如图 4-39 所示。

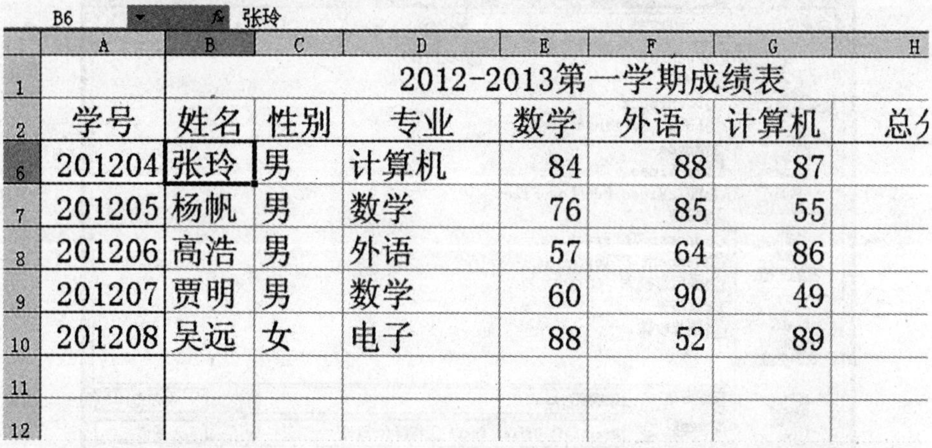

	B6	▼	*f×* 张玲				
	A	B	C	D	E	F	G	H
1	2012-2013第一学期成绩表						
2	学号	姓名	性别	专业	数学	外语	计算机	总分
6	201204	张玲	男	计算机	84	88	87	
7	201205	杨帆	男	数学	76	85	55	
8	201206	高浩	男	外语	57	64	86	
9	201207	贾明	男	数学	60	90	49	
10	201208	吴远	女	电子	88	52	89	
11								
12								

图 4-39　冻结窗格后效果图

进行滚动操作时，可以看到冻结部分是不随滚动条而移动的。使用"窗口"菜单中的"取消窗口冻结"可以使显示恢复原状。

有时候，我们会希望同时看到一个表的多个不同部分。Excel 提供了这种功能，它可以将一个工作表分别显示在 4 个窗口之中，每个窗口都是可操作的，对一个窗口中表格修改，其他 3 个窗口中的相应部分随之改变。使用 4 个滚动条可以显示表格的不同位置的数据。

窗口间的分隔线也可以移动，以调整各窗口的大小。使用"窗口"菜单中的"拆分"命令或用水平、垂直滚动条上的"拆分条"可实现拆分;使用"窗口"菜单中的"删除拆分窗口"或双击"拆分线"可以将显示恢复原状。

有时候,一些数据不希望在屏幕上显示或被打印输出。这时并不需要将行或列实际删除,而可以将它们暂时隐藏起来。选定这些行或列,使用"格式"菜单中的"行"或"列"的子菜单中的"隐藏"命令,就可以实现这个功能。当选择子菜单中的"取消隐藏"时,又可以将表恢复原状。

对工作表,也可以隐藏,使用"格式"菜单中的"工作表"子菜单中的"隐藏"命令就可以实现。如果在 Excel 中打开了多个工作簿窗口,也可以使用"窗口"菜单中的"隐藏窗口"命令将工作簿窗口隐藏。"窗口"菜单中的"取消隐藏窗口"命令用于恢复被隐藏了的工作簿。如果所有窗口都被隐藏,则可以从"文件"菜单中找到取消隐藏命令。

2. 数据的保存

保存数据是指存盘;保护数据是指限制他人对数据的访问,也可防止因误操作丢失数据。Excel 在保护数据方面十分灵活,用户可根据不同情况,对整个工作簿或部分数据设置不同的保护方式。

为了安全起见,应经常将已做的数据存盘。存盘操作十分简便,只要单击标准工具栏中的图标。如果工作簿用的仍是 Excel 提供的缺省名,或者用户调用了"文件"菜单项的"另存为",则弹出如图 4-40 所示的对话框。

图 4-40 文件"另存为"对话框

在"保存位置"下拉列表框内选好存盘文件的驱动器名和目录名,在"文件名"框内键入文件名后,单击"保存"即可。

4.4.2 数据的保护和导入导出

1. 数据的保护

(1)工作簿的保护

选择"工具"→"保护"→"保护工作簿"命令,显示如图 4-41 的对话框。保护结构将禁止插入、删除和重新命名工作表；保护工作簿窗口可使窗口中的某些项呈灰色，无法使用。另外，在密码选项中输入密码也可以起到保护工作簿的作用。

(2)工作表的保护

选择"工具"→"保护"→"保护工作表"命令，显示如图 4-42 的对话框。选择需保护的项目，输入密码后，单击"确认"按钮，完成"保护工作表"的操作。

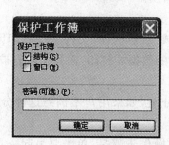

图 4-41　保护工作簿对话框

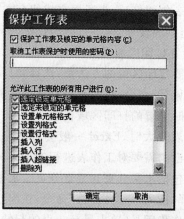

图 4-42　保护工作表对话框

(3)区域或单元格的保护

选择要保护的单元格或单元格区域，然后选择"格式"→"单元格"命令，在单元格格式对话框中选择"保护"选项卡，选择"锁定"，如图 4-43 所示。再选择"工具"→"保护"→"保护工作表"，采用默认值(第一项和第二项被选上)即可。

选中"隐藏"的目的是让单元格中的公式(或数据)不在编辑栏中出现。

注意：只有在工作表被保护时，锁定单元格或隐藏公式(或数据)才有效。

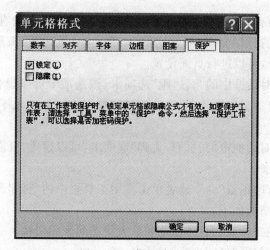

图 4-43　保护单元格

2. 数据的导入和导出

数据的导入主要是把其他文件中的数据导入该工作簿中。选择"数据"→"导入外部数据"→"导入数据",在"选取数据源"对话框中,选择要导入的文件。

数据的导出主要是把工作表中的数据以其他文件格式导出。可通过"文件"→"另存为"对话框实现。

4.4.3　打印管理

工作表创建好后,为了提交或留存查阅方便,经常需要把它打印出来,操作步骤一般是:先进行页面设置,再进行打印预览,最后打印输出。

1. 设置打印区域和分页

选择要打印区域的方法是:选择要打印的区域,然后选择"文件"→"打印区域"→"设置打印区域"的命令,打印时只有被选定的区域中的数据才打印,而且工作表被保存后,将来再打开时设置的打印区域仍然有效。

工作表较大时,Excel 一般会自动为工作表分页,如果用户不满意这种分页方式,可以根据自己的需要对工作表进行人工分页。

分页包括水平分页和垂直分页。水平分页的操作步骤是:单击要另起一页的起始行行号,选择"插入"→"分页符"命令,在起始行上出现一条水平虚线,表示分页成功。垂直分页的操作步骤是:单击另起一页的起始列列号或选择该列最上端的单元格,选择"插入"→"分页符"命令,分页成功后将在该列左边出现一条垂直分页虚线。

删除分页符可选择分页虚线的下一行或右一列的任一单元格,选择"插入"→"删除分页符"命令;也可以选中整个工作表,然后选择"插入"→"重置所有分页符"可以删除工作表中的所有人工分页符。

分页后选择"视图"→"分页预览"命令,可进入分页预览视图。选择"视图"→"普通"命令,可以结束分页预览回到普通视图中。

2. 页面设置

Excel 具有默认页面设置,用户因此可以直接打印工作表。如有特殊要求,使用页面设置可以设置工作表的打印方向、缩放比例、纸张大小、页边距、页眉、页脚等。选择"文件"→"页面设置"命令,可以进行页面设置。

单击"页面设置"对话框中的"页边距"选项卡,该选项卡可以设置打印数据在所选纸张的上、下、左、右留出的空白尺寸,可以设置打印数据在纸张上水平居中或垂直居中,默认为靠上靠左对齐。

单击"页面设置"对话框中的"页眉/页脚"选项卡,可以设置"页眉/页脚"。

3. 打印预览

选择"文件"→"打印预览"命令或者单击常用工具栏中的"打印预览"按钮,打开"打印预览"窗口,其中按钮功能如下。

缩放:此按钮可使工作表在总体预览和放大状态间来回切换。

打印:单击此按钮打开"打印内容"对话框。

设置:单击此按钮打开"页面设置"对话框。

页边距:单击此按钮,"预览视图"的虚线表示页边距和页眉、页脚位置。

分页预览:单击此按钮打开"分页预览"视图。

关闭:关闭打印预览窗口,回到普通视图。

4. 打印输出

经过设置打印区域、页面设置、打印预览后,工作表可以正式打印了。打印方法是:选择"文件"→"打印"命令,或者在"打印预览"视图中单击"打印"按钮,即可打印输出。

练习题

一、单项选择题

1. 在 Excel 2003 中,取消所有自动分类汇总的操作是_____。

A. 按 Delete   B. 在编辑菜单中选"删除"选项
C. 在文件菜单中选"关闭"选项   D. 在分类汇总对话框中点"全部删除"按钮

2. 在 Excel 2003 中,_____可拆分。

A. 任何没合并过的单元格   B. 合并过的单元格
C. 基本单元格   D. 基本单元格区域

3. 在 Excel 2003 中,设置页眉和页脚的内容可以通过_____进行。

A. 编辑菜单   B. 视图菜单   C. 格式菜单   D. 工具菜单

4. 在 Excel 2003 工作表中,A1,A2 单元格中数据分别为 2 和 5,若选定 A1:A2 区域并向下拖动填充柄,则 A3:A6 区域中的数据序列为_____。

A. 6,7,8,9   B. 3,4,5,6   C. 2,5,2,5   D. 8,11,14,17

5. 在 Excel 2003 单元格中,字符型数据的默认对齐方式是_____。

A. 右对齐   B. 左对齐   C. 居中   D. 分散对齐

6. 在 Excel 2003 工作表中输入数据时,如要在同一单元格内换行,应按组合键_____。

A. Alt+Enter   B. Ctrl+Enter   C. Shift+Enter   D. Ctrl+Shift+Enter

7. 现要向 A5 单元格输入分数形式"1/10",正确输入方法为_____。

A. 1/10   B. 10/1   C. 0 1/10   D. 0.1

8. 当鼠标的形状变为_____时,就可在 Excel 2003 的工作表中进行自动填充操作。

A. 空心粗十字   B. 向左下方箭头   C. 实心细十字   D. 向右上方箭头

9. 启动 Excel 2003,系统会自动产生一个工作簿 Book1,并且自动为该工作簿创建_____张工作表。

A. 1   B. 3   C. 8   D. 10

10. 在 Excel 2003 工作表中,_____是混合地址。

A. C7   B. $B$3   C. $F8   D. A1

11. 在中文 Excel 2003 中,下列选项中,属于对"单元格"绝对引用的是_____。

A. D4   B. &D&4   C. $D4   D. $D$4

12. 在 Excel 2003 中,(A1,B3)代表_____单元格。

A. A1、A2、A3   B. B1、B2、B3   C. A1、A2、A3、B1、B2、B3   D. A1、B3

13. 已知在一 Excel 2003 工作表中,"职务"列的 4 个单元格中的数据分别为"董事长"、"总经理"、"主任"和"科长",按字母升序排序的结果为_____。

A. 董事长、总经理、主任、科长　　　B. 科长、主任、总经理、董事长

C. 董事长、科长、主任、总经理　　　D. 主任、总经理、科长、董事长

14. 对于 Excel 2003 的数据图表,下列说法正确的是_____。

A. 独立式图表与数据源工作表毫无关系

B. 独立式图表是将工作表和图表分别存放在不同的工作表中

C. 独立式图表是将工作表数据和相应图表分别存放在不同的工作簿中

D. 当工作表的数据变动时,与它相关的独立式图表不能自动更新

15. 在 Excel 2003 中如果一个单元格中输入的信息是以"="开头,则信息类型为_____。

A. 常数　　　　B. 公式　　　　C. 提示信息　　　　D. 一般字符

16. 在 Excel 2003 单元格中输入"="DATE"&"TIME""所产生的结果是_____。

A. DATETIME　　B. DATE+TIME　　C. 逻辑值"真"　　D. 逻辑值"假"

17. 对 Excel 2003 工作表进行数据筛选操作后,表格中未显示的数据_____。

A. 已被删除,不能再恢复　　　　　B. 已被删除,但可以恢复

C. 被隐藏起来,但未被删除　　　　D. 已被放置到另一个表格中

18. 下列关于 Excel 2003 工作表拆分的描述中,正确的是_____。

A. 只能进行水平拆分　　　　　　　B. 只能进行垂直拆分

C. 可以进行水平拆分和垂直拆分,但不能进行水平、垂直同时拆分

D. 可以分别进行水平拆分和垂直拆分,还可进行水平、垂直同时拆分

19. 在工作表的 D7 单元格内存在公式:"=A7+$B$4",若在第 3 行处插入一新行,则插入后原单元格中的内容为_____。

A. =A8+$B$4　　　　　　　　　B. =A8+$B$5

C. =A7+$B$4　　　　　　　　　D. =A7+$B$5

20. 若在工作簿 Book1 的工作表 Sheet2 的 C1 单元格内输入公式,需要引用 Book2 的 Sheet1 工作表中 A2 单元格的数据,那么正确的引用格式为_____。

A. Sheet! A2　　　　　　　　　B. Book2! Sheet1(A2)

C. BookSheet1A2　　　　　　　　D. [Book2]sheet1! A2

21. 某 Excel 2003 数据表记录了学生的 5 门课成绩,现要找出 5 门课都不及格的同学的数据,应使用_____命令最为方便。

A. 查找　　　　B. 排序　　　　C. 筛选　　　　D. 定位

22. 在 Excel 2003 中,如果把一串阿拉伯数字作为字符串而不是数值输入到单元格中,应当先输入_____。

A. "(双引号)　　B. '(单引号)　　C. ""(两个双引号)　D. ''(两个单引号)

23. 在 Excel 2003 中,数据清单中的列标记被认为是数据库的_____。

A. 字数　　　　B. 字段名　　　　C. 数据类型　　　　D. 记录

24. 在下列关于 Excel 2003 功能的叙述中,正确的是_____。

A. 在 Excel 中,不能处理图形

B. 在 Excel 中,不能处理表格

C. Excel 的数据库管理可支持数据记录的增、删、改等操作

D. 在一个工作表中包含多个工作簿

25. 在 Excel 单元格中,数值型数据的默认对齐方式是_____。

A. 右对齐　　　　B. 左对齐　　　　C. 居中　　　　D. 分散对齐

26. 在 Excel 2003 单元格中,若要将数值型数据 800 显示为 800.00,应将该单元格的数字分类设置为_____。

A. 常规　　　　B. 数值　　　　C. 自定义　　　　D. 特殊

27. 当输入的字符串长度超过单元格的长度范围时,且其右侧相邻单元格为空,在默认状态下字符串将_____。

A. 超出部分被截断删除　　　　B. 超出部分作为另一个字符串存入 B1 中

C. 字符串显示为＃＃＃＃＃　　　　D. 继续超格显示

28. Excel 2003 中的数据库管理功能是_____。

A. 过滤数据　　　　B. 排序数据　　　　C. 汇总数据　　　　D. 以上都是

29. 在 A1 单元格的数字格式设为整数的条件下,当输入"33.51"时,屏幕显示为_____。

A. 33.51　　　　B. 33　　　　C. 34　　　　D. ERROR

30. 在 Excel 2003 中,为了加快输入速度,在相邻单元格中输入"星期一"到"星期五"的连续字符时,可使用_____功能。

A. 复制　　　　B. 移动　　　　C. 自动填充　　　　D. 自动计算

31. 在 B1 单元格中输入数据 $12345,确认后 B1 单元格中显示的格式为_____。

A. $12345　　　　B. $12,345　　　　C. 12345　　　　D. 12,345

32. 若要在 Excel 2003 单元格中输入邮政编码 234000,应该输入_____。

A. 234000'　　　　B. '234000　　　　C. 234000　　　　D. '234000'

33. 在 Excel 2003 工作表中,已知 C2、C3 单元格的值均为 0,在 C4 单元格中输入"C4＝C2＋C3",则 C4 单元格显示的内容为_____。

A. C4＝C2＋C3　　　　B. TRUE　　　　C. 1　　　　D. 0

34. 在中文 Excel 2003 工作表中进行智能填充时,鼠标的形状为_____。

A. 空心粗十字　　　　B. 向左下方箭头　　　　C. 实心细十字　　　　D. 向右上方箭头

35. 在中文 Excel 2003 中,工作簿指的是_____。

A. 数据库　　　　B. 由若干类型的表格共存的单一电子表格

C. 图表　　　　D. 在 Excel 中用来存储和处理数据的工作表的集合

36. 在中文 Excel 2003 中,每张工作表最多可以包含的行数是_____。

A. 255 行　　　　B. 1024 行　　　　C. 65536 行　　　　D. 不限

37. 在中文 Excel 2003 中,下列不能对数据表进行排序的是_____。

A. 单击数据区中任一单元格,然后单击工具栏的"升序"或"降序"按钮

B. 选择要排序的数据区域,然后单击工具栏的"升序"或"降序"按钮

C. 选择要排序的数据区域,然后使用"编辑"菜单的"排序"命令

D. 选择要排序的数据区域,然后使用"数据"菜单的"排序"命令

38. 在中文 Excel 2003 中,下列公式错误的是_____。

A. A5＝C1＊D1　　　　　　　B. A5＝C1/D1

C. A5＝C1"OR"D1　　　　　　D. A5＝OR(C1,D1)

39. 在中文 Excel 2003 中,已知单元格 A7 中是公式"＝SUM(A2:A6)",将该公式复制到单元格 E7 中,则 E7 中的公式为_____。

A. ＝SUM(A2:A6)　　　　　　B. ＝SUM(E2:E6)

C. ＝SUM(A2:A7)　　　　　　D. ＝SUM(E2:E7)

40. 在 Excel 2003 工作表中,不能进行的操作的是_____。

A. 恢复被删除的工作表　　　　B. 修改工作表名称

C. 移动和复制工作表　　　　　D. 插入和删除工作表

二、操作题

1. 如图 4－44(1)、图 4－44(2),请在 Excel 中完成以下操作:

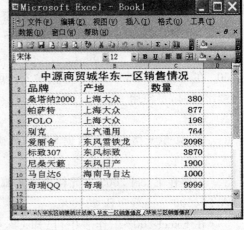

图 4－44(1)　　　　　　　　　　　　图 4－44(2)

(1)请将"华东区销售统计总表"标题行合并居中,设置 20 磅字。

(2)请使用求和函数计算总表中"数量",总表中数量是"华东一区销售情况"和"华东二区销售情况"表中数量之和,函数的参数使用(华东一区销售情况表里的数量,华东二区销售情况表里的数量)。

(3)在总表中使用公式(总计＝单价＊数量)计算总计。

(4)将数据区域(A2:E11)设置为水平居中和垂直居中,并为数据域(A2:E11)添加外边框双实线、内部单实线。

(5)选择品牌和总计两列制作饼图。

2. 如图 4－45,请在 Excel 中完成以下操作:

(1)请在姓名前插入一学号列,学号列输入值为"200901～200906",设学号列数据格式为文本型。

(2)合并单元格 A1:F1,设置为楷体、24 磅。

(3)利用函数计算总分。

(4)设置表格数据区域(A2:F8)行高为 18,水平居中。

(5)将当前工作表中所有的“张”字替换为“章”字。

(6)选择数据区域(B2:E8)制作簇状柱形图,图表的标题为“学生成绩图表”图例位置靠左。

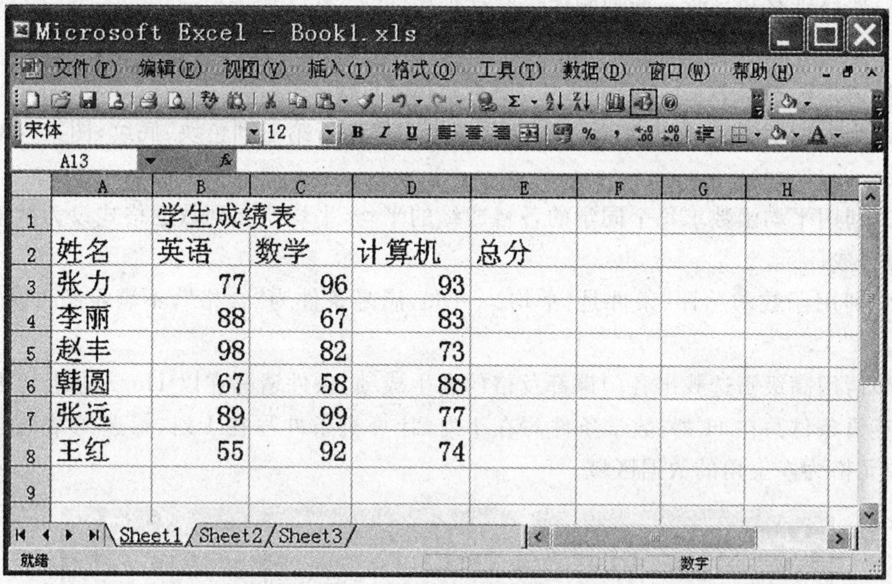

	A	B	C	D	E
1		学生成绩表			
2	姓名	英语	数学	计算机	总分
3	张力	77	96	93	
4	李丽	88	67	83	
5	赵丰	98	82	73	
6	韩圆	67	58	88	
7	张远	89	99	77	
8	王红	55	92	74	

图 4－45

3. 如图 4－46,请在 Excel 中完成以下操作:

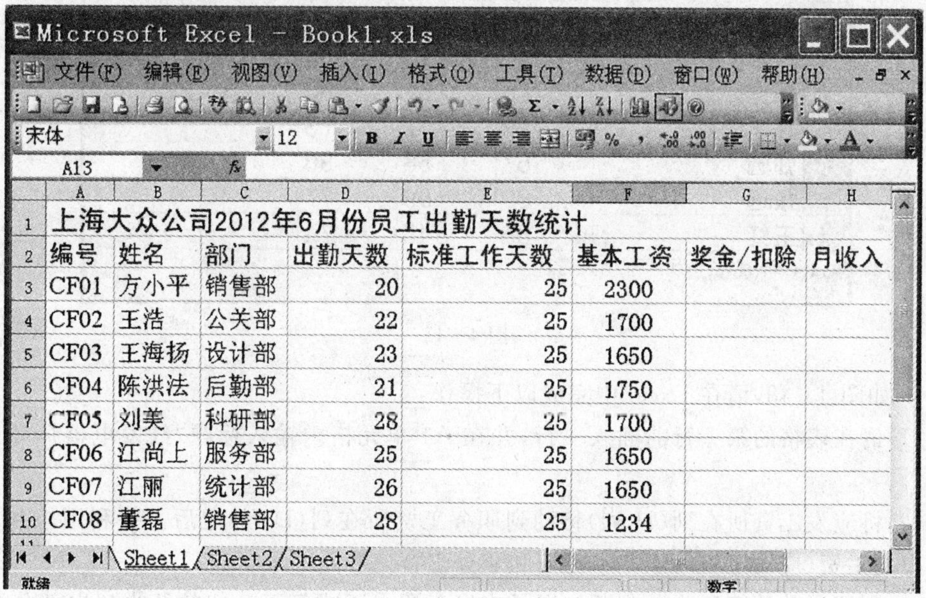

	A	B	C	D	E	F	G	H
1	上海大众公司2012年6月份员工出勤天数统计							
2	编号	姓名	部门	出勤天数	标准工作天数	基本工资	奖金/扣除	月收入
3	CF01	方小平	销售部	20	25	2300		
4	CF02	王浩	公关部	22	25	1700		
5	CF03	王海扬	设计部	23	25	1650		
6	CF04	陈洪法	后勤部	21	25	1750		
7	CF05	刘美	科研部	28	25	1700		
8	CF06	江尚上	服务部	25	25	1650		
9	CF07	江丽	统计部	26	25	1650		
10	CF08	董磊	销售部	28	25	1234		

图 4－46

(1)将标题行(A1:H1)合并居中。

(2)计算职工的奖金/扣除列(使用 IF 函数,条件是:标准工作天数<出勤天数,条件满足的取值 1000,条件不满足的取值−500)。

(3)计算月收入,月收入等于基本工资加上奖金/扣除(不要应用求和函数)。

(4)将标准工作天数列(E 列)的列宽设置为最适合的列宽。

(5)将所有数据区域(A2:H10)设置为水平居中,垂直居中。

(6)选择姓名和月收入两列制作簇状柱形图。

4. 如图 4-47,请在 Excel 中完成以下操作:

(1)请将标题行 A1:G1 合并居中,设为楷体,28 磅。

(2)为列标题区域(A2:G2)设置黄色(颜色中第四行第三列色块)底纹,图案为细对角线条纹。

(3)利用平均函数求每个同学的各科成绩的平均,平均所在列数据格式设为数值型保留 2 位小数。

(4)利用函数求总评(条件是:平均>=60,满足条件为"合格",不满足条件为"不合格")。

(5)请用高级筛选找出各门课都及格的学生成绩,条件请写在以 H5 为左上角的数据区域,英语条件写在 H 列,数学条件写在 I 列,计算机条件写在 J 列,筛选的结果放在以 A11 单元格为左上角的数据区域。

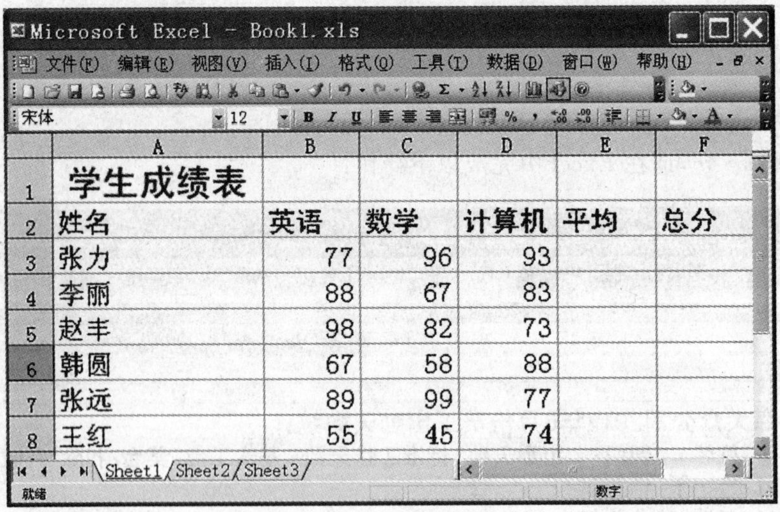

	A	B	C	D	E	F
1	学生成绩表					
2	姓名	英语	数学	计算机	平均	总分
3	张力	77	96	93		
4	李丽	88	67	83		
5	赵丰	98	82	73		
6	韩圆	67	58	88		
7	张远	89	99	77		
8	王红	55	45	74		

图 4-47

5. 如图 4-48,请在 Excel 中完成以下操作:

(1)请在表格的第一行前插入一行,并在 A1 单元格内输入标题"红发电器厂职工工资表"。

(2)将应发工资所在列(H 列)移动到职务工资所在列(D 列)之后。并利用求和函数计算应发工资(应发工资等于基本工资和职务工资之和)。

(3)利用函数计算税收。判断依据是应发工资大于或等于 800 的征收超出部分 20%

的税，低于 800 的不征税。（公式中请使用 20%，不要使用 0.2 等其他形式，条件使用：应发工资＞＝800）。

（4）利用公式计算实发工资（实发工资＝应发工资－房租/水电－税收）。

（5）将 A3：A10 单元格数字格式设置为文本。然后在 A3 单元格内输入刘明亮的职工号 0000001，再用鼠标拖动的方法依次在 A4－A10 单元格内填充上 0000002－0000008。

（6）对标题所在行中 A1：H1 单元格设置合并及居中。同时将字体设置为黑体、16 磅。

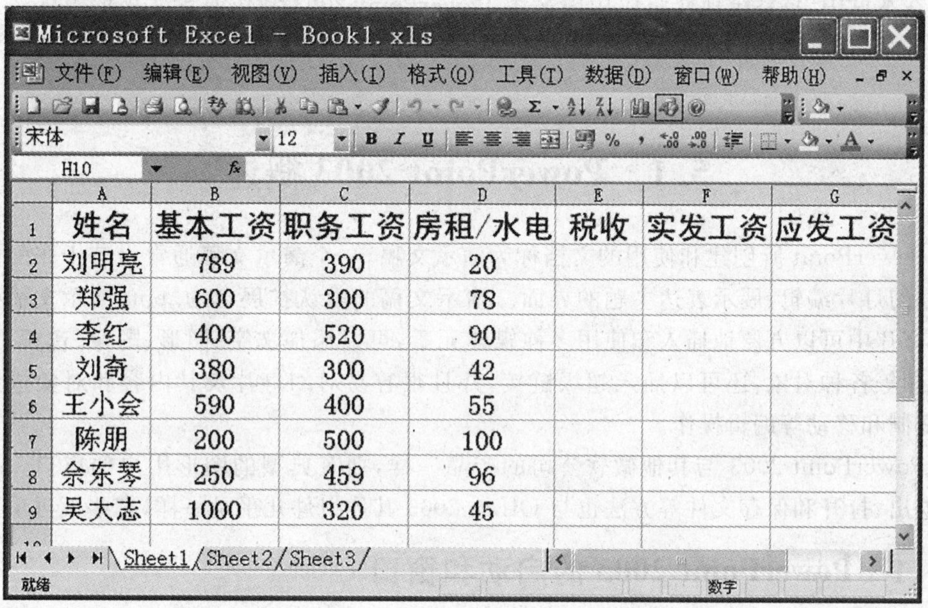

	A	B	C	D	E	F	G
1	姓名	基本工资	职务工资	房租/水电	税收	实发工资	应发工资
2	刘明亮	789	390	20			
3	郑强	600	300	78			
4	李红	400	520	90			
5	刘奇	380	300	42			
6	王小会	590	400	55			
7	陈朋	200	500	100			
8	佘东琴	250	459	96			
9	吴大志	1000	320	45			

图 4－48

第 5 章 演示文稿软件 PowerPoint 2003

PowerPoint 2003 是 Office 套装办公软件中重要的一员,是制作演示文稿的应用程序。演讲时,如果事先使用 PowerPoint 制作一个演示文稿,就会使阐述过程简明而又清晰,轻松而又生动,从而更有效地增强演讲效果。

在本章中,将系统地介绍应用中文版 PowerPoint 2003 制作演示文稿的方法。通过本章的学习,可以基本掌握演示文稿的制作步骤、方法和技巧,制作出独具特色的演示文稿。

5.1 PowerPoint 2003 概述

PowerPoint 所创建和使用的文档称为演示文稿,一个演示文稿通常由若干张幻灯片组成,幻灯片编辑、展示表达主题的界面。演示文稿的默认扩展名为. ppt,演示文稿的每张幻灯片中可以方便地插入和使用多种媒体元素,可以添加文字、图形、图像、音频、动画和视频等各种对象,还可以插入超级链接,并且很容易对幻灯片及其内容和对象进行删除、复制和移动等编辑操作。

PowerPoint 2003 与其他微软公司的产品一样,拥有典型的图形用户的窗口。其启动、退出、打开和保存文件等方法也与 Office 2003 其他组件几乎是一样,有些不再重述。

5.1.1 PowerPoint 2003 的启动和窗口

启动 PowerPoint 2003 有多种方法:

(1)单击"开始"按钮,选择菜单项"程序"→"Microsoft PowerPoint"。

(2)双击桌面上的 PowerPoint 的图标。

(3)双击任何一个文件夹中的中文 PowerPoint 2003 文档的图标(其扩展名为. ppt)。

启动 PowerPoint 2003 后,打开一个"演示文稿",PowerPoint 2003 窗口如图 5 - 1 所示。

从图 5 - 1 中可以看到,PowerPoint 2003 的系统界面与 Word 2003、Excel 2003 风格相同,菜单、工具栏也非常相似,甚至有相当一部分工具都是相同的,但 PowerPoint 2003 针对制作演示文稿所需的功能,有自己的窗口元素,主要体现在演示文稿编辑区(幻灯片窗格、备注窗格和大纲窗格)和任务窗格。

1. 演示文稿编辑区

演示文稿编辑区分成三个部分:幻灯片窗格、备注窗格和大纲窗格,拖动窗格之间的分界线可以调整各窗格的大小,以便满足编辑需要。

(1)幻灯片窗格

幻灯片窗格显示幻灯片的内容,包括文本及图片等对象。可以直接在该窗格编辑幻灯片内容。

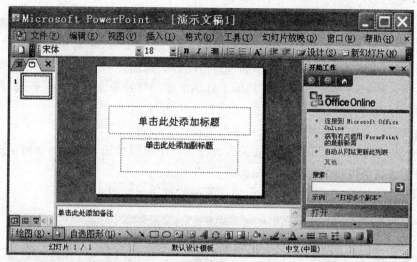

图 5 - 1   PowerPoint 2003 窗口

(2)备注窗格

对幻灯片的解释、说明等备注信息在此窗格中输入与编辑。

(3)大纲窗格

大纲窗格可以用两种模式显示。选择大纲窗格上方的"幻灯片"选项卡,可以显示各幻灯片缩图。而在"大纲"选项卡中,可以显示各幻灯片的标题与正文信息。在幻灯片中编辑标题或正文信息时,大纲窗格也同步变化,反之亦然。

在"普通"视图下,这三个窗格同时显示在演示文稿编辑区,用户可以同时看到三个窗格的显示内容,有利于从不同角度编排演示文稿。

2.任务窗格

PowerPoint 2003 提供常用命令的窗口,可以随时打开和关闭。根据演示文稿的编辑操作不同,可以随时演示不同的任务窗格。任务窗格有助于完成多种任务:创建演示文稿;选择幻灯片的版式;选择设计模板、配色方案或动画方案;创建自定义动画;设置幻灯片的切换方式;以及同时复制并粘贴多个项目。对于编辑幻灯片有很大帮助。

(1)显示任务窗格:选择"视图"→"任务窗格"命令或使用 Ctrl＋F1 快捷键,任务窗格如图 5 - 2 所示。单击"任务窗格"标题栏的下三角按钮,出现任务窗格菜单,可以方便选择切换的任务窗格。

(2)隐藏任务窗格:单击任务窗格右上角的"关闭"按钮,或将"视图"→"任务窗格"命令前的"∨"取消。

(3)最近使用的任务窗格中切换:在窗格的左上角单击后退和前进箭头,查看最近浏览过的窗格。

图 5 - 2   任务窗格

5.1.2　PowerPoint 2003 的视图

　　PowerPoint 2003 提供多种显示文稿的方式,从而可以从不同角度有效管理演示文稿,这些显示演示文稿的不同方式称为视图。PowerPoint 2003 中有 4 种视图:"普通"视图、"幻灯片浏览"视图、"备注页"视图和"幻灯片放映"视图。采用不同的视图会为某些操作带来方便。例如,在"幻灯片浏览"视图下移动多张幻灯片非常方便,而"普通"视图更适合编辑幻灯片内容。

　　切换视图的方法有两种:按钮法和菜单法。

　　(1)按钮法:窗口左下角的视图切换工具栏有 3 个视图按钮,如图 5-3 所示。单击所需的视图按钮就可以切换到相应的视图。

　　(2)菜单法:打开"视图"菜单,从中选择所需的视图。如图 5-3 所示。

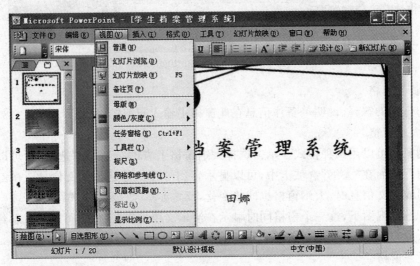

图 5-3　视图切换

　　1."普通"视图

　　"普通"视图是创建演示文稿的默认视图。在"普通"视图下,可以同时显示演示文稿的幻灯片、幻灯片缩图(或大纲)和备注内容。一般地,"普通"视图幻灯片部分面积较大,但显示的三部分大小是可以调节的,方法是拖动两部分的分界线即可。若将窗口调节成只显示幻灯片部分,幻灯片上的细节一览无余,最适合编辑幻灯片,如插入对象、修改文本等。

　　2."幻灯片浏览"视图

　　单击"幻灯片浏览视图"按钮,或选择菜单项"视图"→"幻灯片浏览",可以在窗口中按每行若干张幻灯片,以缩图的方式顺序排列幻灯片,以便对多张幻灯片同时进行删除、复制和移动,并通过双击某张幻灯片来方便快速地定位到该张幻灯片。另外,还可以设置幻灯片的动画效果,调节各张幻灯片的放映时间。

　　3."备注页"视图

　　选择"视图/备注页"命令,进入"备注页"视图。在此视图下显示一张幻灯片及其备注页。用户可以输入或编辑备注页的内容。

4."幻灯片放映"视图

创建演示文稿,其目的是向观众放映和演示。创建者通常会采用各种动画方案、放映方式和幻灯片切换方式等手段,以提高放映效果。

单击"幻灯片放映"按钮,或选择菜单项"幻灯片放映""观看放映",可切换至幻灯片放映视图。严格地说,幻灯片放映视图不能算是一种编辑视图,它仅仅是播放幻灯片的屏幕状态。在"幻灯片放映"视图下,单击鼠标左键,可以从当前幻灯片切换到下一张幻灯片,直到放映完毕。在放映过程中,右击鼠标会弹出控制菜单。利用它可以改变放映顺序、即兴标注等,按"Esc"键可退出幻灯片放映视图。

5.1.3　PowerPoint 2003 幻灯片的构成

一套中文 PowerPoint 2003 演示文稿实际上是一张张幻灯片的有序组合,幻灯片示例见图 5-4。演讲者放映时按事先设计好的顺序或链接关系逐张播放出来,再配以现场演讲,就可达到预期的演示效果。

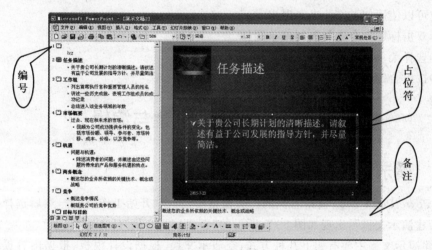

图 5-4　幻灯片示例

1.编号

幻灯片的编号即它的顺序号,可决定各幻灯片的排列次序。如果放映时不进行跳转操作,编号顺序也就是幻灯片的放映顺序。插入新幻灯片和增删幻灯片时编号会自动改变。

2.占位符

幻灯片上标题、文本、图片以及图表在幻灯片上所占的位置称为占位符。占位符的大小位置,一般由幻灯片所用的版式确定。对于标题、文本占位符,有编辑状态和选定状态两种。单击占位符区域内部,可以进入编辑状态,会显示出由斜线虚框围成的矩形区域。在占位符的边、角上有 8 个尺寸手柄用以调整占位符的大小,这时可以输入或编辑其中的文本。当在虚框上单击时,占位符变为点状虚框,即可进入选定状态,这时可以进行复制、删除等操作。对于图片、图表等对象的占位符,单击它即可以选定。

占位符与文本框的区别如下：

(1)占位符中的文本可以在大纲视图中显示出来，而文本框中的文本却不能在大纲视图中显示出来。

(2)当其中的文本太多或太少时，占位符可以自动调整文本的字号，使之与占位符的大小相适应；而同样情况下的文本框却不能自行调节字号的大小。

(3)文本框可以和其他自选图形、自绘图形、图片等对象组合成一个更为复杂的对象，占位符却不能进行这样的组合。

3.对象

在幻灯片上可以插入任何对象，如文本、图形、图片、视频剪辑、声音剪辑等。对于幻灯片上的每一个对象，都可以根据需要设置它们的格式、出现时的动画，设置它与其他幻灯片、文件、网址等的超级链接，设置它们的播放次序等。

5.1.4 PowerPoint 2003 的退出

退出 PowerPoint 2003 最简单的方法是单击 PowerPoint 2003 窗口右上角的"关闭"按钮，也可以使用如下方法之一退出：

(1)双击标题栏左边的控制菜单图标。

(2)选择菜单项"文件"→"退出"。

(3)按组合键 Alt＋F4。

5.2 演示文稿的创建与编辑

5.2.1 演示文稿的创建

在 PowerPoint 2003 窗口右侧的任务窗格中，选择"开始工作"任务，然后选择"打开"栏的"新建演示文稿"，出现如图 5-5 所示的"新建演示文稿"任务窗格。

创建演示文稿主要有如下几种方式：空演示文稿、根据设计模板、根据内容提示向导和根据现有演示文稿等。

1.用内容提示向导创建演示文稿

这种方式适合初学者使用。它引导用户逐步完成演示文稿框架的创建，如演示文稿类型的选择、演示文稿输出类型的选择和确定演示文稿的各种选项（如标题、幻灯片制作日期等）。

利用内容提示向导，可直接得到所要的幻灯片版式。这些版式是 PowerPoint 2003 预设的模板，其主题包罗万象，如推销您的想法、单位员工培训、主持会议等，如图 5-6 所示。

选择某一主题后，系统自动生成演示文稿的内容结构和某种风格的模板。在"内容提示向导"对话框中

图 5-5 "新建演示文稿"任务窗格

选择文稿类型(如"推销您的想法"等)、文稿输出类型(如屏幕演示、彩色投影、35mm 幻灯片等)以及文稿的选项(如设置标题、页脚等),再把其中的内容换成自己的实际内容(例

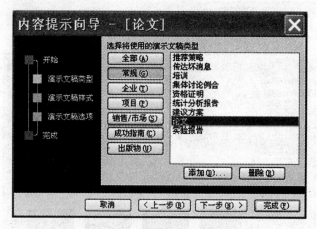

图 5-6　演示文稿类型选择

如,在图 5-7 中的"开场:激励式短语"处填入自己的激励话语等)即可得到一个非常专业的演示文稿。在创建过程中,若要对前面的选择进行修改,可以单击"上一步"按钮,回到上一步重新选择。也可以单击左侧代表各步骤的方块,即可切换到相应步骤。

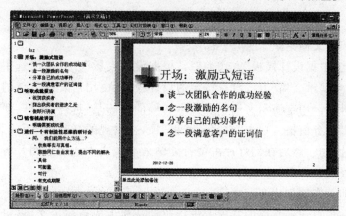

图 5-7　利用内容提示向导创建的演示文稿

2.利用设计模板创建演示文稿

设计模板是事先设计好的一组演示文稿的样式框架,用来统一演示文稿外观的最快捷的方法。用户可以选择其中自己喜欢的设计模板,并在相应位置填充所需内容即可。这样可以不必自己设计演示文稿的样式,省时省力,提高工作效率。PowerPoint 2003 中携带了很多不同风格的演示文稿模板,如图 5-8 所示。这些模板的配色和构图等都是非常完美的艺术设计,每个模板都表达了某种风格和寓意。它们通常放在 Office 中的 Template 文件夹中。选择模板创建文稿时,可将一种模板应用到自己的幻灯片上,而把注意力集中于内容的设计上。

使用模板有两种方法:一种方法是在如图 5-8 所示的对话框中选择设计模板创建一

个新的演示文稿。另一种方法的操作步骤如下：

(1)打开要应用模板的演示文稿。

(2)选择菜单项"格式"→"幻灯片设计"。

(3)在弹出的"幻灯片设计"对话框中选择满意的模板。

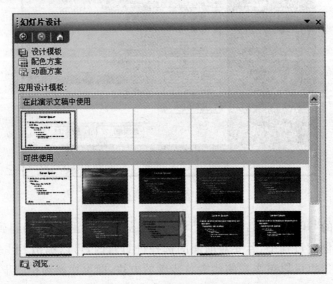

图 5-8　PowerPoint 2003 自带的演示文稿模板

3.创建空演示文稿

这种方式与"根据设计模板"方式类似，"根据设计模板"方式采用选中模板的背景及配色方案。而"空演示文稿"方式没有特定的设计模板，由用户发挥自己的艺术细胞自主设计演示文稿外观。用空演示文稿创建演示文稿的方法是：选择"文件/新建"命令，出现"新建演示文稿"任务窗格。单击"空演示文稿"项，在出现的"幻灯片版式"任务窗格中选择适当的幻灯片版式，然后在幻灯片占位符处输入有关文本或插入图片等。必要时设计幻灯片的背景及配色方案。

4.用现有演示文稿创建演示文稿

如果希望在现有演示文稿的基础上进行改动从而生成新演示文稿，可以先打开现有演示文稿，然后根据需要进行适当改动。其方法如下：

(1)单击"文件/新建"命令，出现"新建演示文稿"任务窗格。

(2)单击"根据现有演示文稿"项，出现"根据现有演示文稿创建"对话框，打开使用的现有演示文稿，单击对话框的"创建"按钮。

(3)对该演示文稿的各幻灯片做相应的修改并保存，即可创建一个新的演示文稿。

5.2.2　演示文稿的编辑

在演示文稿的制作中，经常要进行幻灯片的插入、删除、复制、移动等工作。这些工作在不同视图下的操作稍有不同。下面主要介绍在浏览视图下的操作方法。单击视图工具栏上的幻灯片"浏览视图"按钮，所显示出的视图界面如图 5-9 所示。

1．幻灯片的选择

在对幻灯片进行操作之前，应先选定要操作的幻灯片。常用的选定方法有以下几种。

（1）选择幻灯片：单击要选的幻灯片。

（2）选择新幻灯片插入点：单击两个幻灯片之间的空白处。

（3）选择多个编号连续的幻灯片：先单击起始片，然后按住 Shift 键单击末尾片。

（4）选择多个编号不连续的幻灯片：按住 Ctrl 键，逐个单击所要选择的幻灯片。

在大纲视图下，要选定幻灯片只要单击编号后的幻灯片即可，但只能选定多个连续的幻灯片，而不能选定多个不连续的幻灯片。选定后幻灯片的图标、标题和文本在大纲窗口呈反色（黑底白字）显示。

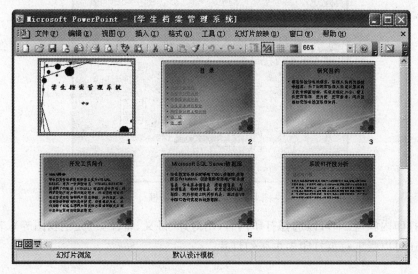

图 5-9　幻灯片浏览视图

2．对幻灯片的操作

（1）插入幻灯片。有两种方式插入幻灯片：插入新幻灯片和插入当前幻灯片的副本。前者将由用户重新自定义插入幻灯片的格式（如版式等）并输入相应内容；后者直接复制当前幻灯片（包括幻灯片格式和内容）作为插入的幻灯片，即保留现有的格式和内容，用户只需编辑内容即可。

（2）幻灯片的移动。在浏览视图中，选定一个或多个幻灯片，按住鼠标左键拖动，这在鼠标指针下加了一个矩形。到达目的位置后放开鼠标左键，幻灯片移动完成。在大纲视图下移动的方法基本一样，但这时的插入点是一个横穿整个窗口的水平线。移动后幻灯片自动按新幻灯片的顺序编号。

（3）幻灯片的复制和删除操作与在 Word 中大致相同，且完全可以利用剪贴板来完成，具体操作不再详述。

5.2.3　演示文稿的打印

若需要打印已经完成的演示文稿，可以采用如下步骤：

（1）打开演示文稿，并选"文件/打印"命令，出现"打印"对话框。如同 5-10 所示。

（2）在"打印机"栏中选择当前要使用的打印机。而纸张的大小、打印方向等信息可以通过单击"属性"按钮来设置。

（3）在"打印范围"栏中确定打印范围。可以选择"全部"或"当前幻灯片"，也可以选择打印指定的几张幻灯片：选中"幻灯片"单选项，然后在其右侧的文本框中输入要打印的幻灯片的序号，其方法与在 Word 中选择页面方法类似。

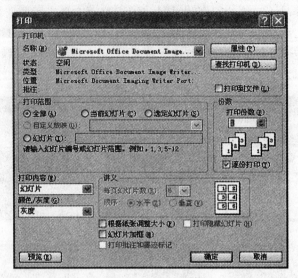

图 5-10　"打印"对话框

在"打印内容"栏中可以选择打印内容（幻灯片、讲义、备注页、大纲视图等），若选择打印讲义，还可以指定每页打印多少张幻灯片。

5.3　幻灯片的文本编辑与页面效果丰富

5.3.1　文本编辑

1.在幻灯片上编辑文本

在幻灯片视图下，直接在幻灯片上编辑文本是使用最多的一种编辑文本方式。具体方法是：在幻灯片上单击文本占位符进入文本编辑状态，输入文本即可。当自动版式提供的文本占位符不够或没有占位符时，要在幻灯片上输入文字，可以选择菜单项"插入"→"文本框"→"横排"或"竖排"；或单击"绘图"工具栏的按钮。

注意：自己创建的文本框中输入的文本内容不能在大纲视图中显示出来，但是这样的文本框对象可以和其他图形对象组合成新的更为复杂的对象。

2.在大纲视图中编辑文本

切换到大纲视图时，会自动打开大纲视图工具栏，使用它可以方便地进行文字编辑。大纲视图的结构如图 5-11 所示。

在大纲视图中输入的标题内容自动加在幻灯片的标题占位符中，而输入的文本内容则自动加在文本占位符中。当需要输入大量文本时，如果当前文本占位符中容纳不下，则通常需要在幻灯片上用手工调整,系统也会根据幻灯片的大小自动调整文本对象字号大小,使之适应文本占位符。

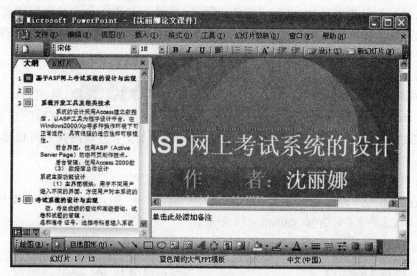

图 5－11　大纲视图的结构

3.设置项目符号

在演示文稿中,为了使某些内容更为醒目,经常使用不同的项目符号。项目符号用来强调一些特别重要的观点或项目,从而使主题更加美观、突出。其方法是:

将光标定位在需要添加项目符号的段落,或者同时选中多个段落,选择"格式"→"项目符号和编号"命令,打开"项目符号和编号"对话框,如图 5－12 所示。在该对话框的"项目符号"选项卡中选择需要使用的项目符号即可。

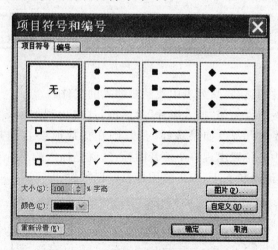

图 5－12　"项目符号和编号"对话框

5.3.2　幻灯片页面效果丰富

使用 PowerPoint 2003 制作演示文稿虽然简单方便,但是要将演示文稿制作得细致精美却不容易,要使演示文稿具有较强的表现力,可以插入图形、表格、图表、影像和声音等对象,并给幻灯片中的对象设置不同形式的动画效果,使演示文稿更加生动和精彩。要插入对象前可先在菜单项"格式"→"幻灯片版式"对话框中选择合适的母版样式,然后再插入对象。关于图片、表格、艺术字等对象的插入和编辑与在 Word 中大致相同,前面章节已经介绍过,这里不再重复。

1. 插入声音

PowerPoint 2003 提供了在幻灯片放映时播放声音、音乐的功能,可在幻灯片中插入背景音乐(CD 乐曲)或自己录制的解说词(. wav 文件)。声音对象插入后,与其他对象不同的是在幻灯片上只出现一个代表"声音"对象的小图标,单击该图标就可以播放声音。当然,播放声音要有硬件声卡的支持。

插入声音或音乐的方法如下:

(1)在要插入声音的幻灯片中,选择菜单项"插入"→"影片和声音"→"文件中的声音",打开"插入声音"对话框,如图 5 - 13 所示。

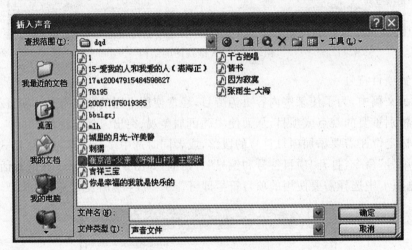

图 5 - 13 "插入声音"对话框

(2)选择声音文件的路径,从列表中找到要插入的文件名。

(3)单击"确定"按钮。关闭"插入影片"对话框,这时出现如图 5 - 14 的消息框,询问是否在放映时自动播放声音。如果选择"是",则在播放时会自动播放声音;如果回答"否",则在幻灯片的中心位置出现一个声音图标,这就是插入的声音对象。可以将它移动位置或适当放大。在编辑状态下,双击该图标就可以播放。

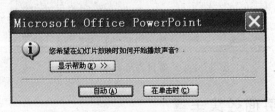

图 5 - 14 询问是否在放映时自动播放

2.插入视频剪辑

在演示文稿制作中,常把一些要解释的操作过程制作成动画,然后插入到文稿当中。对于用摄像机拍摄的影像带资料,只要通过一定的设备将它转换成数据化的视频文件,进行必要的剪辑,也可以插入到演示文稿中。

在 PowerPoint 2003 中可以插入多种格式的视频剪辑,如 avi 格式(采用 Intel 公司的 Indeo 视频有损压缩技术生成的视频文件)、mov 格式(Quick Timefor Windows 视频处理软件所选用的视频文件格式)、mpg 格式(一种全屏幕运动视频标准文件)、dat 格式(VCD 中视频文件的格式)、GIF 格式等。视频剪辑的来源一是 PowerPoint 2003 的剪辑库,可以从中选择插入到演示文稿中;二是来源于文件。这里只介绍从文件中插入视频文件的方法。

(1)选择菜单项"插入"→"影片和声音"→"文件中的影片",打开"插入影片"对话框(与"插入声音"对话框图 5-14 完全相同,只是文件类型有所不同)。

(2)选择视频文件的路径,从列表中找到要插入的文件名,并且把它选定。

(3)单击"确定"按钮。关闭"插入影片"对话框,这时出现消息框(与图 5-14 类似),询问是否在放映时自动播放影片。根据需要选择"是"或"否"。这时会发现在幻灯片的中心位置显示出所插入的视频对象,可适当地调整其大小和位置。在编辑状态下,双击该图标就可以播放。

5.4　幻灯片设计

5.4.1　编辑幻灯片母版

母版可用来制作统一标志和背景的内容,设置标题和主要文字的格式。也就是说,母版为所有幻灯片设置默认版式和格式,而修改母版就是在创建新的模板。在幻灯片母版中不仅可以插入时间、页码、文字、图片等对象,还可以改变字体的大小、颜色、样式、对齐方式等。

在 PowerPoint 2003 中,系统提供了以下 3 种母版:

幻灯片母版:在普通视图下设置标题和文本的格式,控制它们的格式和位置。

讲义母版:用于添加或修改在讲义视图中及每页讲义上出现的页眉和页脚信息。

备注母版:用于控制备注页的版式及备注文字的格式。

对于一个新建的演示文稿,如果要修改其中所有幻灯片的样式,则可以用修改母版的方法实现。通过菜单项"视图"→"母版",可以打开上述 3 种母版中的任意一个。图 5-15 就是处于编辑状态的幻灯片母版。在母版的编辑状态下,可以对母版的样式进行任意修改,其修改方法和幻灯片的修改完全一样。

下面以图 5-15 的幻灯片母版为例进行说明。

(1)修改幻灯片母版的样式

①改变各级别文本的字体格式,可用"字体"对话框实现;调整标题占位符的位置可用拖动尺寸柄的方式实现。

②通过"背景"对话框设置幻灯片背景。

③在母版上加入公司徽标图片。

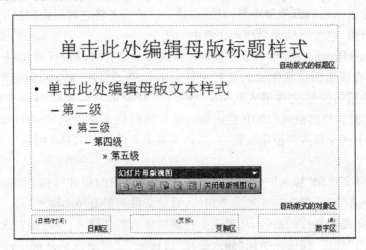

图 5-15　编辑中的幻灯片母版

④将图片处理为背景（在"编辑对象格式"对话框中选择"线条"和"颜色"选项卡，将图片颜色设置为"水印"，再将其衬于文字下方）等。单击"关闭"按钮后，所有幻灯片都变成了新的样式，如图 5-16 所示。

图 5-16　幻灯片母版

（2）设置标题母版的方法

①建立一个新的演示文稿或打开一个旧的演示文稿，在其上设置标题母版。

②选择菜单项"视图"→"母版"→"幻灯片母版"。

③在"幻灯片母版"视图中，选择菜单项"插入"→"新标题母版"，进入"标题母版"视图。

④单击"自动版式的标题区"，选择"格式"菜单下的"字体"命令，然后在 PowerPoint 2003 弹出的"字体"对话框中设置有关字体的各种参数，比如标题的字体、字形、字号、颜

色以及效果等。

⑤可以对标题母版进行美化,为标题幻灯片插入一幅图片;还可以通过单击"绘图"工具栏上的"阴影"按钮,为标题添加阴影。

(3)修改幻灯片母版的方法

①选择菜单项"视图"→"母版"→"幻灯片母版",进入母版编辑状态。

②用前述方法设置幻灯片的背景、配色方案。在母版上插入对象,对各种对象进行格式化的方法与在幻灯片上完全一样,将在后面介绍。

③修改完毕后单击"母版"工具栏上的"关闭"按钮,或单击"幻灯片视图"按钮,退出母版编辑状态。完成所有的母版设置后,切换到幻灯片浏览视图。这时,会发现所设置的格式已经在标题幻灯片上显示出来,如图 5-16 所示。

(4)建立与母版不同的幻灯片

如果在所有幻灯片中有个别幻灯片与母版并不一致,例如,有一张幻灯片不需要母版确定的制作日期或公司的徽标。为使该幻灯片与母版不同,具有独特的样式。可以这样做:

①定位到将不同于母版信息的目标幻灯片。

②单击"格式"→"背景"命令,出现"背景"对话框,如图 5-17 所示。

③在"背景"对话框中选中"忽略母版的背景图形"复选框,然后单击"应用"按钮。则当前幻灯片上的母版信息被清除(如公司徽标、制作日期等母版信息)。

5.4.2 编辑幻灯片配色方案和背景图

1. 配色方案的选择

配色方案是指演示文稿中几种主要对象(背景、标题文字、超级链接文字、线条和填充等)分别要采用什么颜色。配色方案可以应用于个别幻灯片,也可以应用于整个演示文稿。在 PowerPoint 2003 中选择配色方案可用以下方法:

(1)选择菜单项"格式"→"幻灯片设计"任务窗格,打开"配色方案"任务窗格,如图 5-18 所示。

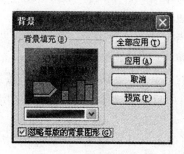

图 5-17 "背景"对话框

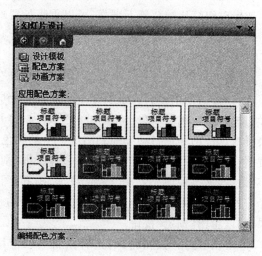

图 5-18 "配色方案"任务窗格

(2)在任务窗格中有两个选择区域："应用配色方案"和"编辑配色方案"。有多个预设置的配色方案，从各方案的样式中可以看到其中的配色情况。单击其中之一，被单击者会加一蓝色外框，表明是被选定的配色方案。若其中没有满意者，或需要对已选中的配色方案做些修改，则选择"编辑配色方案"。在此卡中列出了 8 种项目颜色，如图 5-19 所示。如果要修改其中某种对象的颜色，可以单击该对象，然后单击"更改颜色"按钮，打开"颜色"对话框进行修改。从预览区可以看到修改后的效果。如果希望将修改完善的配色方案保存下来，则单击"添加为标准配色方案"按钮，该方案将出现在"标准"选项卡的配色方案列表中。

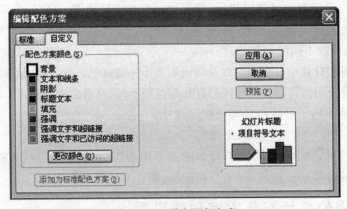

图 5-19　更改配色方案

(3)单击"应用"按钮可以将新配色方案应用于当前幻灯片中。若单击"全部应用"则将新方案应用于所有幻灯片和插入的新幻灯片上。

注意：对于幻灯片的背景，其优先级是：配色方案中设置的背景优先级低于从"背景"对话框中设置的背景的优先级，整个演示文稿的背景优先级低于单个幻灯片的背景的优先级。

2.设置背景

如果对幻灯片的背景不满意，可以重新设置幻灯片的背景，主要通过改变背景颜色和增强背景填充效果(颜色渐变、纹理、图案或图片)的方法来美化幻灯片的背景。

设置幻灯片的背景可以采用以下方法：

(1)选择菜单项"格式"→"背景"，打开"背景"对话框，如图 5-17 所示。

(2)在对话框中，从"背景填充"框中可以看到以前的背景，从"颜色"下拉列表中可以选择一种颜色。也可以单击"其他颜色"选项，打开"颜色"对话框，从中选择一种颜色。系统会将新选择的颜色自动添加到图 5-17 的颜色列表当中。如果要选择一种填充效果作为背景，例如使用渐变的过渡色或某一种纹理，则可以单击"填充效果"选项，打开"填充效果"对话框，从多种填充效果(过渡、纹理、图案、图片)中选择一种效果后单击"确定"按钮。选择一种颜色或效果后，会立即在背景填充框的示意图中反映出来。如果要看一下实际效果，可以单击"预览"按钮。

(3)单击"应用"按钮时，所选背景将会只应用于当前幻灯片。单击"全部应用"按钮时，则背景将应用到所有已经存在的幻灯片和将来添加的新幻灯片上。

5.4.3　应用设计模板

1.使用设计模板

用户可以直接使用 PowerPoint 2003 提供的设计模板,即可用于创建新演示文稿,也能应用于已经存在的演示文稿。这两种方法在 5.2 节中已经详细叙述,这里不再重复。

2.修改设计模板

若 PowerPoint 2003 提供的设计模板中没有完全符合自己需要的设计模板。用户可以从空白演示文稿出发,创建全新模板,也可以在现有的设计模板中选择一个比较接近自己需求的模板,并加以修改,以创建符合要求的新设计模板。修改可以在幻灯片母版中进行。方法在 5.4.1 中已经叙述,这里不再重复。

3.建立自己的模板

如果用户经常使用某种固定模板创建演示文稿,而现有的设计模板不完全符合要求,用户可以利用上面介绍的方法修改某个设计模板,使之适合需要。如果以后希望按同样要求创建演示文稿,则不得不重新修改模板。若将修改好的设计模板保存为新模板,则可以避免每次创建该类演示文稿均要修改模板的弊端。可以用如下方法创建具有自己风格的新模板。

(1)打开或新建演示文稿(最好是最接近所需格式的模板),按上述方法修改设计模板,使之符合要求。

(2)单击"文件"→"另存为"命令,出现"另存为"对话框。

(3)在"保存类型"框选择"演示文稿设计模板";在"文件名"框中输入新模板的文件名(如"例子.pot")。然后单击"保存"按钮。新模板将存放在 templates 文件夹中。

至此,一个用户自己的新模板创建完毕。以后可以利用该模板创建自己风格的演示文稿。选择文件"→"新建"命令,在出现的"新建演示文稿"任务窗格中单击"本机上的模板…",出现"新建演示文稿"对话框,在"常用"选项卡中将看到用户刚建立的新模板:"例子.pot"。选择它,右侧出现该模板的预览图,如图 5-20 所示。单击"确定"按钮,则新建演示文稿将采用该模板。

图 5-20　"新建演示文稿"对话框

5.4.4　幻灯片动画设置

动画是为文本或其他对象添加的,在幻灯片放映时产生的特殊视觉或声音效果。在 PowerPoint 2003 中,演示文稿的动画有两种类型:一种是幻灯片切换动画,另一种是自定义动画。

1.幻灯片切换动画设置

幻灯片的切换效果不仅使幻灯片的过渡衔接更为自然,而且也能吸引观众的注意力。幻灯片的切换效果是指放映时幻灯片离开和进入所产生的视觉效果。例如,可以将幻灯片从左上角抽出,或者向下擦除等。既可以设置幻灯片的换片方式(单击鼠标切换或每隔一段时间自动换片),也可以设置切换速度(快速、中速和慢速)和声音效果。

设置幻灯片的切换方式可以在"幻灯片视图"或"浏览视图"中进行,方法如下:

(1)在幻灯片视图中选择菜单项"幻灯片放映"→"幻灯片切换"。

(2)在浏览视图中选定要设置切换方式的幻灯片,然后单击右键,从快捷菜单中选择"幻灯片切换",打开"幻灯片切换"对话框,如图 5-21 所示。这个对话框中的设置内容分为以下几部分。

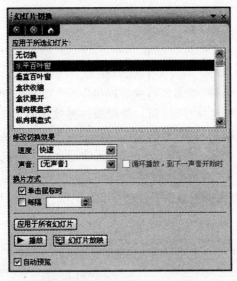

图 5-21　"幻灯片切换"对话框

①效果。是指演示文稿播放过程中幻灯片进入和离开屏幕时的视觉效果,在对话框右上部的列表中预设了很多种切换时的动画效果(如图 5-21 中的"水平百叶窗"),从中选择一种,并设置适当的切换速度。选择了一种效果时可以在上面的预览小窗口中看到该选项的切换效果。

②换片方式。从换页方式框中可以设置以什么方式换片。一是单击鼠标时换片;二是幻灯片放映持续一定时间后自动换片。当选择后者时,要输入一个时间数值。对于自动换片的时间设置一般通过演示文稿的放映排练计时完成。

③声音。可在右下角的声音框中选择合适的声音效果。另外,通过设置切换声音的

方法也可以设置幻灯片的背景音乐、解说词等。

对于所设置的切换方式,单击"应用"按钮时只应用于当前幻灯片,单击"全部应用"按钮时则将设置应用于演示文稿的所有幻灯片。对幻灯片设置了切换方式后,在浏览视图中的幻灯片的左下角将出现播放时间。

2.对象动画设置

对幻灯片中的各种对象设置动画效果和声音效果,能突出重点,又使放映过程十分有趣,还能根据需要重新设计各对象出现的顺序。设置动画效果有两种方法:自定义动画和预设动画。

(1)自定义动画效果

①在幻灯片视图中,选择要设置动画效果的幻灯片,选择菜单项"幻灯片放映""自定义动画";也可以选定某一个对象后单击鼠标右键,在快捷菜单中选择"自定义动画",打开"自定义动画"任务窗格。

②在幻灯片中选择需要设置动画效果的对象,然后单击"添加效果"按钮,出现下拉菜单,其中有"进入"、"强调"、"退出"和"动作路径"四个子菜单。每个子菜单均有相应动画类型的命令。

③选择某类型动画,如选择"强调/放大或缩小",则激活"自定义动画"任务窗格的关系设置。

④根据需要对各项设置进行个性化设置,如图 5 - 22 所示。单击"开始"项右侧的下拉按钮,其中有"单击时"、"之前"和"之后"三种开始动画的方式。选择"单击时"表示放映时,单击鼠标即可启动对象的动画;选择"之前"表示该对象的动画与前一个对象的动画同时启动,而选择"之后"表示前一个对象的动画结束后才启动该对象的动画。

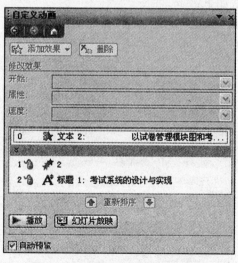

图 5 - 22　"自定义动画"任务窗格

单击"方向"项右侧的下拉按钮,可以设置对象从哪个方向出现。

单击"速度"项右侧的下拉按钮,可以设置对象出现的速度。

已设置的动画对象在动画对象列表框(在"重新排序"的上方)中显示,其左侧的数字表示该对象动画出现的顺序号。

　　设置动作后还可以设置声音以加强动画效果。在动画对象列表框中单击动画对象右侧的下拉按钮,在出现的下拉菜单中选择"效果选项…"命令,出现"盒状"对话框,单击"声音"栏右侧的下拉按钮,并在出现的各种声音选项中选择一种,如打字机。如图5-23所示。

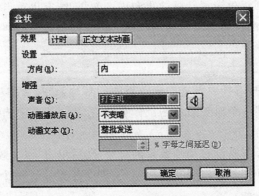

图 5-23　设置声音

　　⑤对多个对象设置动画效果后,可以调整对象动画出现的顺序。方法是:选择动画对象,并单击"重新排序"的"↑"或"↓"按钮,即可改变动画对象出现的顺序。

　　(2)预设动画效果

　　除自定义动画外,还有一种对幻灯片的预设动画,系统事先定义了一些组合动画方案,包含了标题、正文和幻灯片切换的组合的动画方案。虽然比较方便,但不如自定义动画灵活全面。其操作方法如下:

　　①选择菜单项"幻灯片放映""动画方案"命令;打开"幻灯片设计"任务窗格,可以看到,"动画方案"是激活的。

　　②在"应用于所选幻灯片"的列表框中选择一种组合方案,如选择"标题弧线"方案,将鼠标放在该方案上会显示该组合动画的内容。如图5-24所示。单击"播放"按钮,可以

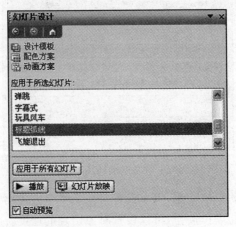

图 5-24　预设动画方案

播放该动画方案的动画效果。

　　若想删除幻灯片的预设动画,方法是:选择幻灯片,并在右侧"幻灯片设计"任务窗格的"应用于所选幻灯片"列表框中选择"无动画"即可。

　　(3)利用动作路径制作动画效果

　　路径动画可以指定文本等对象沿预定的路径运动。添加动作路径效果的步骤与添加进入动画的步骤基本相同,单击"添加效果"按钮,选择"动作路径"菜单中的命令,即可为幻灯片中的文本添加动作路径动画效果。也可以选择"动作路径/其他动作路径"命令,打开"添加动作路径"对话框,如图 5-25 所示,选择更多的动作路径。

　　另外,选择"动作路径/绘制自定义路径"命令,可以在幻灯片中拖动鼠标绘制出需要的路径,当双击鼠标时,结束绘制,动作路径即出现在幻灯片中。

图 5-25　"添加动作路径"对话框

5.4.5　演示文稿的超级链接

　　如果在某一张幻灯片上添加了一个按钮,希望在放映这张幻灯片时,单击此按钮可以切换到任意一张幻灯片、另一个演示文稿、某个 Word 文档,甚至是某个网站;那么就可以利用超级链接功能,预先为这个按钮设置一个超级链接,并将链接指向目的地,使演讲者可以根据自己的需要在众多的幻灯片中快速跳转。

　　下面介绍对象设置动作的方法。

　　(1)选定要设置动作的对象,如幻灯片中的文字或图片。

　　(2)选择菜单:"幻灯片放映"→"动作设置",也可以在选定对象后单击右键,在快捷菜单中选择"动作设置",打开"动作设置"对话框,如图 5-26 所示。

图 5-26　"动作设置"对话框

（3）在"动作设置"对话框中有两个选项卡："单击鼠标"选项卡和"鼠标移过"选项卡。前者是放映时用鼠标左键单击对象时发生的动作，后者是放映时鼠标指针移过对象时发生的动作。大多数情况下，建议采用单击鼠标的方式，鼠标移过的方式容易发生意外跳转。

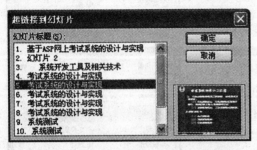

图 5-27　"超级链接到幻灯片"对话框

（4）选择"超级链接到"单选框，可以设置超级链接的目的位置，打开"超级链接"列表，可以从中选择超级链接，如：下一张、上一张、第一张、最后一张等。如果选择"幻灯片…"项，可以打开当前演示文稿的幻灯片列表，如图 5-27 所示。从列表中选择任意一张幻灯片，放映时，若单击对象，就会自动跳转到该幻灯片上。

（5）如果在超级链接列表框中选择"其他 PowerPoint 演示文稿…"项，则会显示出所链接的演示文稿的幻灯片列表，选择其中的某一张幻灯片。在放映时单击对象将会自动放映所选择的演示文稿并且跳转到指定的幻灯片开始放映。

（6）如果在列表框中选择"URL…"项，在弹出的对话框中输入要链接的 Internet 网址，放映时单击对象，就会自动启动浏览器并且显示所链接的网站。

（7）如果在列表框中选择"其他文件…"，在打开的对话框中选择所要链接的文件（如 Word、Excel 等），则放映时单击对象，相应的应用程序就会打开该文件。

（8）选择"运行程序"选项可以创建和计算机中其他程序相连的链接，通过"播放声音"选项能够实现单击某个对象时发出某种声音。

（9）单击"确定"按钮。如果给文字对象设置了超链接，代表超链接的文字就会被添加下划线，并显示成配色方案所指定的颜色。

可以将超级链接创建在幻灯片上的任何对象上，如文字、图形、表格，还可以利用"绘

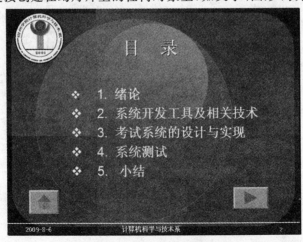

图 5-28　设置超级链接

图"工具栏上的"自选图形"中所提供的动作按钮来设置超级链接。如图 5 - 28 所示,幻灯片左下角的小房子按钮和幻灯片右下角的箭头按钮,分别设置了链接到演示文稿的第一张幻灯片和上一张幻灯片、下一张幻灯片的链接。

对于一个对象设置了动作后,放映中只要鼠标指针移到该对象上,指针就会变成手形,这时单击鼠标就可以执行预设的动作。

5.5　幻灯片的放映

5.5.1　设置放映方式

制作演示文稿是为了放映,在不同场合需要不同的放映方式。PowerPoint 提供了三种放映方式,下面分别进行介绍。选择菜单项"幻灯片放映"→"设置放映方式",在弹出的对话框中(图 5 - 29),可看到相应的选项。

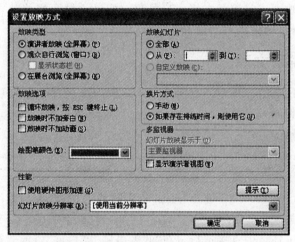

图 5 - 29　"设置放映方式"对话框

1."演讲者放映(全屏幕)"放映方式

这是最常用的放映方式,演讲者具有完全的控制权。如果选择"人工"换片方式(对话框右下角),则在放映过程中,可以人工控制放映进度,如暂停进行解释或与听众交流,单击鼠标可进行换片。

2."在展台浏览(全屏幕)"放映方式

使用这种方式,演示文稿会自动全屏幕放映;如果演示文稿放映完后 5 分钟仍没有得到人工指令,就会自动重新开始播放。使用这种放映方式,必须已经为演示文稿进行了排练计时,即每一张幻灯片都设置了放映时间。否则,显示器上将会始终只有第一张幻灯片而无法自动放映。选择此项后,PowerPoint 会自动选择"循环放映,按 Esc 键终止"复选项。

3."观众自行浏览(窗口)"放映方式

使用这种方式,可以在标准窗口中观看,窗口中将显示移动、编辑、复制和打印的命令菜单。这些菜单命令中不含有可能会干扰放映的命令选项,这样可以在由观众自行浏览演示文稿的同时,防止所做的操作损坏演示文稿。

5.5.2　自动放映演示文稿

如果希望自动放映演示文稿,可以使用"幻灯片放映"菜单中的"排练计时",设置好每张幻灯片放映的时间(考虑这张幻灯片要显示多长时间)。具体操作如下:

(1)选择要设置放映时间的幻灯片。

(2)选择菜单项"幻灯片放映"→"排练计时",开始播放幻灯片,并随之弹出"预演"计时框,如图 5 - 30 所示。

图 5 - 30　"预演"计时框

(3)单击"下一张"按钮,可以切换到下一张幻灯片,停止播放时显示幻灯片放映所需时间,并询问是否使用该时间。回答"是"则会回到幻灯片浏览视图,并在幻灯片下显示排练时间。

演示文稿的放映方式与演示文稿一起保存。如果已设置好放映方式,那么以后再打开该文稿放映,就会自动按原来的设置放映。

5.5.3　放映演示文稿

放映幻灯片时还有许多细节问题需要处理。例如采用什么方式启动放映,放映中怎样操作才能达到理想的效果等。

1. 放映演示文稿的方法

(1)在 PowerPoint 2003 中打开演示文稿,选择菜单项"幻灯片放映"→"观看放映",这时从演示文稿的第一张幻灯片开始放映。

(2)在 PowerPoint 2003 中,单击"视图"→工具栏的"幻灯片放映"按钮 ,则可以从当前幻灯片开始向下放映。

(3)从 Windows 环境中直接运行。在"我的电脑"窗口或"资源管理器"窗口中找到要放映的演示文稿,选中后单击右键,在快捷菜单中选择"显示"后即可开始放映。

(4)在桌面上建立演示文稿的快捷方式,选定其快捷方式图标,单击右键后从菜单中选择"显示"后开始放映。

(5)将演示文稿保存为 PowerPoint 放映类型,在"另存为"对话框中选择"文件类型"为"PowerPoint 放映",这时文件的扩展名为 pps。对于此种演示文稿文件,只要在"我的电脑"窗口或"资源管理器"窗口中双击文件名或它在桌面上的快捷方式,就可以放映该演示文稿。

2. 放映时在屏幕上使用绘图笔

在幻灯片的放映中如果要在屏幕上写画,可用以下方法实现:

(1)单击鼠标右键打开快捷菜单,将指针指向"指针选项",显示出其级联菜单,如图 5 - 31 所示。

(2)选择"绘图笔"。这时出现在屏幕上的鼠标指针变成笔形,即可以在屏幕上写画。使用绘图笔在幻灯片上写画时,需保持鼠标左键处于按住状态。如果要改变绘图笔颜色可在其级联菜单中选择。在"屏幕"选项的级联菜单中选择"擦除笔迹",可以擦去屏幕上当前存在的所有绘图笔迹。要退出放映中的写画状态。可以从幻灯片放映的快捷菜单中选择"指针选项"→"箭头",然后可能直到鼠标指针的形状变回了箭头形状。

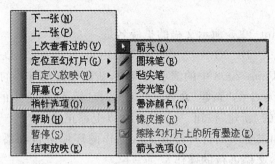

图 5-31　"指针选项"级联菜单

5.5.4　打包演示文稿

完成的演示文稿有可能会在其他计算机演示,如果该计算机没有安装 PowerPoint,就无法放映演示文稿。为此,可以利用演示文稿打包功能,将演示文稿打包到文件夹或 CD,甚至可以把 PowerPoint 播放器和演示文稿一起打包。这样,即使计算机上没有安装 PowerPoint,也能正常放映演示文稿。具体步骤如下方法操作:

(1)打开要打包的演示文稿。

(2)单击"文件/打包成 CD"命令,出现"打包成 CD"对话框,如图 5-32 所示。

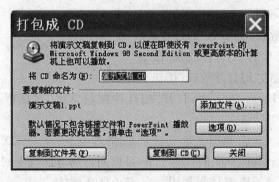

图 5-32　"打包成 CD"对话框

(3)对话框中"要复制的文件"栏提示了当前要打包的演示文稿(如自评报告.ppt),若希望将其他演示文稿也在一起打包,则单击"添加文件"按钮,出现"添加文件"对话框,从中选择要打包的文件,并单击"添加"按钮。

(4)默认情况下,打包应包含 PowerPoint 播放器和演示文稿有关的链接文件若想改变这些设置或希望设置演示文稿的打开密码,可以单击"选项"按钮,在弹出的"选项"对话框中设置。

(5)在"打包成 CD"对话框中单击"复制到文件夹"按钮,出现"复制到文件夹"对话框,输入文件夹名称和文件夹的路径位置,并单击"确定"按钮,则系统开始打包并存放到指定的文件夹。

练习题

一、单项选择题

1. 中文 PowerPoint 2003 演示文稿的扩展名是_____。

A..DOC　　　　　　B..XLS　　　　　　C..POT　　　　　　D..PPT

2. 在中文 PowerPoint 2003 中的演示文稿中，新建一张幻灯片的操作为_____。

A. 选择"文件"菜单中的"新建"命令　　B. 选择"插入"菜单中的"新幻灯片"命令

C. 单击工具栏中的"新建"按钮　　　　D. 以上都正确

3. 在展销会上，如果要求幻灯片能在无人操作的环境下自动播放，应该事先对中文 PowerPoint 2003 演示文稿进行的操作是_____。

A. 存盘　　　　　　B. 打包　　　　　　C. 排练计时　　　　D. 自动播放

4. 中文 PowerPoint 2003 演示文稿屏幕底部状态栏左边的文本"幻灯片 2/7"表示_____。

A. 当前幻灯片是两张幻灯片中的第二张幻灯片

B. 当前幻灯片是 7 张幻灯片中的第七张幻灯片

C. 当前幻灯片是 7 张幻灯片中的第二张幻灯片

D. 7 张幻灯片中只有两张能播放

5. 在中文 PowerPoint 2003 中，若演示文稿已经打开，则不能放映它的操作是_____。

A. 选择"幻灯片放映"菜单的"观看放映"命令

B. 选择"幻灯片放映"菜单的"幻灯片放映"命令

C. 选择"视图"菜单的"幻灯片放映"命令

D. 选择"视图"栏的"幻灯片放映"按钮

6. 在中文 PowerPoint 2003 中，打开"幻灯片配色方案"对话框，应选择的下拉菜单是_____。

A. 工具　　　　　　B. 视图　　　　　　C. 格式　　　　　　D. 编辑

7. 在中文 PowerPoint 2003 的_____下，可以用拖动方法改变幻灯片的顺序。

A. 幻灯片视图　　　B. 备注页视图　　　C. 幻灯片浏览视图　　D. 幻灯片放映

8. 在中文 PowerPoint 2003 中，为了设置幻灯片的切换方式，可以_____。

A. 选择"格式"菜单的"幻灯片切换"命令

B. 选择"编辑"菜单的"幻灯片切换"命令

C. 选择"幻灯片放映"菜单的"幻灯片切换"命令

D. 选择"幻灯片"菜单的"切换"命令

9. 在中文 Powerpoint 2003 中，幻灯片中插入的声音文件的播放方式是_____。

A. 只能设定为自动播放

B. 只能设定为手动播放

C. 可以设定为自动播放，也可以设定为手动播放

D. 取决于放映者的放映操作过程

10. 在中文 Powerpoint 2003 中，如果希望在演示过程中终止幻灯片的放映，随时可按键_____。

　　A. Delete　　　　　　　B. Ctrl＋E　　　　　C. Shift＋E　　　　　D. Esc

11. 在演示文稿的放映过程中，代表超级链接的文本会_____，并且显示成系统配色方案指定的颜色。

　　A. 变为楷体字　　　　B. 添加双引号　　　　C. 添加下划线　　　　D. 变为黑体字

12. 常用工具栏上"新幻灯片"按钮的功能是建立_____。

　　A. 一个新的模板文件　　　　　　　　B. 一个新的演示文稿

　　C. 一张新的幻灯片　　　　　　　　　D. 一个新的备注文件

13. 在幻灯片的"动作设置"对话框中，其设置的超级链接对象不允许是_____。

　　A. 下一张幻灯片　　　　　　　　　　B. 一个应用程序

　　C. 其他的演示文稿　　　　　　　　　D. 幻灯片中的某一个对象

14. 在中文 Powerpoint 2003 的幻灯片放映过程中，要回到上一张幻灯片，不可用的操作是_____。

　　A. 按 P 键　　　　　　B. 按 Page Up 键　　　C. 按 Backspace 键　　D. 按 Space 键

15. 中文 Powerpoint 2003 可将编辑文档存为多种格式文件，但不包括_____格式。

　　A. . pot　　　　　　　B. . ppt　　　　　　　C. . psd　　　　　　　D. . html

16. 在中文 Powerpoint 2003 中，消除幻灯片中对象的超级链接的方法是_____。

　　A. 通过右键快捷菜单中的"删除超链接"选项实现

　　B. 单击"编辑"菜单的"自定义动画"命令，在出现的对话框中"检查超链接"中做修改

　　C. 单击"编辑"菜单的"预设动画"命令的"关闭"命令

　　D. 单击"幻灯片放映"菜单的"动作设置"命令的"关闭"命令

17. 若要在中文 PowerPoint 2003 幻灯片编辑状态下点击带有"超级链接"功能的对象，则_____。

　　A. 打开链接目标　　　　　　　　　　B. 不会打开链接目标

　　C. 关闭编辑窗口　　　　　　　　　　D. 打开链接对话框

18. 下列有关中文 PowerPoint 2003 演示文稿的描述正确的是_____。

　　A. 演示文稿中的幻灯片版式必须一样

　　B. 使用模板可以为幻灯片设置统一的外观式样

　　C. 只能在窗口中同时打开一份演示文稿

　　D. 可以使用"文件"菜单中的"新建"命令为演示文稿添加幻灯片

19. 在中文 PowerPoint 2003 中，下列对放映描述不正确的是_____。

　　A. 可以自动播放　　　　　　　　　　B. 可以手动播放

　　C. 只能播放一遍，不能循环　　　　　D. 只能从首页开始播放

20. 中文 PowerPoint 2003 的视图形式有多种，下列_____不属于幻灯片视图形式。

　　A. 幻灯片视图　　　　B. 普通视图　　　　　C. 大纲视图　　　　　D. 页面视图

21. 中文 PowerPoint 2003 中，不能实现的功能为_____。

A. 设置超级链接

B. 设置同一文本框中不同段落的播放顺序

C. 设置同一幻灯片下不同文体框的播放顺序

D. 设置幻灯片的切换效果

22. 在中文 PowerPoint 2003 中,对幻灯片备注栏的叙述错误的是_____。

A. 备注栏在正常放映时可以不显示出来

B. 备注内容是提供给幻灯片演讲者的一种提示信息

C. 备注栏的内容在放映时可以由演讲者自己打开

D. 备注栏的内容只能在编辑状态下显示出来

23. 在中文 PowerPoint 2003 中,演示文稿没有的放映方式是_____方式。

A. 在展台浏览(全屏幕)　　　　　　　B. 演讲者放映(全屏幕)

C. 观众自行放映(窗口)　　　　　　　D. MediaPlayer 播放器放映(窗口)

24. 在中文 PowerPoint 2003 中,如果想对幻灯片中的某段文字或是某个图片添加动画效果,可以单击"幻灯片放映"菜单的_____命令。

A. 动作设置　　　　B. 自定义动画　　　　C. 幻灯片切换　　　　D. 动作按钮

25. 在中文 PowerPoint 2003 的"幻灯片切换"对话框中,若把换页方式设定为每隔 2s,则播放时_____。

A. 只能自动播放,不能手动播放

B. 可以自动播放,也可通过单击手动播放

C. 只能手动播放

D. 只能循环播放

26. 在中文 PowerPoint 2003 中,可以用_____命令将做好的幻灯片直接在其他未安装 PowerPoint 的机器上放映。

A. 文件/打包　　　　　　　　　　B. 文件/发送

C. 复制　　　　　　　　　　　　D. 幻灯片放映/设置幻灯片放映

27. 在 PowerPoint 2003 中,幻灯片版式没有_____形式。

A. 幻灯片标题　　　　B. 设计母板　　　　C. 空白　　　　D. 项目清单

28. 在中文 Powerpoint 2003 中,下列对幻灯片的超级链接叙述错误的是_____。

A. 可以链接到外部文档

B. 可以链接到互联网上

C. 可以在链接点所在的文档内部的不同位置进行链接

D. 一个链接点可以链接两个以上的目标

29. 如果要改变幻灯片的大小和方向,可以选择"文件"菜单中的_____。

A. 页面设置　　　　B. 格式　　　　C. 关闭　　　　D. 保存

30. 在中文 PowerPoint 2003 中,修改艺术字文本的方法为_____。

A. 单击艺术字,然后单击"编辑"菜单的"编辑艺术字"命令

B. 单击艺术字,然后单击"艺术字"工具栏的"编辑文字"按钮

C. 单击艺术字,然后单击"格式"菜单的"编辑艺术字"命令

D. 以上均不正确

31. 演示文稿中的备注内容在播放演示文稿时_____。

A. 会显示　　　　　　B. 不会显示　　　　　C. 显示一部分　　　　D. 显示标题

32. 配色方案由_____种颜色组成,用于演示文稿的主要颜色,确定幻灯片上的文字、背景、填充、强调文字等所用的颜色。

A. 2　　　　　　　　B. 4　　　　　　　　C. 6　　　　　　　　D. 8

33. 幻灯片的配色方案可选择系统提供的_____配色方案,也可以自己定义。

A. 正确　　　　　　　B. 普通　　　　　　　C. 标准　　　　　　　D. 自动

34. 一个演示文稿中_____幻灯片版式。

A. 只能包含一种　　　　　　　　　B. 可以包含多种

C. 只能选定一种　　　　　　　　　D. 可以包含 30 种

35. 占位符实质上是版式中预先设定的_____。

A. 文本框　　　　　　B. 对象框　　　　　　C. 图文框　　　　　　D. 图片框

36. 中文 PowerPoint 2003 默认的视图是_____。

A. 普通视图　　　　　B. 大纲视图　　　　　C. 幻灯片视图　　　　D. 幻灯片浏览视图

37. 在自定义动画对话框中,不可以设定播放对象的是_____。

A. 动画顺序和时间　　B. 动画效果　　　　　C. 声音　　　　　　　D. 动作

38. 在大纲视图中,要将幻灯片的部分项目内容拆分成两张幻灯片,可以使用_____按钮来实现。

A. 折叠　　　　　　　B. 上移　　　　　　　C. 升　　　　　　　　D. 降级

39. 在幻灯片视图中,先按住_____键不放,再单击幻灯片视图按钮,就可以进入幻灯片母板编辑状态。

A. Shift　　　　　　　B. Alt　　　　　　　C. Ctrl　　　　　　　D. Ctrl+Alt

40. 文件菜单中"新建"命令的功能是建立_____。

A. 一个新的模板文件　　　　　　　B. 一个新的演示文稿

C. 一张新的幻灯片　　　　　　　　D. 一个新的备注文件

二、多项选择题

1. 在中文 PowerPoint 2003 大纲视图下,要尽可能大地显示幻灯片,其方法有_____。

A. 拖动大纲区与幻灯片区以及备注区与幻灯片区的分界线,扩大幻灯片区

B. 选择"视图"菜单的"幻灯片"命令

C. 选择"视图"栏的"幻灯片视图"工具按钮

D. 选择"视图"菜单的"幻灯片视图"命令

2. 在中文 PowerPoint 2003 幻灯片内复制对象的方法有_____。

A. 选择对象,单击"复制"按钮,并单击"粘贴"按钮,再将复制的图形定位在目标位置

B. 选择对象,单击"剪切"按钮,并单击"粘贴"按钮,再将复制的图形定位在目标位置

C. 选择对象,然后按 Ctrl 键并拖动它到目标位置

D. 选择对象,然后按 Shift 键并拖动它到目标位置

3. 在中文 PowerPoint 2003 幻灯片浏览视图下,移动幻灯片的方法有_____。

A. 按 Shift 键拖动幻灯片到目标位置

B. 选择幻灯片,单击"剪切"按钮,单击目标位置,再单击"粘贴"按钮

C. 按 Ctrl 键拖动幻灯片到目标位置

D. 拖动幻灯片到目标位置

4. 在中文 PowerPoint 2003 中,演示文稿的放映方式有_____。

A. 在展台浏览(全屏幕)　　　　　B. 演讲者放映(全屏幕)

C. 观众自行放映(窗口)　　　　　D. 循环放映(窗口)

5. 下列关于中文 PowerPoint 2003 的表述正确的是_____。

A. 自动播放起始页号必须是首页

B. 可以将 Word 文稿转换为演示文稿

C. 可以将演示文稿转换为文本文档

D. 可以通过 IE 浏览器浏览 PowerPoint 文件

6. 在中文 PowerPoint 2003 中,旋转艺术字的方法有_____。

A. 单击艺术字,然后顺时针或逆时针拖动艺术字

B. 单击艺术字,再单击"艺术字"工具栏的"自由旋转"按钮

C. 单击艺术字,再单击"编辑"菜单的"自由旋转"命令

D. 单击艺术字,再单击"格式"菜单的"自由旋转"命令,并在对话框中设置旋转角度

7. 背景是幻灯片外观设计中的一个部分,背景的填充效果包括_____。

A. 过渡　　　　B. 图案　　　　C. 纹理　　　　D. 图片

8. 在中文 PowerPoint 2003 某文本上做超级链接,其方法有_____。

A. 选择该文本,选"幻灯片放映"菜单的"动作设置"命令

B. 选择该文本,选"插入"菜单的"动作设置"命令

C. 选择该文本,选"插入"菜单的"超级链接"命令

D. 选择该文本,单击常用工具栏的"插入超级链接"工具按钮

9. 在中文 PowerPoint 2003 中,幻灯片的母板类型有_____。

A. 幻灯片母板　　B. 标题幻灯片母板　　C. 讲义母板　　D. 备注母板

10. 在中文 PowerPoint 2003 中,下列对在自动放映状态下的幻灯片切换时间的叙述正确的有_____。

A. 各幻灯片之间的切换时间间隔必须是相同的

B. 各幻灯片之间的切换时间可以是不同的

C. 幻灯片的切换时间是可以设定的

D. 幻灯片的切换时间是系统设定的

11. 幻灯片中可以包含_____。

A. 文字　　　　B. 声音　　　　C. 图片　　　　D. 图表

12. 控制幻灯片外观的方法有_____。

A. 母板　　　　B. 配色方案　　　　C. 设计模板　　　　D. 绘制、修饰图形

13. 在中文 PowerPoint 2003 的演示文稿中可以插入的对象有_____。

A. Microsoft Word 文档　　　　　　B. Microsoft Office

C. Microsoft Excel 工作表　　　　　D. Microsoft Equation 3.0

14. 在中文 PowerPoint 2003 中,通过"插入"菜单可以插入_____。

A. 图片　　　　　B. 新幻灯片　　　　C. 日期和时间　　　D. 图表

15. 在中文 PowerPoint 2003 中,选择"幻灯片放映/预设动画"命令可以进行_____等动画设置。

A. 飞入　　　　　B. 闪烁一次　　　　C. 驶出　　　　　D. 打字机

16. 在中文 PowerPoint 2003 中,选择"幻灯片放映/幻灯片切换"命令,在弹出的"幻灯片切换"对话框中可以设置_____。

A. 对齐方式　　　　B. 效果　　　　C. 换页方式　　　　D. 声音

17. _____属于调整文本框的操作。

A. 改变文本框大小　　　　　　　B. 移动文本框位置

C. 插入一个新的文本框　　　　　D. 对齐文本框

18. 在中文 PowerPoint 2003 中,通过"页面设置"对话框可以进行_____等设置。

A. 宽度　　　　　B. 长度　　　　C. 高度　　　　　D. 幻灯片大小

19. 普通视图和大纲视图都由三部分组成,它们是_____。

A. 幻灯片框　　　　B. 文本框　　　　C. 备注框　　　　D. 大纲文本框

20. 模板文件中可以保存_____等内容。

A. 幻灯片　　　　　B. 母板　　　　C. 配色方案　　　　D. 备注

三、操作题

1. 制作图 5-33 所示的演示文稿,做以下题目。

图 5-33　演示文稿

(1)设置整个 PPT 文档的模板名为:Capsules。

(2)设置第一张幻灯片的版式为:标题幻灯片,并为副标题添加文本"——第一个电脑病毒"。

(3)设置第二张幻灯片文本框的填充效果为:预设"薄雾浓云"。

(4)设置第二张幻灯片文本框的格式为：段前 0.25 行，段后 0.2 行，项目符号为实心菱形（◆）。

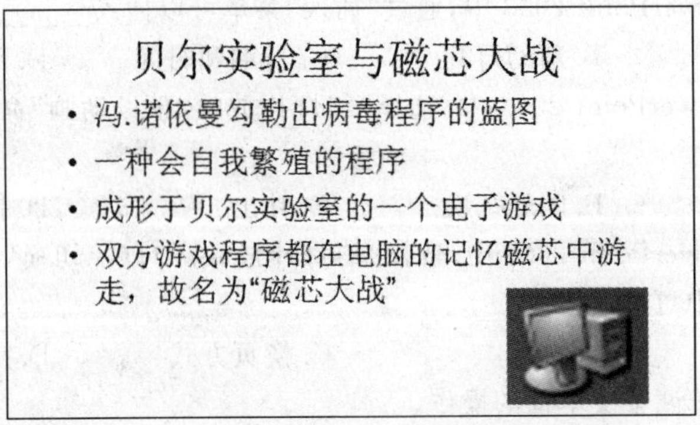

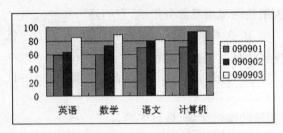

图 5-34　第二张幻灯片

(5)设置第三张幻灯片中图表的动画播放效果为：出现、按序列。

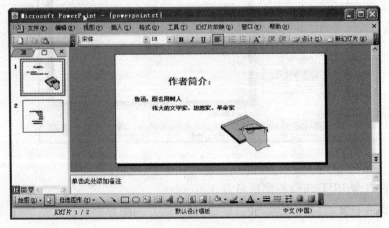

图 5-35　第二张幻灯片

(6)设置所有幻灯片的切换效果为：随机。

(7)在文档最后插入一张新幻灯片。

2.制作图 5-36 所示的演示文稿，做以下题目。

图 5-36　演示文稿

(1)设置第一张幻灯片中图片的动画效果为"出现"。

(2)为第二张幻灯片内的文本区域添加项目符号(实心小方块)。

(3)设置所有幻灯片切换使用"水平百叶窗"效果。

(4)设置第一张幻灯片的背景纹理为"白色大理石"。

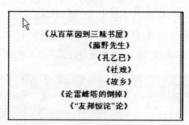

图 5-37　第二张幻灯片

(5)在最后一张幻灯片的后面插入一张新幻灯片,版式为"标题幻灯片",并在标题文本框内输入"鲁迅作品",设置字体字号为:隶书、60 磅。

3.制作图 5-38 所示的演示文稿,做以下题目。

图 5-38　演示文稿

(1)设置第一张幻灯片中图片的动画播放效果为:向内溶解,计时效果为延时 0 秒后播放。

(2)设置第二张幻灯片标题文本的字体字号为:隶书、60 号。

图 5-39　第二张幻灯片

(3)设置第二张幻灯片的背景纹理为:羊皮纸。

(4)设置第二张幻灯片中标题文本框的动画播放效果为:回旋。

(5)设置第二张中自选图形内文字的段前距离为 0.1 行,段后距离为 0.2 行,并给自选图形中的文字添加项目符号:☆

(6)设置所有幻灯片的切换方式为:盒状收缩、慢速。

(7)在第二张幻灯片后插入一张新幻灯片,版式为空白。

4.制作图 5-40 所示的演示文稿,做以下题目。

Microsoft PowerPoint - [powerpointst]
文件(F) 编辑(E) 视图(V) 插入(I) 格式(O) 工具(T) 幻灯片放映(D) 窗口(W) 帮助(H)
宋体 18 B I U
设计(S) 新幻灯片(N)
大纲 幻灯片
世界杯诞生
德国世界杯(2006)
单击此处添加备注
绘图(R) 自选图形(U)
幻灯片 1 / 3
默认设计模板
中文(中国)

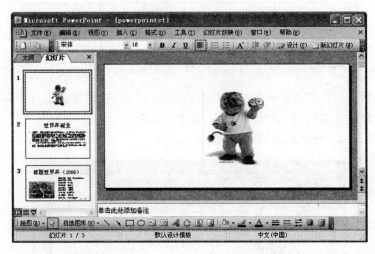

图 5-40 演示文稿

(1)设置第一张幻灯片的版式为“只有标题”,并设置标题文本为“足球世界杯”,设置字体字号为:黑体、60 磅。

(2)设置所有幻灯片切换方式为“每隔 5 秒”。

(3)设置第二张幻灯片中文本框的格式为:行距 1 行,段前 0.2 行。

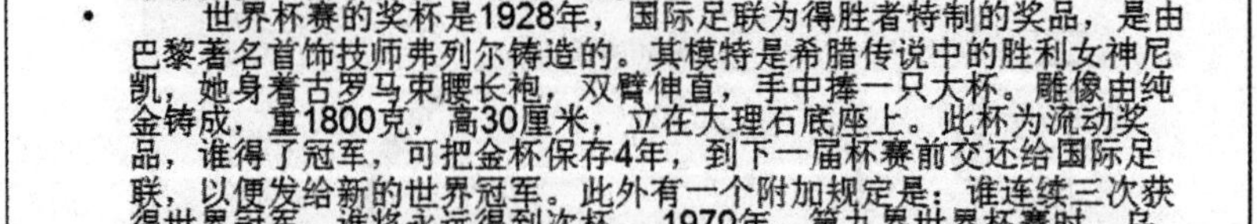
世界杯诞生
• 1956年,国际足联在卢森堡召开的会议上,决定易名为“雷米特杯赛”。这是为表彰前国际足联主席法国人雷米特为足球运动所做出的成就。雷米特担任国际足联主席33年(1921-1954),是世界足球锦标赛的发起者和组织者。后来,有人建议将两个名字联起来,称为“世界足球锦标赛---雷米特杯”。于是,在赫尔辛基会议上决定更名为“世界足球锦标赛---雷米特杯”,简称“世界杯”。
• 世界杯赛的奖杯是1928年,国际足联为得胜者特制的奖品,是由巴黎著名首饰技师弗列尔铸造的。其模特是希腊传说中的胜利女神尼凯,她身着古罗马束腰长袍,双臂伸直,手中捧一只大杯。雕像由纯金铸成,重1800克,高30厘米,立在大理石底座上。此杯为流动奖品,谁得了冠军,可把金杯保存4年,到下一届杯赛前交还给国际足联,以便发给新的世界冠军。此外有一个附加规定是:谁连续三次获得世界冠军,谁将永远得到次杯。1970年,第九界世界杯赛时,乌拉圭、意大利、巴西都已获得过两次冠军。因此都有永远占有次杯的机会,结果被巴西队捷足先登,占有了此杯。

图 5-41 第二张幻灯片

(4)设置第三张幻灯片中图片的动画效果为"出现"。

图 5-42　第三张幻灯片

第6章 计算机网络和 Internet 基础与应用

  因特网是 20 世纪最伟大的发明之一,因特网是由成千上万个计算机网络组成的,覆盖范围从大学校园网、商业公司的局域网到大型的在线服务提供商,几乎涵盖了社会的各个应用领域(如:政务、军事、科研、文化、教育、经济、新闻、商业和娱乐等)。人们只要用鼠标、键盘,就可以从因特网上找到所需要的信息,可以与世界另一端的人们通信交流。因特网已经深深影响和改变了人们的工作、生活方式,并正以极快的速度发展和更新。

  本章主要介绍计算机网络和 Internet 的基础知识、如何接入 Internet 的方式和 Internet 提供的服务。

6.1 计算机网络的基础知识

  计算机网络在改变着人们的生活和工作方式,使世界变得越来越小,生活节奏越来越快。它的产生扩大了计算机的应用范围,为信息化社会的发展奠定了技术基础。

6.1.1 计算机网络的定义和组成

  什么是计算机网络? 计算机网络是把一定范围内的计算机通过通信线路互联起来,在相应通信协议和网络系统软件的支持下,彼此互相通信并共享资源的系统。因此,可以把计算机网络定义为:凡将地理位置不同,并具有独立功能的多台计算机系统通过通信设备和线路连接起来,以功能完善的网络软件实现在网络中资源共享的系统,称之为计算机网络系统。

  连接了服务器、打印机和以多台 PC 机为工作站的计算机网络系统如图 6-1 所示。

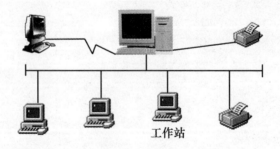

图 6-1 典型的计算机网络系统示例

从逻辑功能上来划分,计算机网络可分成资源子网和通信子网两个组成部分。

1.资源子网

主要是对信息进行加工和处理,面向用户,接收本地用户和网络用户提交的任务,最终完成信息的处理。它包括访问网络和处理数据的硬件、软件设施,主要有主计算机系统、终端控制器、计算机外部设备、相关软件和可共享的数据。

主计算机系统,可以是大型机、小型机或局域网中的微型计算机,它们是网络中的主要资源,也是数据资源和软件资源的拥有者,一般都通过高速线路和通信子网的结点相连。

终端控制器连接一组终端,并负责这些终端和主计算机的信息通信,或直接作为网络结点。在局域网中它相当于集线器。终端是直接面向用户的交互设备,可以由键盘和显示器组成的简单终端,也可以是微型计算机系统。

计算机外设指计算机外部设备,主要是网络中的一些共享设备,如大型的硬盘机、数据流磁带机、高速打印机、大型绘图仪等。

2. 通信子网

主要负责计算机网络内部信息流的传递、交换和控制以及信号的变换和通信中的有关处理工作,间接服务于用户。它主要包括网络结点、通信链路和信号转换设备等硬件设施,提供网络通信功能。

网络结点作用:一是作为通信子网和资源子网的接口,负责管理和收发本地主机和网络所交换的信息;二是作为发送信息、接收信息、交换信息和转发信息的通信设备,负责接收其他网络结点传送的信息并选择一条合适的链路发送出去,完成信息的交换和转发功能。网络结点可以分为交换结点和访问结点两种。交换结点主要包括交换机、集线器、网络互联时用的路由器以及负责网络中信息交换的设备等。访问结点主要包括连接用户主机和终端设备的接收器、发送器等通信设备。

通信线路是两个结点之间的一条通信信道。链路的传输媒体包括双绞线、同轴电缆、光导纤维、无线电微波通信、卫星通信等。一般在大型网络中和相距较远的两点之间的通信链路都利用现有的公共数据通信线路。

信号转换设备的功能是对信号进行转换以适应不同传输媒体的要求。这些设备一般有就计算机输出的数字信号转换为电话线上传送的模拟信号的调制解调器、无线通信接收和发送器、用于光纤通信的编码解码器等。

3. 计算机网络的软件

(1)网络协议软件:实现网络协议功能,如 TCP/IP、IPX/SPX 等。

(2)网络通信软件:用于实现网络中各种设备之间的通信。

(3)网络操作系统:实现系统资源共享,管理用户的应用程序对不同资源的访问。典型的操作系统有 Windows NT、NetWare、UNIX 等。

(4)网络管理软件和网络应用软件:网络管理软件是用来对网络资源进行管理和对网络进行维护的软件。网络应用软件为网络用户提供服务,是网络用户在网络上解决实际问题的软件。

6.1.2 计算机网络的发展

计算机网络源于计算机与通信技术的结合,其发展历史按年代划分经历了以下几个时期。

20 世纪 50～60 年代,出现了以批处理为运行特征的主机系统和远程终端之间的数据通信。60～70 年代,出现分时系统。主机运行分时操作系统,主机和主机之间、主机和远程终端之间通过前置通信。美国国防高级计划局开发的 ARPA 网投入使用,计算机网络处于兴起时期。70～80 年代是计算机网络发展最快的阶段,网络开始商品化和实用化,通信技术和计算机技术互相促进,结合更加紧密。网络技术飞速发展,特别是微型机局域网的发展和应用十分广泛。进入 90 年代后,局域网成为计算机网络结构的基本单元。网络间互联的要求越来越强,真正达到资源共享、数据通信和分布处理的目标。

在 Internet 发展的同时,高速与智能网的发展也引起人们越来越多的注意。高速网络的发展表现在非对称数字用户线路 ADSL、帧中继、异步传输模式 ATM、高速局域网、交换局域网和虚拟网络上。随着网络规模的增大与网络服务功能的增多,各国正在开展智能网络 IN(Intelligent Network)的研究。计算机网络技术的迅速发展和广泛应用,必将对 21 世纪的经济、教育、科技、文化的发展产生重要的影响。

6.1.3　计算机网络的功能

建立计算机网络的目的是数据通信和资源共享。计算机网络的主要功能如下。

1. 数据通信

计算机网络中的计算机之间或计算机与终端之间,可以快速可靠地相互传递数据、程序或文件。例如:电子邮件(E-mail)可以使相隔万里的异地用户快速准确地相互通信;电子数据交换(EDI)可以实现在商业部门(如海关、银行等)或公司之间进行订单、发票、单据等商业文件安全准确地交换;文件传输服务(FTP)可以实现文件的实时传递,为用户复制和查找文件提供了有力的工具。

2. 资源共享

充分利用计算机网络中提供的资源(包括硬件、软件和数据)是计算机网络组网的目标之一。计算机的许多资源是十分昂贵的,不可能为每个用户所拥有。例如,进行复杂运算的巨型计算机、大量存储器、高速激光打印机、大型绘图仪、一些特殊的外设等,另外还有大型数据库和大型软件等。这些昂贵的资源都可以为计算机网络上的用户所共享。资源共享既可以使用户减少投资,又可以提高这些计算机资源的利用率。

3. 提高系统的可靠性

在一些用于计算机实时控制和要求高可靠性的场合,通过计算机网络实现备份技术可以提高计算机系统的可靠性。当某一台计算机出现故障时,可以立即由计算机网络中的另一台计算机来代替其完成所承担的任务。例如,空中交通管理、工业自动化生产线、军事防御系统、电力供应系统等都可以通过计算机网络设置备用或替换的计算机系统,以保证实时性管理和不间断运行系统的安全性和可靠性。

4. 分布式网络处理和均衡负荷

对于大型任务或网络中某台计算机的任务负荷太重时,可将任务分散到网络中的各台计算机上处理,或由网络中比较空闲的计算机分担,这样既可以处理大型的任务,使得一台计算机不会负担过重,又提高了计算机的可用性,起到了分布式处理和均衡负荷的作用。

5. 综合信息服务

网络的发展趋势是多维化,即在一套系统上提供集成的信息服务,包括来自政治、经济等各方面资源,在这种趋势下,网络应用的新形式不断涌现,如:

(1)电子邮件——通过因特网发送 E-mail,具有速度快、费用低、发送方便等优点。

(2)网上交易——通过网络买卖物品。

(3)视频点播——一项新兴的娱乐或学习项目,在智能小区、酒店或学校应用较多。它的形式跟电视选台有些类似,不同的是节目内容是通过网络传递的。

(4)联机会议——也称视频会议,它与视频点播的不同在于,所有参与者都需向外发送图像,实现数据、图像、声音实时同步传送。

(5)网络游戏——世界各地的玩家可以在同一服务器进行游戏和交流。

6.1.4　计算机网络的分类

计算机网络的分类可按多种方法进行:按分布地理范围的大小分类,按网络的用途分类,按网络所隶属的机构或团体分类,按照采用的传输媒体或管理技术分类等。一般按网络的分布地理范围来进行分类,可以分为局域网、城域网和广域网三种类型。

1. 局域网(LAN,Local Area Network)

局域网的地理分布范围在几千米以内,一般局域网络建立在某个机构所属的一个建筑群内,或大学的校园内,也可以是办公室或实验室几台计算机连成的小型局域网络。局域网连接这些用户的微型计算机及其网络上作为资源共享的设备(如打印机等)进行信息交换,另外通过路由器和广域网或城域网相连接实现信息的远程访问和通信。LAN 是当前计算机网络的发展中最活跃的分支。

局域网的覆盖范围有限,一般为 0.1～10 公里。

数据传输率高,一般在 10～100Mb/s,现在的高速 LAN 的数据传输率可达到千兆;信息传输的过程中延迟小、差错率低;另外局域网易于安装,便于维护。

2. 城域网(MAN,Metropolitan Area Network)

城域网采用类似于 LAN 的技术,但规模比 LAN 大,地理分布范围在 10～100 公里,介于 LAN 和 WAN 之间,它的设计目标是满足几十公里范围内的大量企业、学校、公司的多个局域网的互联需求,以实现大量用户之间的信息传输。

3. 广域网(WAN,Wide Area network)

广域网的涉及范围很大,可以是一个国家或一个洲际网络,规模十分庞大而复杂。它的传输媒体由专门负责公共数据通信的机构提供。广域网可以使用电话交换网、微波、卫星通信网或它们的组合信道进行通信,将分布在不同地区的计算机系统互联起来,达到资源共享的目的。

6.1.5　计算机网络的协议

1. 网络协议的概念

为了实现异构机、异构网之间的相互通信,产生了网络协议的概念。网络协议是网络通信的语言,是通信的规则和约定。协议规定了通信双方相互交换的数据或控制信息的格式、所应给出的响应和所完成的动作以及它们的时间关系。

　　计算机网络系统的设计像结构化程序设计一样,实现了高度的结构化。利用分层的方法把网络系统所提供的通路,分成一组功能分明的层次,各层执行自己所承担的任务,依靠各层功能的组合,为用户或应用程序提供与另一端点用户之间的通信;并且规定:(1)每一层向上一层提供服务;(2)每一层利用下一层的服务传输信息;(3)相邻层间有明显的接口。也就是说,除最低层(物理层)可水平通信外,其他层只能垂直通信。下边举一个生活中的例子说明这个层次关系。假设一个只懂得德文的德国哲学家和一个只懂得中文的中国哲学家要进行学术交流,那么他们可以将论文翻译成英语或某一种中间语言,然后交给各自的秘书选一种通信方式发给对方,如图 6-2 所示。

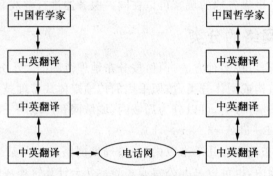

图 6-2　中德哲学家的学术交流方式

2. TCP/IP 协议

　　TCP/IP(Transmission Control Protocol/Internet Protocol)协议是 Internet 使用的通信协议,通俗地讲就是用户在 Internet 上通信时所遵守的语言规范。它起源于 1969 年的 ARPAnet,现在由 ARPAnet 演变过来的世界上最大的计算机互联网 Internet 仍然沿用 TCP/IP 协议,因此,许多计算机网络厂商推出的产品都支持 TCP/IP 协议。

　　TCP/IP 协议的体系结构分四层,如图 6-3 所示。

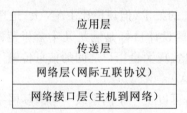

图 6-3　TCP/IP 协议的分层

　　(1)网络接口层。是该协议软件的最底层,其作用是接收 IP 数据包,通过特定的网络进行传输。网络接口可能包括设备驱动程序或专用的数据链接协议子系统。

　　(2)网络层(Internet Protocol,IP)。为网际互联协议。它负责将住处从一台主机传送到指定接收的另一台主机。

　　(3)传送层(Transmission Control Protocol,TCP)。为传输控制协议,负责提供可靠和高效的数据传送服务。

（4）应用层。为用户提供一组常用的应用程序协议，例如，电子邮件协议、文件传输协议、远程登录协议、超文本传输协议等；并且随着 Internet 的发展，又为用户开发了许多新的应用层协议。

6.1.6　计算机网络的拓扑结构

网络拓扑是由网络节点设备和通信介质构成的网络结构图。网络拓扑结构对网络采用的技术、网络的可靠性、网络的维护性和网络的实施费用都有重大的影响。

在选择拓扑结构时，主要考虑的因素有：安装的相对难易程度、重新配置的难易程度、维护的相对难易程度、通信介质发生故障时，受到影响的设备的情况。

1. 基本术语

由于把计算机和网络的结构抽象成了点、线组成的几何图形，可以用图论拓扑的概念对网络结构进行分析，因此必须对要引用的术语进行解释。

（1）节点。节点就是网络单元。网络单元是网络系统中的各种数据处理设备、数据通信控制设备和数据终端设备。常见的网络单元有：服务器、网络工作站、集线器、交换机等。

（2）链路。链路是两个节点间的连线。链路分"物理链路"和"逻辑链路"两种，前者是指实际存在的通信连线，后者是指在逻辑上起作用的网络通路。链路容量是指每个链路在单位时间内可接纳的最大信息量。

（3）通路。通路是从发出信息的节点到接收信息的节点之间的路径，也就是说，它是一系列穿越通信网络而建立起的节点到节点的链路。

2. 常见的网络拓扑结构

拓扑结构（Topology）主要指网内各个节点计算机的相互连接方式，就局域网而言，它采用的拓扑结构可以有星型、总线型、环型、树型、网状等结构，如图 6-4 所示。

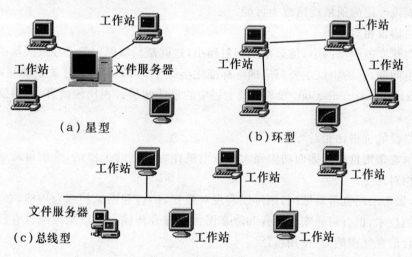

图 6-4　网络的拓扑结构

（1）星型。以一台设备作为中央节点，其他外围节点都单独连接在中央节点上。各外围节点之间不能直接通信,必须通过中央节点进行通信。中央节点可以是文件服务器或专门的接线设备,负责接收某个外围节点的信息,再转发给另一个外围节点。这种结构的优点是结构简单、建网容易、故障诊断与隔离比较简便,便于管理,但需要的电缆长、安装费用多,网络运行依赖于中央节点,因而可靠性低,扩充也较困难。

(2)总线型。所有节点都连到一条主干电缆上,这条主干电缆就称为总线(Bus)。总线型结构没有关键性节点,单一的工作站故障并不影响网上其他站点的正常工作。此外,电缆连接简单、易于安装,增加和撤销网络设备灵活方便、成本低,但故障诊断困难,尤其是总线故障会引起整个网络瘫痪。

(3)环型。各节点形成闭合的环,信息在环中作单向流动,可实现任意两点间的通信。环形网络的优点是电缆长度短、成本低,但环中任意一处故障都会造成网络瘫痪,因而可靠性低。目前由于采用了多路访问部件,能有效隔离故障,从而大大提高了可靠性。

6.2　局域网

对于大多数用户而言,直接面对的网络一般都是局域网(LAN,Local Area Network)。相比较而言,局域网的技术更成熟一些,管理也比较简单一些。本节将简单介绍局域网的主要特点、局域网的组成及网络互联等。

6.2.1　局域网的主要特点

由于网络技术的迅速发展,从根本上定义局域网的特点比较困难,但通常的局域网至少应具备以下几个基本特点:

1.网络有自己的专用线路

由于局域网一般都是由一个机构甚至一个部门建立的内部网络,覆盖范围相对较小,这就使得铺设专用的通信线路成为可能。

2.网络协议相对简单

各部门建立的内部网络,覆盖范围相对较小,这就是局域网一般不涉及大量的网与网之间的路由问题,它的协议主要对应国际标准化组织于1981年颁布开放系统互连(OSI,Open System Interconnection)参考模型七层中的最低两层。相比较而言,其协议还是简单的。

3.网络性能价格比相对理想

局域网常采用价格低廉而功能强大的微型机作为网上的工作站,这使得局域网的性能价格比相对理想。

此外,如果采用宽带局域网,则可以实现对数据、语音和图像的综合传输;在基带上,采用一定的技术,也有可能实现语音和静态图像的综合传输。所以局域网具有较强的适应性和综合信息处理能力,使用广泛。

6.2.2　局域网的组成

网络系统是由网络操作系统(Network Operating System)和用以组成计算机网络的

多台计算机,以及各种通信设备构成的。在计算机网络系统中,每台计算机是独立的,任何一台计算机都不能干预其他计算机的工作。任何两台计算机之间没有主从关系。

计算机网络系统由网络硬件和网络软件两部分组成。在网络系统中,硬件对网络的性能起着决定的作用,是网络运行的实体,而网络软件则是支持网络运行、提高效益和开发网络资源的工具。

1. 网络硬件

网络硬件是计算机网络系统的物质基础。构成一个计算机网络系统,首先要将计算机及其附属硬件设备与网络中的其他计算机系统连接起来,实现物理连接。不同的计算机网络系统,在硬件方面是有差别的。

随着计算机技术和网络技术的发展,网络硬件日趋多样化,且功能更强,结构更复杂。常见的网络硬件有:计算机、网络接口卡、通信介质以及各种网络互联设备等。网络中的计算机又分为服务器和网络工作站两类。

(1)服务器

服务器是具有较强的计算功能和丰富的信息资源的高档计算机,它向网络客户提供服务,并负责对网络资源的管理,是网络系统中的重要组成部分。一个计算机网络系统至少要有一台服务器,也可有多台。通常用小型计算机、专用 PC 服务器或高档微型机作为网络的服务器。服务器的主要功能是为网络工作站上的用户提供共享资源、管理网络文件系统、提供网络打印服务、处理网络通信、响应工作站上的网络请求等。常用的网络服务器有文件服务器、通信服务器、计算服务器和打印服务器等。

(2)网络工作站

网络工作站是通过网络接口卡连接到网络上的个人计算机,它保持原有计算机的功能,作为独立的个人计算机为用户服务,同时又可以按照被授予的一定权限访问服务器。各工作站之间可以相互通信,也可以共享网络资源。有的网络工作站本身不具备计算功能,只提供操作网络的界面,如联网的终端机。

在网络中,工作站是一台客户机,即网络服务的一个用户。它的主要功能是向各种服务器发出服务请求;从网络上接收传送给用户的数据。

(3)网络接口卡

网络接口卡简称网卡,又称为网络接口适配器,是计算机与通信介质的接口,是构成网络的基本部件。每一台网络服务器和工作站都至少配有一块网卡,通过通信介质将它们连接到网络上。

网卡的主要功能是实现网络数据格式与计算机数据格式的转换、网络数据的接收与发送等。在接收网络通信介质上传送的信息时,网卡把传来的信息按照网络上信号编码要求交给主机处理。在主机向网络发送信息时,网卡把发送的信息按照网络传送的要求用网络编码信号发送出去。

按照网卡的总线类型可以分为 ISA(Industrial Standard Architectuer,工业标准结构)总线接口卡、MCA(Micro Channel Architecture,微通道结构)总线接口卡、EISA(Extended Industrial Standard Architectuer,扩展工业标准结构)总线接口卡、PCI(Peripheral Component Interconnect,外围设备互连)总线接口卡和 PCMCIA(PC

Memory Card International Association,个人计算机存储卡国际委员会)接口卡等。

（4）通信介质

在一个网络中,网络连接的器件与设备是实现计算机之间数据传输的必不可少的组成部件,通信介质是其中重要的组成部分。

在计算机网络中,要使不同的计算机能够相互访问对方的资源,必须有一条通路使它们能够互相通信。通信介质是计算机之间传输数据信息的重要媒介,它提供了数据信号传输的物理通道。通信介质按其特征可分为有形介质和无形介质两大类,有形介质包括双绞线、同轴电缆或光缆等;无形介质包括无线电、微波、卫星通信等。它们具有不同的传输速率和传输距离,分别支持不同的网络类型。

（5）集线器（Hub）

集线器是在局域网上广为使用的网络设备,可以用来将若干台计算机通过双绞线或同轴电缆连到集线器,从而构成一个局域网。

（6）网桥（Bridge）

网桥用于连接两个或几个局域网,局域网之间的通信经网桥传送,而各局域网内部的通信被网桥隔离,从而达到隔离子网的目的。

（7）路由器（Router）

路由器是一种通信设备,它能在复杂网络中为网络数据的传输自动进行线路选择,在网络的节点之间对通信信息进行存储转发。

（8）网关（Gateway）

网关又称信关,是在不同网络之间实现协议转换并进行路由选择的专用网络通信设备。

2.网络软件

安装网络相当于“筑路”,网上信息的流通、处理、加工、传输和使用则依赖于网络软件。与网络有关的软件可分为 3 个层次:网络操作系统、网络数据库管理系统和网络应用软件。

（1）网络操作系统（NOS）

建网的基础是网络硬件,但决定网络的使用方法和使用性能的关键还是网络操作系统。网络操作系统是网络大家庭中的“管家”,负责管理网上的所有硬件和软件资源,使它们能协调一致地工作。目前使用较普遍的网络操作系统有: UNIX, Novell 公司的 NetWare,Microsoft 公司的 Windows 2003 Server、Windows 2000 Professional、Windows NT Server、Windows95/98/Me、Windows for Workgrups（WFW）、Windows XP, Linux 等。它们在技术、性能、功能方面各有所长,可以满足不同用户的需要,也分别支持多种协议。网络操作系统主要由以下几部分组成:

①服务器操作系统

服务器操作系统提供了网络最基本的核心功能,如网络文件系统、存储器的管理和调度等。它直接运行在服务器硬件之上,以多任务并发形式高速运行,因此是名副其实的多用户、多任务操作系统。

②网络服务软件

运行在服务器操作系统上的软件,它提供了网络环境下的各种服务功能。

③工作站软件

运行在工作站上的软件。它把用户对工作站微型机操作系统的请求转化成对服务器的请求，同时也接收和解释来自服务器的信息，并转化为本地工作站微型机所能识别的格式。

④网络环境软件

用来扩充网络功能，如网络传输协议软件、进程通信管理软件等。特别是网络传输协议软件，它用来实现文件服务器与工作站之间的连接。一个好的网络操作系统允许在同一服务器上支持多种传输协议，如 IPX/SPX、AppleTalk、NetBIOS 及 TCP/IP 等。

（2）网络数据库管理系统

这是网络应用的核心，目前使用较普遍的网络数据库管理系统有 SQL Server、Oracle、Sybase、Informix 及 IBM DB2 等。为使不同的管理系统所创建的数据库之间能够互通，微软公司制定了一个访问数据库的标准接口，定义了一套每个数据库管理系统都能"看懂"的公共语言，称为 ODBC（Open Data Base Connectivity，开放数据库互联），不同的数据库管理系统配上了相应的 ODBC 软件之后，就可以用统一的标准来访问不同的数据库，从而解决了数据库之间互通的问题。

（3）网络应用软件

根据用户的需要，用开发工具开发出来的用户软件，例如，Lotus Notes、Office 办公套件、前台收款、商品流转、财务管理、订单管理软件等。

6.2.3　无线局域网

由于有线网络的不便携性和维护困难，由此产生了无线网络。在无线通信的发展史上，从红外线技术到蓝牙（Bluetooth），都可以无线传输数据，多用于系统互联，但却不能组建局域网。新一代的无线网络不仅仅能将计算机相连，还可以建立无需布线且使用非常自由的无线局域网 WLAN（Wireless LAN）。WLAN 中有许多计算机，每台计算机都有一个无线调制解调器和一个天线，它可以通过该天线与其他系统通信。

在无线局域网的发展中，Wi-Fi（Wireless Fidelity）具有较高的传输速度、较大的覆盖范围等优点，发挥了主要作用。针对无线局域网，IEEE（美国电气和电子工程师协会）制定了一系列无线局域网标准，即 802.11 家族，包括 802.11a、802.11b、802.11g 等。

6.3　Internet 概述

6.3.1　Internet 的起源与发展

20 世纪 60 年代末，美国政府为了研究一种计算机通信的最佳方案，以防止当网络中的某一部分遭到打击而毁坏后，不至于造成整个网络通信瘫痪，出资建立了一个叫作 ARPAnet 的军用网，这个网就是 Internet 的前身。当时它仅连接了 4 台计算机，供科学家和工程师们进行计算机联网实验。

80 年代初，TCP/IP 协议诞生了，它可实现各种网络的互联。1983 年当 TCP/IP 成为 ARPAnet 通信协议时，人们才认为真正的 Internet 出现了。

　　1986 年美国国家科学家基金会在美国政府资助下,租用电信公司的通信线路建立了一个新的 Internet 骨干网——国家科学基金会网络(NSFnet)。1989 年 ARPAnet 解散,同时国家科学家基金会网络对社会开放,从而成为 Internet 最重要的通信骨干网络,美国大部分大学及科研机构的计算机网都通过它互联在一起。

　　由于 Internet 在美国的迅速发展和巨大的成功,世界各地都纷纷加入 Internet 行列,使 Internet 成为全球性的网络。它的应用领域也很快进入文化、新闻、体育、政治、经济、娱乐、商业以及服务行业。据不完全统计,目前世界有 170 多个国家连入 Internet,在 Internet 上的计算机数千万台,网络用户上亿,以 Internet 为核心的信息服务业产值超过几千亿元。为了使 Internet 更好地运行并为用户服务,1992 年成立了 Internet 协会,有很多社团、个人、公司、国际组织、政府机构加入这一协会。Internet 协会总部设在美国,它主要通过下属的各个研究组的活动、出版各种出版物以及可免费访问的文件服务器等方式进行工作。

　　Internet 是一个基于 TCP/IP 的网络,它提供的服务主要有:

　　(1)电子邮件 E-mail 是最方便、快捷且又廉价的邮件通信方式。

　　(2)文件传输是 Internet 最基本的服务之一,在两台远程计算机之间实现文件的上传和下载。

　　(3)远程登录 Telnet 是为用户提供了一种以仿真终端方式,远程登录到 Internet 某台主机的手段。

　　(4)电子公告牌,如 Usenet 是一个全球范围的电子公告牌,用于发布公告、新闻和各种文章供广大用户阅读。

　　(5)信息检索系统,如 Gopher、Baidu 和 WAIS。

　　(6)WWW(World Wide Web)即万维网,提供基于页面检索的信息服务,以方便用户浏览各种信息。它将文本、图像、文件和其他资源以超文本的形式提供给访问者,是 Internet 最受欢迎的服务。

6.3.2　国内 Internet 发展综述

　　Internet 在我国的发展极为迅速。1986 年中科院等一些科研单位通过长途电话拨号到欧洲一些国家,进行国际联机数据库检索,这是我国使用 Internet 网的开始。1990 年中科院高能物理所等单位,先后将自己的计算机与 ChinaPAC(X.25)相连,利用欧洲国家的计算机作为网关,在 X.25 网与 Internet 网之间进行转接,实现了中国 ChinaPAC 科技用户与 Internet 用户之间的 E-mail 通信。

　　1993 年 3 月,中科院高能物理所为支持国外科学家使用北京正负电子对撞机做高能物理实验,建成了与美国斯坦福线性加速中心的高速通信专线,经美国能源网与 Internet 互联。1994 年 4 月,中科院计算机网络信息中心(CNNIC)正式接入 Internet 网。自 1994 年初我国正式加入 Internet,成为 Internet 的第 71 个成员以来,入网用户数量增长很快。2001 年 12 月,上网计算机总数 1619 万台,上网用户总数 4580 万人,国际线路出口总容量已经达到 10576.5Mbps,直接与美国、加拿大、澳大利亚、英国、德国、法国、日本与韩国等国家的 Internet 相连。2004 年,全国上网人数为 9400 万,截至 2005 年 5 月底,全国上网人数超过 1 亿,其中宽带用户超过 3000 万。

我国早已建成国内互联网。主要骨干网络是:中国公用计算机互联网(ChinaNET)、中国教育与科研计算机网(CerNET)、中国科学技术计算机网(CstNET)、中国金桥互联网(ChinaGBN)和中国联通互联网(UuiNET),目前这几个网已经实现互联。

(1)中国公用计算机互联网(ChinaNET)

该网由信息产业部管理。它依托强大的中国公用分组交换网(China PAC)、中国公用数据网(China DDN)和中国公用电话交换网(PSTN)等。它是中国国内互联网的主干网,也是 Internet 网在中国的延伸。用户可以通过电话拨号、China PAC 网、帧中继、ISDN、ADSL 或 DDN 专线等方式接入 China NET 网。

(2)中国教育与科研计算机网(CerNET)

该网是我国政府投资,国家教育部主持,清华大学、北京大学等 10 多所高等学校承担的"中国教育与科研计算机网示范工程"。该网采用 TCP/IP 技术,它由 3 级层次结构,即全国主干网络、地区网和校园网组成。

(3)中国科学技术计算网(CstNET)

该网由中科院主持,我国政府和世界银行共同支持兴建而成的。1994 年 4 月正式开通了与 Internet 的专线连接,是我国信息量最大、功能齐全的科研网络。

(4)中国金桥互联网(ChinaGBN)

该网是由原电子部吉通有限公司承建的互联网,1994 年底与 Internet 连通。

6.3.3　Internet 的工作原理

1. Internet 协议

TCP 协议和 IP 协议指两个在 Internet 上的网络协议,这两个协议属于众多的 TCP/IP 协议组中的一部分。TCP/IP 协议组中的协议保证 Internet 上数据的传输,提供了几乎上网所用到的所有服务。这些服务包括电子邮件的传输、文件传输、新闻组的发布及访问万维网等。

SMTP(simple mail transfer protocol),简单邮件协议,主要用来传输电子邮件。

域名(domain name),IP 地址的文字表现形式,它的实现依靠 DNS(domain name service)和 DSP(domain service protocol)。

FTP(file transfer protocol),文件传输协议,主要用来进行远程文件传输。

Telnet 远程登录(renote login),用来与远程主机建立仿真终端。

UDP(user datagram protocol),用户数据报协议。该协议可以代替 TCP 协议,与 IP 协议和其他协议共同使用。利用 UDP 协议传输数据时不必使用报头,也不必处理丢失、出错和失序等意外情况,若发生问题,可通过请求重发的办法解决。因此它的效率较高,且比 TCP 简单多。该协议适合传输较短的信息。

HTTP(即 WWW)、GOPHER 和 WAIS 既是通信协议,又是实现协议的软件。

2. IP 地址

像电话用户有一个唯一的电话号码一样,在 Internet 上的计算机必须拥有一个唯一的 IP 地址,以解决计算机相互通信的寻址问题。IP 地址由 32 位二进制数据组成,通常分成网络地址和主机地址两部分。通过网络地址可以标识出一台主机所在的某一特定的网络,通过主机地址可以标识出一个网络中某一特定的主机。这两部分的有机结合,就可以准确地找到连接在 Internet 上的某台计算机。

为便于书写,通常将 IP 地址每 8 位分成一组,采用由句点(.)隔开的 4 个十进制数据表示,其中每个数据的取值范围为 1～254。

Internet 定义了五种 IP 地址:A 类、B 类、C 类、D 类和 E 类,其中最主要的是 A 类、B 类和 C 类,它们的格式如图 6-5 所示。

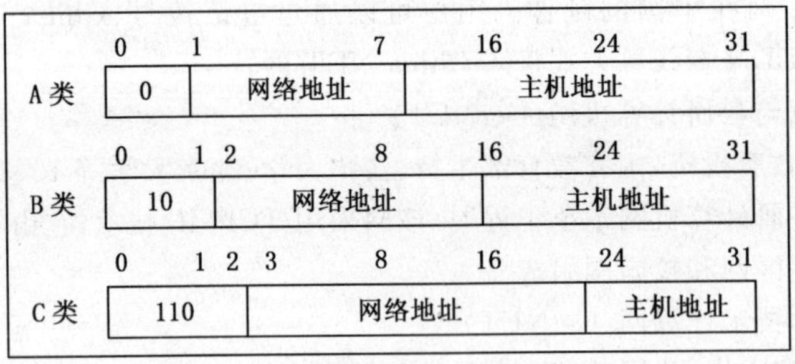

图 6-5　IP 地址分类与格式

在 A 类地址中,IP 地址的第一个字节用来表示网络地址,其余字节表示该网络中的主机的地址。第一个字节最高位规定为 0,它与其余位一起表示十进制数据的范围是 0～127,但有效网络数为 126 个。因为第一个字节全 0 表示本地网络,全 1(十进制数 127)保留作为系统诊断用。A 类地址子网最多可连接 16777216 台主机,一般分配给具有大量主机的大规模网络使用。

在 B 类地址中,IP 地址的前两个字节描述网络地址,其余字节描述网络中主机的地址。其中第一个字节高二位规定取值为 10,因此它表示的地址范围是 128. X. Y. Z～191. X. Y. Z(X,Y,Z 分别代表一个十进制数)。B 类地址子网最多可连接 65536 台主机,一般分配给中等规模网络使用。

在 C 类地址中,IP 地址的前三个字节描述网络地址,最后一个字节描述该网络中主机的地址。其中第一个字节高三位取值必须为 110,因此它表示的地址范围是 192. X. Y. Z～223. X. Y. Z。每个网络主机数最多为 254 台,C 类地址一般分配给小规模网络使用。

在实际应用中,可以根据具体情况选择使用 IP 地址的类型或格式。例如,一个 IP 地址为 202.112.14.0,它代表的是网络地址(主机标识字段全为 0 的 IP 地址是指网络地址),而 202.112.14.18 是指该网络中某一主机的地址,它们均属于 C 类地址。

此外,IP 地址还有 D 类和 E 类,其中 D 类是多址广播(Multicast)地址,E 类是试验性(Experimental)地址。

32 位的 IP 地址尽管理论上有 40 多亿种取值组合,但这些地址资源并没有得到充分利用。Internet 的设计者当初把网络用户划分为 A,B,C 三类,每类用户可分配一组地址。目前的问题是一些机构拥有富余的地址,而另一些机构地址却不够用。例如一些美国大学被划分为 A 类网络,它拥有超过 1600 万个可用地址,而大部分欧洲的 Internet 系统则被划归为 C 类网络。显然当前的 IP 地址系统是有缺陷的,为解决这一问题,目前正在制定下一代 IP(IP next generation,IPng)或称第六版 IP 协议(IPV6)。

3.域名系统

用户难以记忆数字形式的 IP 地址,因此 Internet 引入域名服务系统 DNS(Domain Name System)。这是一个分层定义和分布式管理的命名系统,其主要功能有两个:一是定义了一套为机器取域名的规则;二是把域名高效率地转换成 IP 地址。

域名采用分层次方法命名,每一层都有一个子域名。子域名之间用点号分隔,自右至左分别为最高层域名、机构名、网络名、主机名。例如:fdjkx. shcnc. ac. cn 域名表示中国(cn)科学院(ac)上海网络中心(shcnc)的一台主机(fdjkx)。

Internet 域名服务系统是一个分布式的数据库系统,它由域名空间(Domain Space)、域名服务器(Domain Server)和地址转换请求程序(resolver)三部分组成。域名空间是一个倒立的分层树形结构。结构中的每个节点定义了主机的域名、IP 地址和 E-mail 别名等信息,每一层组成一个子域名空间,其全体构成 Internet 域名空间。Internet 几乎在每一子域名都设有域名服务器,服务器中包括有该子域的全体域名和地址信息,并用 cache文件存储上一层域名服务器的地址信息。Internet 每台主机上都有地址转换请求程序,负责将请求传给本地子域的域名服务器。当域名服务器接到地址转换请求时,先判断地址是否属于本地子域,若是本地子域的域名,则直接从数据库中取出对应地址,否则将请求转到上一层域名服务器,并等待接收上一层发送来的对应地址。

有了域名服务系统,凡域名空间中有定义的域名都可以有效地转换成 IP 地址,反之IP 地址也可以转换成域名。因此用户可以等价地使用域名或 IP 地址,表 6-1 是部分域名与 IP 地址对照。

表 6-1　部分域名与 IP 地址对照表实例

位　　置	域　　名	IP 地址	地址类别
中国教育科研网	cernet. edu. cn	202. 112. 0. 36	C
清华大学	tsinghua. edu. cn	166. 111. 250. 2	B
北京大学	pku. edu. cn	162. 105. 129. 30	B
北京邮电大学	gznet. edu. cn	202. 38. 184. 81	C
华南理工大学	earth. edu. cn	202. 112. 17. 38	C
上海交通大学	earth. shnet. edu. cn	202. 112. 26. 33	C
华中理工大学	whnet. edu. cn	202. 112. 20. 4	C

Internet 最高域名被授权由 DDNNIC 登记。最高域名在美国用于区分机构,在美国以外用于区分国别或地域,表 6-2 和表 6-3 列出了最常见的最高域名的意义。

表 6-2　以机构区分域名的例子

域名	意义	域名	意义	域名	意义
com	商业网	mil	军事网	edu	教育网
net	网络机构	gov	政府机构	org	机构网

表 6-3　以国别或地域区分域名的例子

域	含义	域	含义	域	含义	域	含义	域	含义
de	德国	dk	丹麦	ag	南极	ar	阿根廷	at	奥地利
au	澳大利亚	br	巴西	ca	加拿大	ch	瑞士	cn	中国
jp	日本	kr	韩国	es	西班牙	fr	法国	gb	英国
gr	希腊	hk	香港	il	以色列	in	印度	it	意大利
tw	台湾	us	美国	lu	卢森堡	my	马来西亚	nl	荷兰
no	挪威	nz	新西兰	pt	葡萄牙	se	瑞典	sg	新加坡

6.3.4　接入 Internet

因特网接入方式通常有专线连接、局域网连接、无线连接和电话拨号连接四种。其中使用 ADSL 方式拨号连接对众多个人用户和小单位来说,是最经济、简单、采用最多的一种接入方式,无线连接也成为当前流行的一种接入方式,给网络用户提供了极大的便利。

1. ADSL

目前用电话线接入因特网的主流技术是 ADSL(非对称数字用户线路),这种接入技术的非对称性体现在上、下行的速率不同,高速下行信道向用户传送视频、音频信息,速度一般在 1.5~8Mbps,低速上行的速率一般在 16~640Kbps。使用 ADSL 技术接入因特网对使用宽带业务的用户是一种经济、快速的方法。

采用 ADSL 接入因特网,除了一台带有网卡的计算机和一条直播电话线外,还需要向电信部门申请 ADSL 业务。由相关服务部门负责安装话音分离器和 ADSL 调制解调器和拨号软件。完成安装后,就可以根据提供的用户名和口令拨号上网了。

2. ISP

Internet 服务商又称 Internet 服务提供者(ISP,Internet Service Provider)。例如,美国最大的 ISP 是美国在线。中国最大的 ISP 是有国际出口的中国四大骨干网,其次就是像最早成立的赢海威网络公司和目前客户访问较多的搜狐、新浪、ChinaRen、163 等不计其数的商业网站,有人称这是小 ISP。每个 ISP 提供的服务不同。比如,搜狐以搜索引擎服务为主,163 主要提供接入服务。每个 ISP 都有其 WWW 站点,用户可通过相应网页查看其提供的服务。

要接入 Internet,必须要向提供接入服务的 ISP 提出申请,也就是说要找公路的入口。一旦与 ISP 连通,就相当于上了高速公路,开什么车(应用软件),到哪儿去(目的网址),运什么货(信息),都由用户决定。

提供拨号接入服务的 ISP 端一般都建有局域网,通过局域网上的路由器或网关再经租用的通信线路接入 Internet。ISP 端的用户人口连接局域网上的调制解调器池和通信服务器,如图 6-6 所示。因此,选择 ISP 既要看它的人口传输速率(调制解调器速率),又要看它的出口速率。另外要注意的是:选择距离较近的 ISP 可节省电话费,通常所说的"在 Internet 上用市内电话费可打国际长途",道理就在这里。

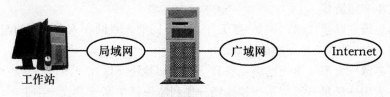

图 6-6　ISP 端

3.无线连接

无线局域网的构建不需要布线,因此为用户的使用提供了极大的便捷,省时省力,并且在网络环境发生变化、需要改进的时候,也易于更改维护。那么如何架设无线网呢？首先,需要一台无线 AP(Acess Point,无线桥接器),它很像有线网络中的集线器或交换机,是无线局域网找那个的桥梁。有了无线 AP,装有无线网卡的脚手架或支持 Wi-Fi 功能的手机等设备就可以快速轻易地与网络相连,通过无线 AP,这些计算机或无线设备就可以接入因特网。普通的小型办公室、家庭有一个无线 AP 就已经足够,甚至几个邻居都可以共享一个无线 AP,共同上网。

几乎所有的无线网络都在某一个点上连接到有线的网络中,以便访问 Internet 上的文件、服务。要接入因特网,无线 AP 还需要与 ADSL 或有线局域网连接,无线 AP 就像一个简单的有线交换机一样将计算机和 ADSL 或有线局域网连接起来,从而达到了接入因特网的目的。当然现在市面上已经有一些产品,如无线 ADSL 调制解调器,它相当于将无线局域网和 ADSL 的功能合二为一,只要将电话线接入无线 ADSL 调制解调器,即可享受无线网络和因特网的各种服务了。

6.4　Internet 应用

6.4.1　相关概念

1.万维网

万维网(WWW 是 World Wide Web 的英文缩写,称为环球信息网,也称万维网或 Web 服务)是一种建立在因特网上的全球性、交互的、动态的、多平台、分布式的、超文本超媒体信息查询系统。它也是建立在因特网上一种网络服务。其最主要的概念是超文本(Hypertext),遵循超文本传输协议(Hyper Text Transmission Protocol,HTTP)。WWW 最初是欧洲粒子物理实验室的 Tim Berners-Lee 创建的,目的是为分散在世界各地的物理学家提供服务,以便交换彼此的想法、工作进度及有关信息。现在 WWW 的应用已远远超出了原定的目标,成为因特网上最受欢迎的应用之一。WWW 的出现极大地推动了因特网的发展。

WWW 网站中包含很多网页(又称 Web 页)。网页是用超文本标记语言(Hyper Text Markup language,HTML)编写的,并在 HTTP 协议支持下运行。一个网站的第一个 Web 页称为主页或首页,它主要体现出这个网站的特点和服务项目。每一个 Web 页都有一个唯一的地址(URL)来表示。

2.超文本和超链接

人类的思维是联想式的。例如"冬天"一词,不同的人或同一人在不同的时间、地点所产生的联想,其结果是千差万别的:

冬天→冬泳→大海→鱼→吃饭→餐具→银器→耳环→婚礼→婚纱→新房……

冬天→太阳→星星→天文学→望远镜→伽利略→科学家→教授→学生……

如果信息也按非线性的联想跳跃结构进行组织,将有助于提高人们获取知识和处理信息的效率。超文本就是一种基于人类联想式思维的信息处理技术。

WWW(WWW 是 World Wide Web 的英文缩写,称为环球信息网,也称万维网或 Web 服务)是一个基于超文本的信息系统,它采用超文本(Hypertext)技术组织和管理各种信息,通过超链接(Hyperlink)将多媒体文档中的各个信息单元相互链接在一起,即在构成文档的每个信息单元中都包含有若干指向其他信息单元或从其他信息单元指向它的指针,通过这种链接关系可以在信息单元之间自由移动。例如将文章中各种令人费解的名词设置成"热字",在上下文之间链接起来,读者单击该"热字",便可切换到对该名词的解释部分,这无疑给阅读和理解带来了极大的方便。

超文本所具有的这种超媒体、超链接特性比较适合人类的思维过程。人类的思维具有联想性和跳跃性,当看到一类事物时很自然联想到与其相关的另一类事物。采用超文本方式是容易做到的,因为在各类对象之间可以建立链接关系。当阅读其中一类对象时,只需在所建立的链接上单击鼠标就可以切换到另一类对象,如图 6-7 所示。

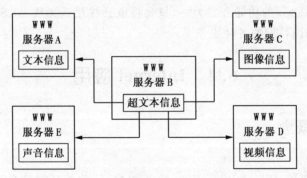

图 6-7　超文本结构示意图

在图 6-7 中各信息单元可能位于同一个文档,也可以属于不同文档,并且这些不同文档可能还相距很远,例如声音信息存储在美国,图像信息存储在法国,而文本信息存储在中国。尽管这些地方相距甚远,但超链接技术能够将其有机地结合在一起,人们在浏览过程中几乎感觉不到这种地域上的距离,可见这种超链接方式是不受地域限制的。

在超文本文档中,需要进一步解释说明的部分,或是通向其他文档的入口部分通常都被设置成链接,其表现形式可以是加亮显示、添加下划线或者与其他文本颜色不同,还有明显方向标志的按钮或图标以及外加边框的图片都可能是预设的链接。当鼠标指针移动到某一链接上时,指针的形状变为一只小手柄,这时只要单击鼠标就可以显示该链接所指向的文档内容。

　　3. URL 地址和 HTTP

　　在 WWW 上，每一信息资源都有统一的且在网络上唯一的地址，该地址就叫 URL （Uniform Resource Locator），它是 WWW 的统一资源定位标志。URL 由 3 部分组成：资源类型、存放资源的主机域名及资源文件名。例如 http://WWW. tsinghua. edu. cn/ top. HTML，其中 http 表示该资源类型是超文本信息，WWW. tsinghua. edu. cn 是清华大学的主机域名，top. HTML 为资源文件名。

　　HTTP 是超文本传输协议。与其他协议相比，HTTP 协议简单，通信速度快，时间开销少，而且允许传输包括多媒体文件的任意类型的数据，因而在 WWW 上可方便地实现多媒体浏览。此外，URL 还使用 Gopher、Telnet、FTP 等标志来表示其他类型的资源，表 6-4 列出了由 URL 地址表示的各种类型的资源。

表 6-4　URL 地址表示的资源类型

URL 资源名	功　　　　能	URL 资源名	功　　　　能
http	多媒体资源，由 Web 访问	WAIS	广域信息服务
FTP	与 Anonymous 文件服务器连接	News，	新闻阅读与专题讨论
Telnet	与主机建立远程登录连接	Gopher	通过 Gopher 访问
mailto	提供 E-mail 功能		

　　4. 浏览器

　　浏览器是用于浏览 WWW 的工具，安装在用户端的机器上，是一种客户软件。它能够把用超文本标记语言描述的信息转换成便于理解的形式。此外，它还是用户与 WWW 之间的桥梁，把用户对信息的请求转换成网络上计算机能识别的命令。浏览器很多种，目前最常用的 Web 浏览器是 Netscape 公司的 Navigator 和 Microsoft 公司的 Internet Explore(简称 IE). 除此之外，还有很多浏览器如 Opera、Mozilla 的 Firefox、Maxthon。

6.4.2　浏览网页

　　1. IE 的窗口

　　如果用户的计算机已经连接到 Internet，启动 IE，从图 6-8 可以看到，IE 的窗口也是一个典型的 Windows 风格的窗口，它包含了标题栏、菜单栏、工具按钮及地址栏等部分。

　　(1)菜单栏

　　菜单的使用与 Windows 应用程序的菜单相同。要想了解一个菜单的详细功能及其使用方法，建议读者在 IE 中多试一试，同时多看一看在线帮助。

　　①"文件"菜单

　　文件菜单包含了对网页的打开、保存、打印、用邮件发送等选项。

　　②"编辑"菜单

　　"编辑"菜单包括几种常用的编辑选项，有剪切、复制、粘贴、全选、查找等。其使用方法与 Windows 相同。

图 6-8   IE 浏览器窗口

③"查看"菜单

"查看"菜单中提供了查看特定的项目,如工具栏、历史纪录的选项,改变网页中文字的字体大小的选项,全屏显示网页和查看网页源文件的功能。如"工具栏"中,将"标准按钮"选中,则在界面上出现"工具栏按钮";不选中,则不出现。其他类似。

④"收藏"菜单

"收藏"菜单可以帮助用户整理收藏夹,或者通过"添加到收藏夹"将用户感兴趣的网站地址收藏起来,以便以后直接访问。

⑤"工具"菜单

通过"工具"菜单,可以阅读新闻或邮件等,其中最重要的是可以通过"Internet 选项"设置 IE,关于这部分的内容在后面将有详细介绍。

⑥"帮助"菜单

使用该菜单,可以获得帮助内容的目录和索引、联机支持、Web 教程等,还可以直接连接到 Microsoft 的主页。任何一本参考书都不可能将 IE 的全部内容都详细地介绍,建议用户在遇到问题时,多使用帮助菜单。

(2)工具按钮

在浏览器窗口菜单下面为工具按钮栏。工具栏中的按钮功能与菜单中相应选项的功能相同,但使用工具按钮更快捷。

(3)地址栏

地址栏是输入和显示网页地址的地方。Web 地址的结构已在前面章节做了说明。

2.IE 的常用操作

IE 的功能比较多。现简单地介绍一下几种最常用的操作。

(1)浏览、打开 Web 页

通过以上的菜单或者工具按钮,用户可以方便地浏览各种 Web 页,得到自己需要的信息。另一方面,访问 Internet 通常需要通过一些所谓的门户网站作为进入 Internet 世界的一个桥梁。

①查看指定的 Web 页

在地址栏中，输入要访问的地址后按 Enter(回车)键，便可以浏览。如果已安装了新桌面，"自动完成"功能可在地址栏中给出与所输入内容匹配的文件夹名和程序名的建议。

②返回查看过的 Web 页

如果想回到已查看过的 Web 页，可以有多种方法：

＊单击鼠标右键，出现快捷菜单。单击"后退"或"前进"。

＊单击工具栏标准按钮"后退"或"前进"。

＊单击"文件"菜单下的"后退"或"前进"。

＊利用"历史记录"重新访问最近查看过的 Web 页。

③多窗口浏览

将鼠标指向"文件"下的"新建"命令，然后单击"窗口"，可以打开一个新的浏览器窗口。打开多个窗口，在每个窗口可以浏览不同的内容，这样提高了浏览器的利用效率。

(2)保存 Web 页

Web 上有很多非常有用的信息，我们很想将它们保存下来以便日后参考，那么就需要保存该 Web 页。可以保存整个 Web 页，也可以只保存其中的部分内容(文本、图形或链接)。

①将当前页保存在计算机上

在"文件"菜单上，单击"另存为"，显示如图 6 - 9 所示，其操作方法略。

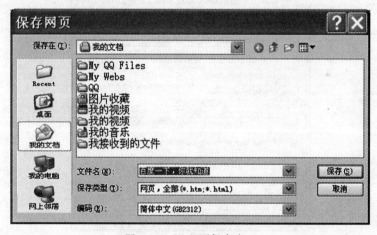

图 6 - 9　Web 页保存窗口

②不打开网页或图片而直接保存

用鼠标右键单击所需项目的链接，出现快捷菜单，选"目标另存为"，屏幕显示与图 6 - 9 相同。

③将 Web 页中的信息复制到文档

＊选定要复制的信息。要复制整页的文本，请单击"编辑"菜单，然后单击"全选"。

＊在"编辑"菜单上，单击"复制"或单击鼠标右键，在快捷菜单上单击"复制"。

＊在需要显示信息的文档中，将鼠标定位。

＊在该文档的"编辑"菜单上或快捷菜单上单击"粘贴"。

注意:不能将某个 Web 页的信息复制到另一个 Web 页。

④将 Web 页图片作为桌面墙纸

用鼠标右键单击网页上的图片,然后单击"设置为墙纸"即可。

⑤用电子邮件发送 Web 页

* 转到要发送的 Web 页。

* 在"文件"菜单上,指向"发送",然后单击"电子邮件页面"或"电子邮件链接"。

* 输入发送 Web 页的目标地址,然后单击工具栏上的"发送"按钮。

* 要在电子邮件中包含 Web 页或链接,必须拥有该电子邮件的账号。

保存了 Web 页之后,如需要打印,在"文件"菜单上,单击"打印",进行所需要的设置之后,便可开始打印。

(3)收藏 Web 页

当访问经常使用的网站时,每次都输入网址显然是有些麻烦。这时候,可以将网址收藏在收藏夹中。当我们再次访问它时,直接在收藏夹中调用即可。

收藏夹实际对应的是 C:\Windows\Favorites 文件夹。如果我们打开它,可以看到保存在其中的内容。

选择"收藏"菜单下的"添加到收藏夹"选项,即可保存好相应的网页。

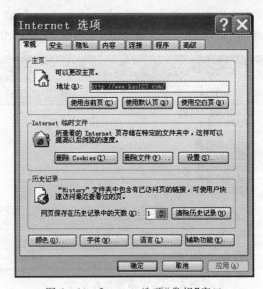

图 6-10 Internet 选项"常规"窗口

3. 自定义 Web

对 Internet 的设置,可以通过"工具"菜单下"Internet 选项"进行,或者在桌面上选中 IE 图标后单击右键,弹出图 6-10 所示的"Internet 属性"对话框。该对话框包括"常规"、"安全"、"隐私"、"内容"、"连接"、"程序"、"高级"7 个选项,通过它们可以更改 Internet Explorer 浏览器的设置。下面简要介绍主要的设置方法。

(1)更改常规设置

单击"常规"选项,如图 6-10 所示,便可以完成如下操作。

①更改默认打开的主页

默认页是指打开浏览器时自动链接的主页,在图 6-10 所示的地址栏内输入需要的网址即可,如 WWW.163.net,这样打开 IE 浏览器,便链接到 WWW.163.net 的主页。

②设置临时文件的可用磁盘空间、位置

Internet 临时文件夹是查看 Web 页时在硬盘上存放 Web 页和文件的位置。通过增加此文件夹的空间可加快已访问网页的显示速度。

通过图 6-10 所示的"常规"选项卡的 Internet 临时文件区域可以更改该项设置。

③设置网页在历史记录中保存的天数

利用历史记录中保存的网页可以使用户快速地访问已查看过的网页的"历史记录"区域,可以更改 Internet Explorer 保存网页的天数。

要清空"History"文件夹,单击"清除历史记录"。

④自定义 Web 页的显示方式

Web 页都按照指定的大小、字体和颜色显示文本。在多数情况下,用户可以根据自己的爱好通过图 6-10 中的"颜色"、"字体"按钮来重新设置。需要注意的是这些改动可能响到页面布局并改变 Web 站点作者的设计意图。

用户可以更改全部或部分上述设置。如果经常查看不是以计算机上的默认语言编写的 Web 页,则需要添加以不同语言显示 Web 页的功能。

（2）安全设置

Internet 的工作方式是在互联的计算机之间传送信息,当数据从一处发送到另一处时,两地之间的每一台计算机都有可能查看到所发送的信息。这就可能引起安全性问题。另一安全问题涉及如何在 Web 站点和计算机之间传输文件和程序。如果没有安全保护,也可以运行或下载来自 Internet 的文件或程序,但它们可能会损坏计算机及其所存储的信息。

IE 提供了一定的安全保护措施,可以根据信息的来源和可信程度设置不同的安全级。

目前,许多 Internet 站点都为自己增加了安全保护机制,以防止未授权的用户偷看到这些站点发送和接收的数据。这些站点通常被称为"安全站点"。由于 Internet Explorer 支持"安全站点"所使用的安全协议,因此用户可以安全而从容地将信息发送到安全站点。

Internet 选项的内容可以指定不同的安全区域。单击如图 6-10 中所示的"安全"选项卡,可以见到如图 6-11 所示的窗口。用户可以根据需要进行安全设置。

图 6-11　Internet 选项"安全"设置窗口

（3）更改内容设置

单击"Internet 选项"对话框中的"内容"选项卡，屏幕显示如图 6 - 12 所示的内容设置窗口。该选项卡包括"分级审查"、"证书"和"个人信息"三个区域，通过它们可以查看、更改 Internet 的安全设置，为安全地浏览和使用 Internet 提供了保障。

图 6 - 12　Internet 选项"内容"设置窗口

（4）更改连接设置

在图 6 - 10 所示的窗口中，"连接"选项卡中最常用的设置是通过局域网设置代理服务器，设置方法如下：

①从网络管理员处获得代理服务器地址及服务端口号。

②在图 6 - 10 中选择"连接"选项卡，单击"局域网设置"，屏幕显示如图 6 - 13 所示。

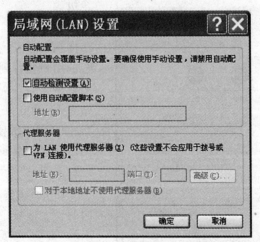

图 6 - 13　Internet 局域网设置窗口

③在"代理服务器"区域，选中"为 LAN 使用代理服务器"复选框，并在下面的地址区

域中输入代理服务器的地址及服务端口号,例如"200.206.97.92"及"8080"。

④单击"确定"按钮。

如果计算机尚未连接到局域网(LAN),请运行 Internet 连接向导。

(5)更改程序设置

在"Internet 选项"窗口中选择"程序"选项,如图 6-14 所示。可以更改由 Internet Explore 使用,用于邮件、新闻、日历和 Internet 呼叫的默认程序。单击这些程序在 Web 页上的链接时,Internet Explorer 将打开用户指定的默认程序。

图 6-14　Internet 选项"程序"设置窗口

(6)更改高级设置

在"Internet 选项"对话框图中,选中"高级"选项,可以设置和关闭"自动完成"功能,更容易使用。例如,在"多媒体"栏,设置禁止显示图片、播放动画和播放视频,能够提高网页的传输速度。

6.4.3　信息的搜索

因特网就像一个浩瀚的信息海洋,如何在其中搜索到自己需要的有用信息,是每个因特网用户遇到的问题。利用像 yahoo、新浪等网站提供的分类站点导航,是一个比较好的寻找有用信息的方法,但其搜索的范围还是太大,步骤也较多。最常用的方法是利用搜索引擎,根据关键词来搜索需要的信息。

目前,Internet 上的搜索引擎比较多,如百度(www. baidu. com)、谷歌(www. google. com)、搜狐(www. sogou. com)提供的搜索引擎等都是很好的搜索工具。这里,以使用"百度"为例,介绍一些最简单的信息检索方法,以提高信息检索效率。

具体的操作步骤如下:

(1)在 IE 地址栏中输入 www. baidu. com 打开百度搜索引擎的页面。在文本框中键入关键字,如"宿州学院",如图 6 - 15 所示。

图 6 - 15　百度搜索引擎主页

　　(2)单击文本框后面的"百度一下"按钮,开始搜索。最后,得到搜索结果页面如图 6 - 16 所示。

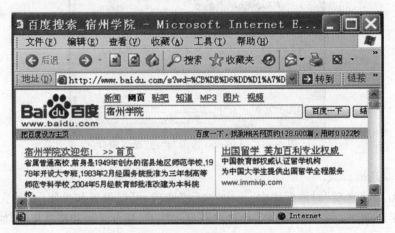

图 6 - 16　搜索结果页面

　　(3)在随后弹出的许多链接中,可以根据需要浏览相关内容,决定取舍。

　　另外,从图 6 - 15 上可以看到,关键词文本框上方除了默认选中的"网页"之外,还有"新闻"、"知道"、"MP3"、"图片"、"视频"等标签。在搜索的时候,选择不同标签,就可以针对不同的目标进行搜索,大大提高搜索的效率。

　　其他搜索引擎的使用,和百度的使用基本类似。

6.4.4　流媒体

1.流媒体概述

　　我们在因特网上浏览传输音频、视频文件,可以先把文件下载到本地硬盘里,然后再打开播放。但是一般的音、视频文件都比较大,需要本地硬盘留有一定存储空间,而且由于网络宽带的限制,下载时间也比较长。例如现在使用较多的 ADSL 上网,即使下载速率达到 120kbps,要完整下载一个 500MB 的视频,也需要等待一个多小时。所以这种方式对于一些要求实时性较高的服务就无法适用,例如在因特网上看一场球赛的现场直播,如果等全部下载完才能播放,那就只能等到比赛完之后才能观看,失去了直播的实时性。

流媒体方式为我们提供了另一种在网上浏览音、视频文件的方式。流媒体是指采用流式传输的方式在因特网播放的媒体格式。流式传输时,音、视频文件由流媒体服务器向用户计算机连续、实时地传送。用户不必等到整个文件全部下载完毕,而只需要经过几秒钟或很短的时间的启动延时即可进行观看,即"边下载边播放",这样当下载的一部分播放时,后台也在不断下载文件的剩余部分。流媒体方式不仅使播放延时大大缩短,而且不需要本地硬盘留有太大的缓存容量,避免了用户必须等待整个文件全部从因特网上下载完成之后才能播放观看的缺点。

因特网的迅猛发展、多媒体的普及都为流媒体业务创造了广阔的市场前景,流媒体日益流行。如今,流媒体技术已广泛应用于多媒体新闻发布、在线直播、网络广告、电子商务、视频点播、远程教育、远程医疗、网络电台、实时视频会议等方方面面。

2. 流媒体原理

实现流媒体需要两个条件:合适的传输协议和缓存。使用缓存的目的是消除延时和抖动的影响,以保证数据报顺序正确,从而使流媒体数据能够顺序输出。

流式传输的大致过程如下:

(1)用户选择一个流媒体服务后,Web 服务器与 Web 服务器之间交换控制信息,把需要传输的实时数据从原始信息中检索出来。

(2)Web 浏览器启动音、视频客户端程序,使用 Web 服务器检索到的相关参数对客户端程序初始化,参数包括目录信息、音、视频数据的编码类型和相关的服务器地址等信息。

(3)客户端程序和服务器端之间运行实时流协议,交换音、视频数据传输所需要的控制信息,实时流协议提供播放、快进、快倒、暂停等命令。

(4)流媒体服务器通过流协议及 TCP/UDP 传输协议将音、视频数据传输给客户端程序,一旦数据到达客户端,客户端程序就可以进行播放。

目前的流媒体的格式有很多,如 asf、rm、ra、mpg、flv 等,不同格式的流媒体文件需要不同的播放软件来播放。常见的流媒体播放软件有 RealNetworks 公司出品的 RealPlayer、微软公司的 Media Player、苹果公司的 QuickTime 和 Macromedia 的 Shockwave Flash 技术。其中 Flash 流媒体技术使用矢量图形技术,使得文件下载播放速度明显提高。

3. 在因特网上浏览播放流媒体

越来越多的网站都提供了在线欣赏音、视频的服务,如新浪播客、优酷、土豆网、酷 6 等。下面以优酷网为例介绍如何在因特网上播放流媒体。具体操作如下:

(1)打开 IE 浏览器,在地址栏输入 www. youku. com,按回车键进入优酷网的首页。

图 6-17　搜索视频

(2)在主页可以看到一些视频推荐,也可以在搜索栏中输入关键字,点击"搜索"按钮搜索我们想观看的节目,如图 6-17 所示。

（3）进入搜索结果页面，我们可以看到一个节目列表，每个节目包括视频的截图、标题、时长等信息，单击一个视频，进入视频播放页面。

（4）在视频播放页面，我们可以看到一个视频播放窗口，如图6-18所示，播放窗口包括视频画面、进度条、控制按钮、时间显示、音量调节等部分。

图6-18　播放窗口示例

优酷网之类的视频共享网站不仅提供了浏览播放的功能，还包括上传视频、收藏夹、评论、排行榜等多种互动功能，吸引了大批崇尚自由创意、喜欢收藏或欣赏在线视频的网民。

6.4.5　手机电视

手机电视，顾名思义就是以手机为终端，用手机收看电视内容。目前手机电视的实现主要有三种：（1）利用蜂窝移动网络实现，例如中国移动和中国联通已经利用这种方式推出了手机电视业务；（2）利用卫星广播的方式；（3）在手机中安装数字电视的接收模块，直接接收数字电视信号，把手机变成一个微缩版的电视机。

中国移动的手机电视业务是基于其 GPRS 网络，中国联通则是依靠其 CDMA1X 网络。这种手机电视业务实际上是利用流媒体技术，把手机电视作为一种数据业务，电视内容变成了流媒体传输中的视频数据。这就要求在手机上安装终端播放软件，这个软件和流媒体服务器交互传输数据，并实现边下载边播放。而相应的电视节目则是由移动通信公司或相应的服务提供商来组织提供手机必须安装了终端播放软件之后，才能下载收看流媒体方式的手机电视，现在市面上一般装有操作系统的智能手机都可以安装手机电视的软件。

6.5　电子邮件

6.5.1　电子邮件概述

电子邮件即通常所说的 E-mail（Electronic Mail）。与传统的邮件相比，电子邮件具有简单、方便、快速、费用低等优点。用户只要拥有一台计算机并且连入了 Internet，就可以在几秒钟内将邮件发送到世界上任何地方。另外,通过电子邮件不但可以传递文字信息,还可以传递图像、声音等多媒体信息。电子邮件的强大功能和诸多优点已经成为 Internet 应用最广最受欢迎的服务之一。

1. 电子邮件使用的协议

电子邮件使用的协议通常有简单传输协议 SMTP(Simple Message Transfer Protocol)、电子邮件扩充协议 MIME(Multipurpose Internet Mail Extension)和 POP (Post Office Protocol)。POP 服务器需要一个邮件服务器来提供,用户若要使用这种服务,必须要在该邮件服务器上获得账号才行。现在比较普遍使用的协议是 POP3 协议。

2. 电子邮件的地址及格式

要使用电子邮件服务,首先需要一个电子邮箱,该邮箱在网络上具有唯一的一个地址,以便区别。它具有如下统一格式:

<用户名>@[主机][域名]

其中:用户名就是向网管机构注册时获得的用户码;"@"符号后面是你使用的计算机主机域名,例如 fdjkx@online.sh.cn,就是中国(cn)上海(sh)热线(online)主机上的用户 fdjkx 的 E-mail 地址(用户名区分大小写,主机域名不区分大小写)。

3. 申请免费邮箱

一般大型网站,如新浪、搜狐、网易都提供免费邮箱。这里举例简单介绍在搜狐上注册"免费邮箱":当进入搜狐主页后,单击"邮件"一项,如图 6-19 所示,就可以进入"搜狐邮箱"页面,如果还没有账号,则单击"注册免费邮箱"按钮进入注册免费邮件的页面,然后,按要求逐一填写各项必要的信息,如用户名、口令等进行注册。注册成功后,就可以登录邮箱收发电子邮件了。

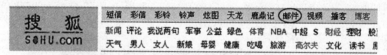

图 6-19　申请免费电子邮箱的示例图

6.5.2　Outlook 2003 的使用

IE 中集成了电子邮件管理器 Outlook Express。通过 Outlook Express 以及所建立的 Internet 连接,我们可以方便地与在 Internet 上的任何人交换信息并加入许多有趣的新闻讨论组。Outlook Express 在桌面上实现了全球范围的联机通信。使用 Outlook Express 阅读电子邮件,必须使用支持 SMTP 和 POP3 或 IMAP 协议的邮件系统。如果不知道自己的系统可以使用哪种协议,请与系统管理员 Internet 服务提供商联系。

Microsoft Outlook Express News 可以阅读像 Usenet 这样的电子公告牌讨论组。Outlook Express 还可接收新闻服务器"msnews.Microsoft.com"的多种 Microsoft 产品的支持信息。

1. Outlook Express 的主要功能

(1)能够管理多个邮件和新闻账号

在同一个 Outlook Express 的窗口内,可以建立多个 Mail 和 News 的账号,也就是说可以让多个用户同时使用一台计算机进行通信。

（2）轻松快捷地浏览邮件

邮件列表和预览窗口允许用户在查看邮件列表的同时阅读单个邮件。

（3）在服务器上保存邮件以便从多台计算机上查看

如果使用 IMAP 邮件服务器接收邮件，那么可以在服务器的文件夹中阅读、存储和组织邮件，而不需要将邮件下载到计算机上。这样，可以从任何一台能连接邮件服务器的计算机上查看邮件。

（4）使用通讯簿存储和检索电子邮件地址

可以通过从其他程序导入、直接输入、从接收的邮件中添加或在流行的 Internet 目录服务中搜索等方式，将名称和邮件地址保存在通讯簿中。

（5）发送和接收安全邮件

可使用数字标识对邮件进行数字签名和加密。对邮件进行数字签名可以使收件人相信邮件确实是你发送的，而加密邮件则保证只有你期望的收件人才能阅读邮件。

（6）查找感兴趣的新闻组

找到想要定期查看的新闻组后，可将其添加到"已预订新闻组"列表中，以便再次阅读。

2.管理邮件

（1）设置邮件账号

在桌面上双击"Outlook Express"图标，出现如图 6-20 所示的 Outlook Express 窗口。

要使用 Outlook Express 进行邮件接收和发送，首先需要设置邮件的账号、邮件地址、协议类型、邮件服务器的 IP 地址、密码等内容。取得上述信息要与网络管理员联系。添加邮件账号，可按如下步骤操作：

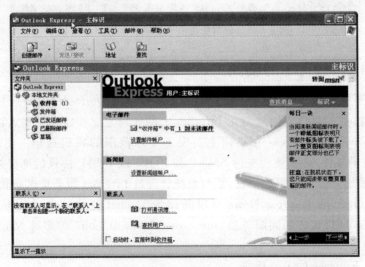

图 6-20　Outlook Express 电子邮件窗口

①选择如图 6-20 的"工具"菜单中的"账户"选项,可以见到如图 6-21 所示的"Internet 账户"窗口,选择其中的"邮件"选项,然后单击"添加"、"邮件"。

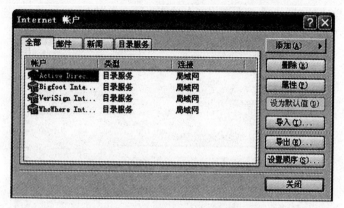

图 6-21　Outlook Express 账户窗口

②如图 6-22 所示,输入用户自选的邮件显示名称,例如"sztcxb"。单击"下一步"。

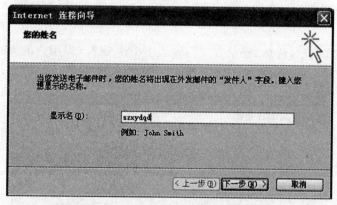

图 6-22　Internet 连接向导—邮件名称

③如图 6-23 所示,输入电子邮件地址,例如 szxydqd@ah163.com。单击"下一步"。

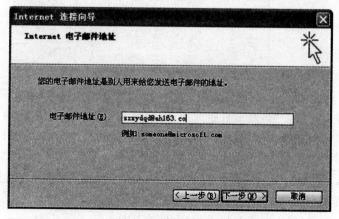

图 6-23　输入邮件地址对话框

④如图 6 - 24 所示，在"接收邮件服务器"后的下拉列表中选择网络管理员提供的邮件协议，一般是"POP3"或"IMAP"。在下面的两个对话框中输入接收邮件服务器和发送邮件服务器的 IP 地址（网络管理员提供）。单击"下一步"按钮。

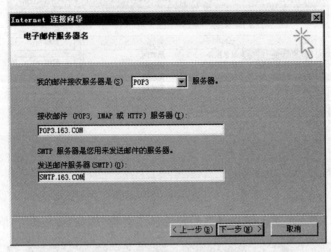

图 6 - 24　输入邮件协议及服务器 IP 地址对话框

⑤如图 6 - 25 所示，选择"登录方式"，输入 IMAP 账号（即用户的 MAIL 账号，需要向网络管理员申请），密码可以暂不输入。单击"下一步"按钮。

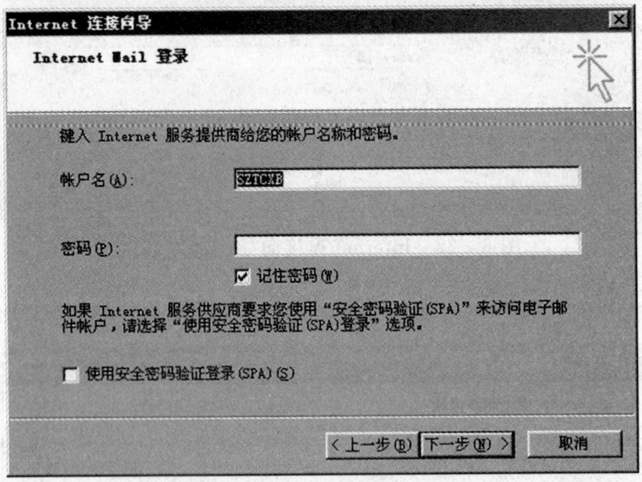

图 6 - 25　输入邮件账号对话框

⑥显示连接成功对话框，账号设置完成，返回到"Internet"账户对话窗口，单击"关闭"按钮。只要将自己的账号设置成默认账号，并下载相关的文件夹列表即可以使用 Mail。

（2）阅读邮件

在 Outlook Express 下载完邮件或单击工具栏上的"发送和接收"按钮之后，就可以在单独的窗口或预览窗口中阅读邮件。其方法如下：

①在图 6 - 20 中，单击左边窗口中的"收件箱"图标。

②要在单独的窗口中查看邮件,在邮件列表中双击该邮件。

(3)创建并发送邮件

①创建并发送电子邮件在工具栏上,单击"新邮件"按钮,或选择"邮件"菜单中的新建"新邮件"选项,屏幕出现如图 6 - 26 所示的新邮件窗口。

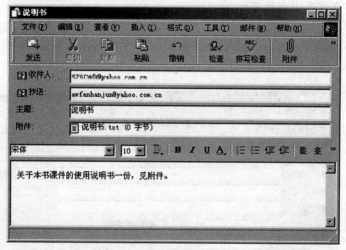

图 6 - 26　新邮件窗口

在"收件人"、"抄送"和"密件抄送"框图中,输入每个收件人的电子地址,不同的电子邮件地址用逗号或分号隔开。在"主题"框中,输入邮件的标题。要从通讯簿中添加电子邮件地址,应单击"新邮件"窗口中的"选定收件人"图标,然后选择要添加的收件人(电子邮件地址),再单击"确定"按钮。

地址输入完毕之后,在正文框中,输入邮件内容。完成后,单击"发送"按钮,即可发送给收件人。

②在发送的邮件中使用信纸

在创建新邮件时,使用信纸,可以创建出更加美观的邮件。在图 6 - 26 所示的新邮件窗口中,选择"格式"在菜单中的"应用信纸"选项,如图 6 - 27 所示。或在图 6 - 20 所示的窗口中,单击工具栏中"新邮件"后面的下拉三角形图标。

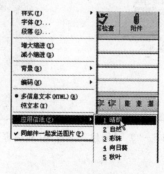

图 6 - 27　"应用信纸"对话框

③在邮件正文中插入文件附件及图片

在撰写新邮件时，要添加链接或图片，在新邮件窗口中，单击"插入"菜单下的相关选项即可。

（4）管理邮件

①在邮件文件夹中查找邮件

在如图6-20所示的窗口中，顺序选择"编辑"菜单中的"查找邮件"选项，出现如图6-28所示的对话框。搜索域中输入尽可能多的信息以缩小搜索范围，然后单击"开始查找"按钮即可。

图6-28　查找邮件对话框

②将邮件移动或复制到其他文件夹

如图6-20所示的窗口中，在收件箱中选中一个邮件，单击鼠标右键，将会弹出一个快捷菜单，即可进行相应的操作。

③添加、删除或切换文件夹

要添加文件夹，单击"文件"菜单下"文件夹"、"新文件夹"选项，在如图6-29所示的文件夹名称栏中填入新文件夹名。

图6-29　"创建新文件夹"对话框

④分拣接收的邮件

可以使用"邮件规则"将所接收的满足某项条件的邮件发送到所需的文件夹中。如使用同一电子邮件账号，每个人都可以将他们的邮件发送到各自的文件夹中，或者将某人的所有邮件自动分拣到指定的文件夹中。也可以将某些邮件自动转发给通讯簿中的联系人,或者由收件人自动发送文件。

　　*　如图 6-30 所示,在菜单"工具"栏单击"邮件规则"→"邮件"选项。

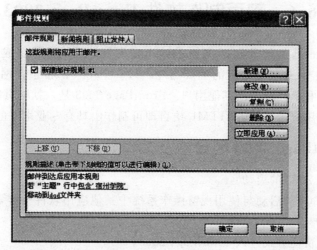

图 6-30　工具菜单

　　*　在给出的"邮件规则"对话框中,单击"新建"按钮。

　　*　在图 6-31 所示的"编辑邮件规则"对话框中,选择条件和操作,然后在描述中指定值,单击"确定"按钮。

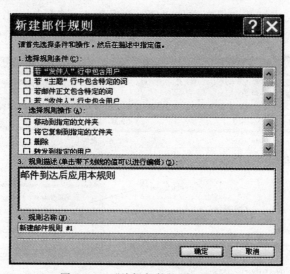

图 6-31　"编辑邮件规则"对话框

　　*　在"执行下列操作"区域,选中需要的复选框,然后单击满足条件的接收邮件要发往的文件夹、收件人或文件。最后单击"确定"。

　　*　要更改邮件排序的优先级,单击"上移"或"下移"按钮。

⑤删除邮件

在邮件列表中,单击要删除的邮件,然后单击工具栏上的"删除"按钮即可。如果邮件存储在 IMAP 服务器上,单击"编辑"菜单上"清除已删除的邮件"以便从文件夹中删除邮件。

6.6　网页制作软件 FrontPage 2003

随着计算机的迅速普及和网络技术的迅猛发展,Web 服务已成为 Internet 乃至 Intranet 上信息发布、搜集与处理的主要功能。每一个用户都希望在网络上申请一个空间,将自己的作品和个性展现给其他用户。FrontPage 2003 是一款网页制作软件,其所见即所得的功能,使用户无须了解 HTML 语言即可制作出具有专业水平的网页。

6.6.1　FrontPage 2003 的启动及工作界面

1. FrontPage 2003 的启动

FrontPage 2003 的启动与使用视窗操作系统中其他应用软件一样,可有多种方式进入 FrontPage 2003。

(1)可以通过快捷方式进入 FrontPage 2003。

(2)可以从单击"开始"→"程序"→"FrontPage 2003"选项进入。

(3)也可以在"资源管理器"中双击 FrontPage 2003 应用程序名进入。

2. FrontPage 2003 工作界面

打开 FrontPage 2003 的窗口(图 6-32),桌面上的东西大多是读者已熟悉的菜单、图标。主要的是用来完成打开和保存文件、打印、拼写检查、加入表格、图片、列表符、设置字体、字号、行对齐方式等文本编辑操作,使用方法与文字处理软件中的用法相似。

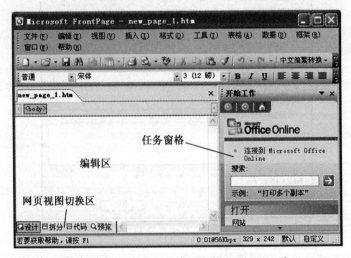

图 6-32　FrontPage 2003 界面

FrontPage 2003 的优点也在于其所见即所得的编辑方式,只要懂得如何使用 Word 2003 等编辑软件的操作,就能很快地掌握在 FrontPage 2003 中输入文字、设置表格、插入图片等文本及超文本的编辑操作。与 Word 2003 相比,其特色的组成部分主要包括编辑区和网页视图切换区等部分。

（1）编辑区

FrontPage 2003 工作界面中的最大区域就是编辑区，这里是编辑网页的主要工作区域。在编辑区中用户可以通过"所见即所得"的方式进行网页编辑，也可以在编辑区中通过"HTML"模式和"预览"模式来分别编辑和浏览网页的最终效果。

（2）网页视图切换区

在编辑区的左下方有一个网页视图切换区，其中包括"设计"、"拆分"、"代码"和"预览"4 个按钮，用来切换 FrontPage 2003 视图的显示方式。用户可以利用这 4 种视图方式编辑和浏览自己的网页。

6.6.2　FrontPage 2003 的基本操作

Internet 上的站点或网页一般是在本地计算机中编辑好之后再发布到指定服务器上的。新建网站和网页，实际上在本地计算机上建立 Internet 站点所必需的一系列的按一定要求链接起来的文件。编辑好这些文件后，就可以将其发送到服务器上，形成真正的网站。

1.新建站点

FrontPage 2003 为用户提供了两种创建站点的方法，分别是使用模板和使用向导创建站点。用户可以根据需要选用不同的模板和向导，然后再对生产的网页进行修改。

在创建网页之前，首先要新建一个站点。新建站点的具体步骤如下：

（1）选择"文件"→"新建"，打开"新建"任务窗格。

（2）在该任务窗格中的"新建网站"选区中单击"其他网站模板"创建，弹出"网站模板"对话框，如图 6-33 所示。

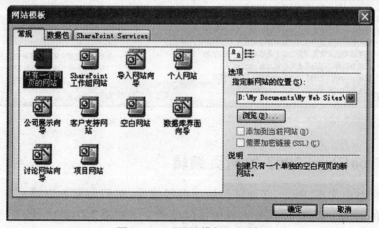

图 6　33　"网站模板"对话框

（3）在该对话框中选择一种站点模板，单击"确定"按钮，即可创建该站点。

2.新建网页

网页是 Internet 上的基本文档，由不同的元素组成，它可以是站点的组成部分，也可以单独存在。用户可以新建一个空白网页，也可以使用模板或根据现有网页新建网页。

（1）新建空白网页。在"新建"任务窗格中，单击新建网页中"空白网页"链接，系统将自动新建一个名为"new_Page_1.htm"空白网页。

（2）使用模板新建网页。在"新建"任务窗格中，单击"其他网页模板"创建，弹出"网页模板"对话框，在该对话框中包括"常规"、"框架网页"和"样式表"3个选项卡，用户可以根据自己的需要在各个选择卡中选择需要的网页模板，单击"确定"按钮，即可创建新网页。

（3）根据现有网页新建网页。在"新建"任务窗格中，单击"根据现有网页"创建，在对话框中选择需要的网页，单击"创建"按钮，即可根据该网页创建新网页。

3. 保存网页

网页编辑完成后，需要对其进行保存，以便于以后将其发布到网上或者再次进行编辑和修改。

选择"文件"→"保存"，在对话框中选择保存位置，在"文件名"下拉列表框中输入网页的名称，单击"更改标题"，在弹出的"设置网页标题"对话框中，输入网页标题。

4. 浏览网页

网页编辑完成后，用户需要浏览网页以确定网页在 Internet 上的效果。可以通过浏览器浏览网页的效果。

选择"文件"→"在浏览器中预览"，即可在浏览器中浏览网页效果，如图 6-34 所示。

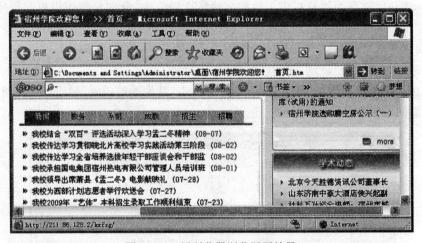

图 6-34　用浏览器浏览网页效果

6.6.3　FrontPage 2003 的网页编辑

一般网页都由文本、图片、多媒体信息等内容构成，它们为网页增添了丰富的色彩和动感。同其他 Office 组件一样，在网页中可以设置文本或段落的格式、插入图片、设置网页背景和主题、插入背景音乐和 Flash 动画、插入超链接、插入表格和表单。

1. 插入图片

网页中插入的图片的常见类型有 GIF 和 JPEG 两种，这是因为它们的文件信息量小，适合网络传输，而且适合于各种系统平台。具体的操作步骤如下：

（1）将光标定位于需要插入图片的位置。

（2）选择"插入"→"图片"→"来自文件"命令，弹出"图片"对话框。

（3）在该对话框中选中所需的图片后，单击"插入"按钮，即可将图片插入到指定的位置。

（4）在插入的图片上单击鼠标右键，从弹出的快捷菜单中选择"图片属性"命令，或者直接在插入的图片上双击鼠标左键，弹出"图片属性"对话框，如图 6-35 所示。

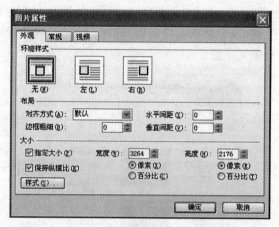

图 6-35　"图片属性"对话框

（5）在该对话框中的"外观"、"常规"和"视频"3 个选项卡中对插入的图片环绕方式、布局、大小等进行设置。

（6）设置完成后，单击"确定"按钮即可。

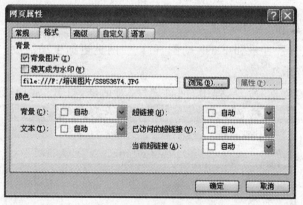

图 6-36　"格式"选项卡

2.设置网页背景和主题

在网页中设置不同的背景，可以使网页更加丰富多彩。网页中背景图片用户可以在自己创建的图像中添加，还可以使用用户喜欢的网页背景。

网页主题是一组统一的设计元素和配色方案，可应用到 Web 页中使之具有专业外观。使用主题可以使网页具有一个统一的风格。

（1）设置网页背景

选择"文件"→"属性"命令，弹出"网页属性"对话框，打开"格式"选项卡，如图 6-36

所示。

在该选项卡中的"背景"选区中勾选"背景图片"复选框。然后单击"浏览按钮",在"选择背景图片"对话框,选择需要作为网页背景的图片,单击"打开"按钮,返回到"网页属性"对话框中,单击"确定"按钮,即可设置网页背景图片。

(2)设置网页主题

选择"格式"→"主题"命令,打开"主题"任务窗格,如图 6-37 所示。在"选择主题"列表框中单击所需要的主题,该主题就会应用到当前网页中。在"主题"任务窗格中单击"新建主题",会根据需要自定义主题。

图 6-37　"主题"任务窗格

3.插入背景音乐和 Flash 动画

在网页中插入背景音乐和 Flash 动画,可以使网页更加生动活泼。

(1)插入背景音乐

选择"格式"→"背景"命令,弹出"网页属性"对话框,打开"常规"选项卡,如图 6-38

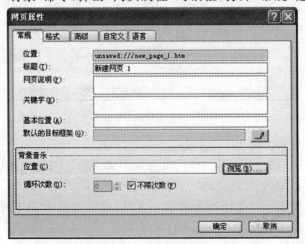

图 6-38　"常规"选项卡

所示。

在该选项卡中的"背景音乐"位置选区内单击"浏览"按钮,在"背景音乐"对话框,选择需要作为背景音乐的文件,单击"打开"按钮,返回到"网页属性"对话框中,单击"确定"按钮,即可设置网页背景音乐。

(2)插入 Flash 动画

①将光标定位于需要插入图片的位置。

②选择"插入"→"图片"→"Flash 影片"命令,弹出"选择文件"对话框。

③在该对话框中选中所需 Flash 动画后,单击"插入"按钮,即可将 Flash 动画插入到指定的位置。

④在插入的 Flash 动画上单击鼠标右键,从弹出的快捷菜单中选择"Flash 影片属性"命令,对插入的 Flash 动画属性进行设置。

⑤设置完成后,单击"预览"按钮即可预览插入的 Flash 动画效果。

4. 插入超链接

超链接是 WWW 核心技术之一。利用超链接技术可以轻松地跳到其他网页或站点,而不论这个网页或站点是在本地还是在 Internet 上的其他计算机中。网页中的超链接可分为文本超链接和图片超链接。在网页中插入超链接的步骤如下:

(1)选中要创建超链接的文字或图片。

(2)选择"插入"→"超链接"命令,弹出"插入超链接"对话框,如图 6-39 所示。

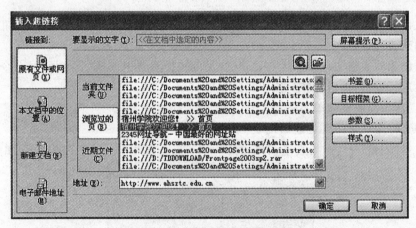

图 6-39 "插入超链接"对话框

(3)在该对话框中"地址"下拉列表框中输入要链接的 URL 地址,单击"屏幕提示"按钮,设置"超链接屏幕提示"。

(4)在"屏幕提示文字"文本框中输入超链接的屏幕提示,单击"确定"按钮,返回到"插入超链接"对话框,单击"确定"按钮即可。在创建好的超链接,可以从"超链接属性"中对超链接再进行编辑。

5. 插入表格

在网页中应用表格,可以有效地组织大量的数据,使网页整齐统一,简单美观。FrontPage 2003 为用户提供了强大的表格功能,可以使用户方便地创建形式多样的表格,并使用新增的布局表格和单元格功能创建具有专业外观的网页布局。

（1）创建普通表格

①将光标定位于需要创建表格的位置。

②选择"表格"→"插入"→"表格"命令，弹出"插入表格"对话框，如图 6-40 所示。

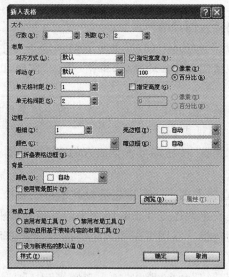

图 6-40　"插入表格"对话框

③在该对话框中设置表格的大小、布局、边框、背景等参数，单击"确定"按钮，即可在网页中创建普通表格。

④在创建的表格中单击鼠标右键，从弹出的快捷菜单中选择"表格属性"命令，对插入表格属性进行设置，单击"确定"按钮完成设置。

（2）创建布局表格和单元格

①将光标定位于需要创建布局表格和单元格的位置。

②选择"表格"→"布局表格和单元格"→"布局表格和单元格"任务窗格，如图 6-41

图 6-41　"插入表格"对话框

所示。

③在该任务窗格的"新建表格和单元格"选区中单击"插入布局表格"超链接,在网页中插入布局表格,单击"插入布局单元格"超链接,会弹出"插入布局表格"对话框。

④在该对话框中设置布局单元格的布局、宽度、高度、位置等参数,单击"确定"按钮即在网页中插入布局单元格。

5.插入表单

网页中的表单类似于 Windows 中的对话框,它是一种使 Web 实现交互式通信的重要方式,它有文本框、文本区、复选框、单选按钮、下拉框、高级按钮、图片、标签等表单项组成。使用表单可以从 Web 站点的访问者那里获得一定的反馈信息,并将表单提交给 Web 管理员。

创建表单的步骤如下:

(1)选择"文件"→"新建"命令,打开"新建"任务窗格。

(2)在"新建网页"选区中单击"其他网页模板"超链接,弹出"网页模板"对话框,打开"常规"选项卡,如图 6-42 所示。

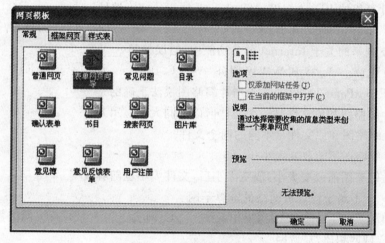

图 6-42　"常规"选项卡

(3)在该选项卡中选择需要的表单网页模板,单击"确定"按钮,即可创建一个表单网页。

练习题

一、单项选择题

1.目前中国电信所推出的"我的 e 家"宽带业务所用的进户传输线路是_____。

A.光纤　　　　　　　B.电话线　　　　　C.专用网线　　　　D.小区局域网

2.网络的_____称为拓扑结构。

A.接入的计算机的多少　　　　　　B.物理连接的类型

C.物质介质的种类　　　　　　　　D.接入的计算机距离

3.局域网的硬件组成有_____、用户工作站、网络设备、传输介质四部分。

A. 网络协议　　　　　B. 网络操作系统　　　C. 网络服务器　　　D. 路由器

4. Internet 中，FTP 指的是_____。

A. 用户数据协议　　　　　　　　　　B. 简单邮件传输协议

C. 超文本传输协议　　　　　　　　　D. 文件传输协议

5. 计算机网络的主要作用是实现资源共享和_____。

A. 计算机之间数据备份　　B. 电子商务　　C. 数据通信　　　　D. 协调工作

6. 某网络中的各计算机的地位平等，没有主从之分，我们把这种网络称为_____。

A. 互联网　　　B. 客户/服务器操作系统　　C. 广域网　　　　　　D. 对等网

7. 通常用一个交换机作为中央节点的网络拓扑结构是_____。

A. 总线型　　　　　　B. 环状　　　　　　C. 星型　　　　　　　D. 对等网

8. 远程登录服务是可以控制远程的计算机，它的英文名称是_____。

A. DNS　　　　　　B. TELNET　　　　　C. INTERNET　　　　D. SMPT

9. 在网络传输中，ADSL 采用的传导介质是_____。

A. 同轴电缆　　　　B. 电磁波　　　　　C. 电话线　　　　　D. 网络专用电缆

10. 某计算机的 IP 地址 192.168.0.1，其属于_____地址。

A. A 类　　　　　　B. B 类　　　　　　C. C 类　　　　　　D. D 类

11. 以下列举的关于 Internet 的各功能中，错误的是_____。

A. 网页设计　　　　B. WWW 服务　　　　C. BBS　　　　　　D. FTP

12. 在 FrontPage 2003 中，关于图片缩略图说法正确的是_____。

A. 图片缩略图和原文件是一个文件但以不同大小显示

B. 图片缩略图和原文件是不同的两个文件

C. 图片缩略图不能改变大小

D. 图片缩略图能改变大小，改变大小后，文件大小也随着改变

13. _____不属于计算机网络的资源子网。

A. 主机　　　　　　B. 网络操作系统　　C. 网关　　　　　　D. 网络数据库系统

14. 和广域网相比，局域网_____。

A. 有效性好但可靠性差　　　　　　B. 有效性差但可靠性好

C. 有效性好可靠性也好　　　　　　D. 只能采用基带传输

15. 下列关于搜索引擎的说法中，错误的是_____。

A. 搜索引擎是某些网站提供的用于网上信息查询的搜索工具

B. 搜索引擎也是一种程序

C. 搜索引擎也能查找网址

D. 搜索引擎所找到的信息就是网上的实时信息

16. 在 IE 的地址栏内输入："http://www.sohu.com/index.html"，下列叙述不正确的是_____。

A. index.html 是一个文件名

B. index.html 是一个域名

C. index.html 是在 sohu 服务器的某一目录下

D. index. html 采用是超文本传输协议

17. E-mail 邮件的本质是_____。

A. 一个文件   B. 一份传真   C. 一个电话   D. 一个电报

18. 一般认为,当前的 Internet 起源于_____。

A. Ethernet   B. 美国 ARPANET   C. CDMA   D. ADSL

19. 个人计算机申请了账号并采用拨号方式接入 Internet 网后,该机_____。

A. 拥有 Internet 服务商主机的 IP 地址   B. 拥有独立的 IP 地址

C. 拥有固定的 IP 地址   D. 没有自己的 IP 地址

20. 关于 Intranet 的描述中,错误的是_____。

A. Intranet 是利用 Internet 技术和设备建立的企业内部网

B. Intranet 是 Internet 的前身

C. Intranet 使用 TCP/IP 协议

D. Intranet 也称内联网

21. 常用的电子邮件协议 POP3 是指_____。

A. 就是 TCP/IP 协议   B. 中国邮政的服务产品

C. 通过访问 ISP 发送邮件   D. 通过访问 ISP 接收邮件

22. 通过有线电视网络连接 Internet,它所使用的传输介质是_____。

A. 宽带同轴电缆   B. 双绞线   C. 光纤   D. 无线微波

23. Home Page(主页)的含义是_____。

A. 比较重要的 Web 页面   B. 传送电子邮件的界面

C. 网站的第一个页面   D. 下载文件的页面

24. 通过电话线把计算机接入网络,则需购置_____。

A. 路由器   B. 网卡   C. 调制解调器   D. 集线器

25. 使用 Windows XP 来连接 Internet,应使用的协议是_____。

A. Microsoft   B. IPX/SPX 兼容协议   C. NetBEUI   D. TCP/IP

26. 关于网络协议,下列_____选项是正确的。

A. 是网民们签订的合同

B. 协议,简单地说就是为了网络信息传递,共同遵守的约定

C. TCP/IP 协议只是用于 Internet,不能用于局域网

D. 拨号网络对应的协议是 IPX/SPX

27. 下列说法中,_____是正确的。

A. 网络中的计算机资源主要指服务器、路由器、通信线路与用户计算机

B. 网络中的计算机资源主要指计算机操作系统、数据库与应用软件

C. 网络中的计算机资源主要指计算机硬件、软件、数据

D. 网络中的计算机资源主要指 Web 服务器、数据库服务器与文件服务器

28. 合法的 IP 地址是_____。

A. 202:114:200:202   B. 202、114、200、202

C. 202,114,200,202   D. 202. 114. 200. 202

29.在 Internet 中,主机的 IP 地址与域名的关系是_____。

A.IP 地址是域名中部分信息的表示　　　B. 域名是 IP 地址中部分信息的表示

C.IP 地址和域名是等价的　　　　　　　D. IP 地址和域名分别表达不同含义

30.提供不可靠传输的传输层协议是_____。

A. TCP　　　　　　B. IP　　　　　　C. UDP　　　　　　D. PPP

31.配置 TCP/IP 参数的操作主要包括三个方面:_____、指定网关和域名服务器地址。

A.指定本地机器的 IP 地址及子网掩码　　B.指定本地机的主机名

C.指定代理服务器　　　　　　　　　　D.指定服务器的 IP 地址

32.调制调解器(modem)的功能是实现_____。

A.数字信号的编码　　　　　　　　　　B.数字信号的整形

C.模拟信号的放大　　　　　　　　　　D.模拟信号与数字信号的转换

33.Internet 主要由四部分组等,其中包括路由器、主机、信息资源与_____。

A.数据库　　　　　B.管理员　　　　　C.销售商　　　　　D.通信线路

34.www.cugnc.com 是 Internet 中主机的_____。

A.硬件编码　　　　B.密码　　　　　　C.软件编码　　　　D.域名

35.域名服务 DNS 的主要功能为_____。

A.通过请求及回答获取主机和网络相关信息　　B.查询主机的 MAC 地址

C.为主机自动命名　　　　　　　　　　D.合理分配 IP 地址

36.下列选项中属于 Internet 专有的特点为_____。

A.采用 TCP/IP 协议　　　　　　　　　B. 采用 ISO/OSI7 层协议

C.用户和应用程序不必了解硬件连接的细节　　D. 采用 IEEE802 协议

37.网站向网民提供信息服务,网络运营商向用户提供接入服务,因此,分别称他们为_____。

A.ICP、IP　　　　B. ICP、ISP　　　　C. ISP、IP　　　　D. UDP、TCP

38.IPv4 地址有_____位二进制数组成。

A. 16　　　　　　B. 32　　　　　　　C. 64　　　　　　D. 128

39.支持局域网与广域网互联的设备成为_____。

A.转发器　　　　　B. 以太网交换机　　C. 路由器　　　　　D. 网桥

40.一般所说的拨号入网,是指通过_____与 Internet 服务器连接。

A.微波　　　　　　　　　　　　　　　B.公用电话系统

C.专用电缆　　　　　　　　　　　　　D.电视线路

41.在拨号上网过程中,连接到通话框出现时,填入的用户名和密码应该是_____。

A.进入 Windows 是的用户名和密码　　　B.管理员的账号和密码

C.ISP 提供的账号和密码　　　　　　　D.邮箱的用户名和密码

42.万维网(WWW)又称为_____,是 Internet 中应用最广泛的领域之一。

A. Internet　　　　　　　　　　　　　B.全球信息网

C.城市网　　　　　　　　　　　　　　D.远程网

43. 电子邮件标识中带有一个"别针",表示该邮件_____。

A. 有优先级　　　　B. 带有标记　　　　C. 带有附件　　　　D. 可以转发

44. 开放系统互联参考模型 OSI/RM 分为_____层。

A. 4　　　　B. 6　　　　C. 7　　　　D. 8

45. 中国家庭用户连接 Internet 使用最多的是_____。

A. 中国公用计算机互联网　　　　　　B. 中国科学技术网

C. 中国教育和科研计算机网　　　　　D. 中国金桥信息网

46. 在一个网站中,链接路径通常有 2 种表示方式,分别是_____。

A. 根目录相对路径、文档目录相对路径　　B. 绝对路径、根目录相对路径

C. 绝对路径、文档目录相对路径　　　　　D. 绝对路径、根目录绝对路径

47. 通常说的百兆局域网的网络速度是_____。

A. 100MB/s　　　　B. 100B/s　　　　C. 100Mb/s　　　　D. 100b/s

48. 下列对光纤的描述中,错误的是_____。

A. 光纤分单模和多模两种

B. 在几种传输介质中,光纤的传输速度最快

C. 在几种传输介质中,光纤的传输距离最远

D. 光纤易受干扰,保密性差

49. 一封完整的电子邮件都由_____。

A. 信件和信体组成　　　　　　　　B. 主体和附件组成

C. 主体和信体组成　　　　　　　　D. 信体和附件组成

50. 下列不属于专用网络资源下载工具的是_____。

A. 迅雷　　　　B. netants(网络蚂蚁)　　　　C. eMule(电骡)　　　　D. kv3000

二、多项选择题

1. 在 Internet 中,URL 组成部分包括_____。

A. 协议　　　　B. 路径及文件名　　　　C. 网络名　　　　D. IP 地址或域名

2. FrontPage 中,可以在_____对象上设置超链接。

A. 文本　　　　B. 按钮　　　　C. 图片　　　　D. 声音

3. 目前,互联网接入方式主要有_____。

A. ADSL 接入　　　　B. ISDN 接入　　　　C. 光纤接入　　　　D. 拨号接入

4. 下列网络设备中,用于局域网连接的设备有_____。

A. Modem　　　　B. 网卡　　　　C. HUB　　　　D. 交换机

5. 人们通常所说的"网页制作三剑客"一般包括_____。

A. FrontPage　　　　B. Firework　　　　C. Flash　　　　D. Dreamweaver

6. 下列关于 IP 地址的说法,错误的有_____。

A. Internet 中每台主机都有一个唯一的 IP 地址

B. IPv6 是一种 32 位地址

C. 所有 IP 地址均可以分配给互联网用户使用

D. 域名与 IP 地址并非一一对应

7.在InternetExplorer6.0中,对"整理收藏夹"操作可以实现的功能有_____。

A.对收藏对象进行重命名 　　　　　　B.对收藏对象进行删除

C.建立新的文件夹 　　　　　　　　　D.将收藏对象移动到指定文件夹

8.关于Internet,下面说法正确的是_____。

A.Internet是安全可靠的 　　　　　　B.Internet也在不断地发展

C.用户可通过Internet收发电子邮件 　D.Internet使网上办公成为可能

9.下列对计算机网络的叙述中,正确的有_____。

A.局域网的组网方式有两种,即对等网络和客户/服务器网络

B.在局域网络中,可以不设专用服务器

C.在局域网络中,必需设专用服务器

D.在局域网络中,普通的计算机一般被称为工作站

10.FrontPage2003视图形式包括_____。

A.网页视图 　　　B.报表视图 　　　C.文件夹视图 　　　D.导航视图

11.计算机有线网络目前常采用的传输介质有_____。

A.同轴电缆 　　　B.双绞线 　　　　C.光纤 　　　　　D.微波

12.计算机网络由_____两大部分组成。

A.计算机 　　　　B.网线 　　　　　C.通信子网 　　　D.资源子网

13.下列网络设备中用于局域网连接的有_____。

A. Modem 　　　　B.网卡 　　　　　C. Hub 　　　　　D.交换机

14.全球掀起了Internet热,在Internet上能够_____。

A.查询检索资料 　　　　　　　　　　B.打国际长途电话

C.货物快递 　　　　　　　　　　　　D.传送图片资料

15.计算机连入计算机网络后,该计算机_____。

A.运行速度会加快 　　　　　　　　　B.可以访问网络中的共享资源

C.可以与网络中的其他计算机进行通信 　D.运行精度会提高

16.下列对于电子邮箱的叙述正确的有_____。

A.电子邮箱是通过邮局批准的

B.每个电子邮箱的地址在互联网上是唯一的

C.打开电子邮箱必须要经过用户名及登录口令验证

D.电子邮箱必须处于打开状态才能接收邮件

17.以下属于计算机的网络拓扑结构的有_____。

A.点状 　　　　　B.环状 　　　　　C.星形 　　　　　D.总线型

18.下列专门用于网页制作的软件是_____。

A. FrontPage 　　　B. Dreamweaver 　　C. AutoCAD 　　D. PowerPoint

19.在FrontPage 2003中,下列属于网页表单域对象的有_____。

A.下拉菜单 　　　B.图片按钮 　　　C.隐藏的表单域 　D.标签

20.在FrontPage2003中,可以设置超级链接的对象有_____。

A. 文本 　　　　　B.图片 　　　　　C.标题 　　　　　D.热点

三、操作题

1. 使用"百度搜索"查找篮球运动员姚明的个人资料,将他的个人资料复制,保存到 Word 文档中"姚明个人资料. doc"中。

2. 在 IE 浏览器的收藏夹中新建一个目录,命名为"常用搜索",将搜狐的网址添加至该目录下。

3. 使用 Outlook 2003 给李明(liming@163.com)发送邮件,插入附件"关于节日安排的通知. txt",并使用"密件抄送"将此邮件发送给 zhangjian@sohu.com。

4. 在 FrontPage 2003 中,借助向导新建个人网页,在新建的个人主页中插入表单。

参 考 答 案

第 1 章

一、单项选择题

1. D	2. C	3. D	4. D	5. A	6. A	7. B	8. B	9. D
10. D	11. D	12. B	13. A	14. C	15. D	16. A	17. C	18. B
19. D	20. C	21. B	22. C	23. B	24. D	25. B	26. A	27. D
28. D	29. C	30. B	31. B	32. B	33. A	34. D	35. D	36. C
37. B	38. C	39. B	40. D	41. D	42. C	43. D	44. B	45. B
46. C	47. A	48. B	49. B	50. B				

二、多项选择题

1. ABC	2. AD	3. BC	4. BC	5. BCD	6. ABD
7. ABCD	8. ABD	9. AD	10. BC	11. ACD	12. ABC
13. ABCD	14. ABCD	15. BC	16. ACD	17. ABC	18. CD
19. ABC	20. CBD				

第 2 章

一、单项选择题

1. C	2. B	3. B	4. B	5. D	6. A	7. B	8. C	9. B
10. A	11. B	12. D	13. C	14. C	15. B	16. B	17. B	18. B
19. D	20. B	21. B	22. B	23. B	24. A	25. C	26. A	27. A
28. B	29. D	30. B	31. B	32. C	33. C	34. D	35. A	36. A
37. C	38. A	39. C	40. A	41. B	42. C	43. B	44. B	45. C
46. D	47. D	48. B	49. A	50. D				

二、多项选择题

1. ABCD	2. ABC	3. ABC	4. AD	5. ABC	6. ABCD
7. ABC	8. ABCD	9. ABC	10. ABD	11. ABD	12. ABCD
13. AC	14. ABD	15. ABCD	16. AC	17. BCD	18. ABC
19. ABC	20. BC				

第 3 章

一、单项选择题

1. B   2. A   3. A   4. A   5. B   6. B   7. D   8. C   9. A
10. D   11. A   12. B   13. D   14. D   15. D   16. B   17. A   18. A
19. C   20. B   21. C   22. D   23. A   24. A   25. B   26. C   27. A
28. B   29. C   30. B   31. C   32. B   33. C   34. C   35. C   36. A
37. C   38. A   39. C   40. A

二、操作题

（略）

第 4 章

一、单项选择题

1. D   2. C   3. B   4. D   5. B   6. A   7. C   8. C   9. B
10. C   11. D   12. D   13. C   14. B   15. B   16. A   17. C   18. D
19. A   20. D   21. C   22. B   23. B   24. C   25. A   26. B   27. C
28. D   29. B   30. C   31. B   32. B   33. A   34. C   35. D   36. A
37. C   38. D   39. B   40. A

二、操作题

（略）

第 5 章

一、单项选择题

1. D   2. B   3. C   4. C   5. B   6. B   7. C   8. C   9. C
10. D   11. C   12. D   13. D   14. B   15. C   16. A   17. B   18. B
19. D   20. D   21. B   22. C   23. D   24. C   25. B   26. A   27. D
28. D   29. A   30. B   31. B   32. D   33. C   34. B   35. A   36. A
37. D   38. C   39. A   40. B

二、多选题

1. AC   2. AC   3. BD   4. ABCD   5. BCD   6. A
7. BCD   8. ACD   9. ACD   10. BC   11. ABCD   12. ABC
13. ACD   14. ABCD   15. ABD   16. BCD   17. AB   18. AC
19. ACD   20. ABCD

第 6 章

一、单项选择题

1. B	2. B	3. C	4. D	5. C	6. D	7. C	8. B	9. C
10. C	11. A	12. C	13. D	14. C	15. C	16. A	17. A	18. B
19. D	20. B	21. D	22. A	23. C	24. C	25. D	26. B	27. C
28. D	29. C	30. C	31. A	32. D	33. D	34. D	35. A	36. C
37. B	38. B	39. C	40. C	41. C	42. B	43. C	44. C	45. A
46. B	47. C	48. D	49. B	50. D				

二、多选题

1. ABD	2. AC	3. ACD	4. BCD	5. ABD	6. BCD
7. BCD	8. BCD	9. ABD	10. ABCD	11. ABC	12. CD
13. BCD	14. ABD	15. BC	16. BC	17. BCD	18. AB
19. ACD	20. ABC				

参 考 文 献

[1] 吴国凤,王忠仁,孙家启. 计算机文化基础. 合肥:安徽大学出版社,2000.

[2] 孙中胜,程文娟,何向荣等. 大学计算机. 北京:科学出版社,2001.

[3] 安徽省教育厅. 全国高等学校(安徽考区)计算机基础教育教学(考试)大纲. 合肥:安徽大学出版社,2005.

[4] 冯崇岭等. 计算机文化基础考试必备. 合肥:安徽大学出版社,2001.

[5] 冯博琴. 计算机文化基础教程(第二版). 北京:清华大学出版社,2005.

[6] 张克. Word 2000. 上海:上海交通大学出版社,2000.

[7] 俞冬梅. Excel 2000. 上海:上海交通大学出版社,2000.

[8] 余健等. 网页设计与制作. 上海:上海交通大学出版社,2000.

[9] 刘宁,李鸿,蔡之让. 计算机应用技术基础. 呼和浩特:内蒙古人民出版社,2002.

[10] 李鸿. 规划及转换 IP 地址之研究. 计算机与网络,2001,12.

[11] 张森. 大学信息技术基础. 北京:高等教育出版社,2004.

[12] 吴雅现. 计算机文化基础. 北京:人民邮电出版社,2002.

[13] 虞焰智. Internet. 上海:上海交通大学出版社,2000.

[14] 雷国华. 计算机基础教程. 北京:高等教育出版社,2004.

[15] 孙家启. 计算机文化基础教程. 合肥:安徽大学出版社,2003.

[16] 杨振山. 计算机文化基础. 北京:高等教育出版社,2001.

[17] 罗洪涛,廖浩得. 中文 office2003 应用实践教程. 西安:西北工业大学出版社,2009.

[18] 徐贤军,魏惠茹. 中文版 office2003 实用教程. 北京:清华大学出版社,2009.

[19] 蔡建华,谢军林. 中文 Office 实用教程. 湘潭:湘潭大学出版社,2009.

[20] 马玉洁,王春霞,任竞颖. 计算机基础教程(Windows XP＋Office 2003). 北京:清华大学出版社,2009.

[21] 李满,梁玉国. 计算机应用基础实验教程(Windows XP＋Office 2003). 北京:中国水利水电出版社,2008.

[22] 柴靖,李保华. 中文版 Word 2003 文档处理实用教程. 北京:清华大学出版社,2009.

[23] 教育部考试中心. 全国计算机等级考试一级 MS Office 教程. 天津:南开大学出版社,2008.

[24] 徐士良. 大学计算机基础. 北京:清华大学出版社,2008.